U0158094

钟必能

教授　博导

现就职于广西师范大学计算机科学与工程学院 / 软件学院。

主要研究方向：

图像和视频智能分析与理解

论文及代表性工作：

发表论文 200 多篇（其中 IEEE TPAMI、CVPR 等 CCF A 类期刊 / 会议，IEEE/ACM 汇刊论文近 60 篇）。相关成果被引用近一万三千次，其中包括 1 名图灵奖获得者、26 名国内外院士、202 名 IEEE/ACM 会士等著名专家正面引用和评价。

申请和授权发明专利近 30 项。

主持并参与国家自然科学基金联合基金重点项目等 50 多项。

获得荣誉情况：

曾入选福建省高校新世纪优秀人才支持计划、福建省高校杰出青年科研人才培育计划、厦门市重点人才。

曾获得第十二届福建省自然科学优秀学术论文一等奖、第九届泉州市自然科学优秀学术论文一等奖、厦门市科学技术进步三等奖。

国家科学技术学术著作出版基金资助出版

视觉运动目标理解与分析

钟必能　李　宁　梁启花　唐振军　李先贤　著

VISUAL MOVING OBJECT UNDERSTANDING AND ANALYSING

·桂林·

SHIJUE YUNDONG MUBIAO LIJIE YU FENXI
视觉运动目标理解与分析

内容简介

视觉运动目标理解与分析是计算机视觉领域的研究热点之一。本书是作者及其团队在视觉运动目标理解与分析领域多年研究工作成果的积累，具体包括视觉运动目标理解与分析研究背景与发展趋势综述、运动目标背景建模、运动目标检测和分割、单目标跟踪、多目标跟踪和跨场景下的目标重识别等内容。全书共六章：第 1 章简述了视觉运动目标理解与分析的背景、概念及其应用与发展趋势；第 2 章阐述了视觉运动目标理解与分析的基础理论和技术，重点是背景建模、运动目标检测以及运动目标分割等分析；第 3～6 章分别介绍了作者及其团队在基于相关滤波器的目标跟踪、基于深度学习的目标跟踪、多目标跟踪和行人重识别这四个领域的研究。

本书可供计算机视觉、信号与处理、人工智能相关领域的研究人员、工程技术人员、研究生等阅读参考，也可作为高等院校相关专业研究生在计算机视觉目标检测和跟踪方面的教材或教学参考书。

图书在版编目（CIP）数据

视觉运动目标理解与分析 / 钟必能等著. --桂林：广西师范大学出版社，2024.2
ISBN 978-7-5598-5965-5

Ⅰ. ①视… Ⅱ. ①钟… Ⅲ. ①计算机视觉－视觉跟踪－研究 Ⅳ. ①TP302. 7

中国国家版本馆 CIP 数据核字（2023）第 061135 号

广西师范大学出版社出版发行
（广西桂林市五里店路 9 号　邮政编码：541004
网址：http://www.bbtpress.com）
出版人：黄轩庄
全国新华书店经销
广西广大印务有限责任公司印刷
（桂林市临桂区秧塘工业园西城大道北侧广西师范大学出版社集团有限公司创意产业园内　邮政编码：541199）
开本：787 mm × 1 092 mm　1/16
印张：12　　字数：300 千
2024 年 2 月第 1 版　　2024 年 2 月第 1 次印刷
定价：158.00 元

前　言

党的二十大报告指出："教育、科技、人才是全面建设社会主义现代化国家的基础性、战略性支撑。"当今世界，科技竞争日趋激烈，科技发展深刻影响国家前途命运。党的二十大报告强调"坚持教育优先发展、科技自立自强、人才引领驱动，加快建设教育强国、科技强国、人才强国"，深刻体现了对未来世界发展大势的洞察与把握，深入解答了事关社会主义现代化建设的关键问题，为新时代我国教育发展、科技进步、人才培养提供了根本遵循。视觉运动目标理解与分析在智能视频监控、公共交通、人机交互、自动驾驶、军事目标定位等领域有着重要的应用，对提高现有视频监控系统的监控能力和智能化水平，更好地保证公共安全、维护社会和谐稳定发展有着重要意义。

本书以《中华人民共和国国民经济和社会发展第十四个五年规划和2035年远景目标纲要》以及《广西壮族自治区人民政府关于贯彻落实新一代人工智能发展规划的实施意见(桂政发〔2018〕24号)》等文件为指导，从理论、技术和实验上对作者及其团队多年来在视觉运动目标理解与分析领域的最新学术研究成果进行归纳整理，选题内容聚焦该领域科技前沿热点和难点，具有内容广博、观点成熟、论述系统等特点；同时，内容编排条理清晰、层层推进，既有视觉运动目标理解与分析领域的理论基础研究，又有单摄像头与单场景的单目标跟踪、多目标跟踪和跨摄像头及跨场景的目标重识别等领域应用研究，可为计算机视觉与信号处理相关领域的研究人员、工程技术人员和高校研究生从事相关领域应用研究提供参考。

本书的出版得到了国家自然科学基金区域创新发展联合基金重点项目(U21A20474、

U23A20383)、国家自然科学基金面上项目(61972167、61572205)、国家自然科学基金青年科学基金项目(61202299)、广西自然科学基金项目(2022GXNSFDA035079)、广西科技基地和人才专项(GuiKeAD21075030)、福建省自然科学基金项目(面上)(2015J01257)等的资助,以及广西自然科学基金创新研究团队项目(2023JJF170002)、广西八桂学者创新研究团队、广西区域多源信息集成与智能处理协同创新中心、广西大数据智能与应用人才小高地和广西多源信息挖掘与安全重点实验室等的大力支持。本书得以顺利出版,感谢广西师范大学出版社集团有限公司的大力支持,感谢广西师范大学计算机科学与工程学院/软件学院、华侨大学计算机学院领导的指导和帮助,感谢厦门大学纪荣嵘教授和中国科学院自动化研究所张兆翔研究员的支持和帮助,感谢华侨大学杨向南、潘胜男、王鹏飞、白冰、欧阳谷、周勤勤、陈啟煌、林逸婷、陈泽都、褚滨飞、张子凯和广西师范大学胡现韬、石梁涛、容一民、张光瞳、叶家欣、徐辰龙、谢锦霞、李啸海、杨晋生、陈良、龙海翔等硕士研究生的辛勤付出。

本书在编写过程中参考了相关领域的著作和文献的部分内容,以及互联网上的某些内容,在此向有关作者致以诚挚的谢意。由于作者的知识水平和时间有限,书中疏漏之处在所难免,衷心希望广大读者对本书的疏漏之处给予批评指正。

钟必能

于广西师范大学

2023 年 4 月

目 录

CONTENTS

第1章 视觉运动目标理解与分析概论 …………………… 1

1.1 研究背景与关键问题 …………………………………… 1

1.1.1 研究背景 …………………………………… 1

1.1.2 关键问题 …………………………………… 3

1.2 研究意义、研究现状及发展动态 ………………………… 8

1.2.1 研究意义 …………………………………… 8

1.2.2 研究现状及发展动态 ………………………… 9

1.3 视觉运动目标理解与分析的应用 ……………………… 14

1.3.1 视觉目标检测及其应用 ……………………… 14

1.3.2 视觉语义分割及其应用 ……………………… 17

1.3.3 视觉目标跟踪及其应用 ……………………… 19

1.4 发展趋势与技术挑战 …………………………………… 22

1.4.1 视觉目标检测的发展与挑战 ………………… 22

1.4.2 视觉语义分割的发展与挑战 ………………… 23

1.4.3 视觉目标跟踪的发展与挑战 ………………… 25

1.5 本书的主要内容及编排 ………………………………… 28

第 2 章　背景建模与运动目标的检测和分割 ……………… 29

2.1 背景建模与运动目标的检测和分割概述 …………………… 30
2.1.1 动态场景背景建模与运动目标检测简述 ……………… 30
2.1.2 基于背景剪除驱动种子选择的自动运动目标分割简述… 31
2.2 动态场景中相邻像素之间的共生关系 ……………………… 32
2.3 基于纹理和运动模式融合的运动目标检测算法 ………… 33
2.3.1 纹理模式和运动模式提取 ………………………………… 33
2.3.2 背景建模和运动目标检测(1) ………………………… 34
2.4 基于标准差特征的运动目标检测算法 ……………………… 36
2.4.1 标准差特征 …………………………………………………… 36
2.4.2 背景建模和运动目标检测(2) ………………………… 37
2.5 基于局部前景/背景标记直方图的运动目标检测算法 …… 39
2.5.1 局部前景/背景标记直方图 ……………………………… 39
2.5.2 背景建模和运动目标检测(3) ………………………… 41
2.6 基于背景剪除驱动种子选择的运动目标分割方法………… 42
2.6.1 基于近邻图像块嵌入特征的背景剪除 ………………… 44
2.6.2 基于混合高斯模型的背景剪除 …………………………… 46
2.6.3 基于启发式种子选择的自动运动目标分割 …………… 48
2.7 本章小结 …………………………………………………………… 48

第 3 章　基于相关滤波器的目标跟踪 ……………………… 50

3.1 基于相关滤波器的目标跟踪算法概述 ……………………… 50
3.2 基于似物性采样和核化相关滤波器的目标跟踪算法研究 …… 51
3.2.1 研究概述 ……………………………………………………… 51
3.2.2 相关理论知识 ………………………………………………… 52
3.2.3 基于似物性采样和核化相关滤波器的目标跟踪算法 …… 62
3.3 基于核相关滤波器和深度强化学习的目标跟踪算法研究 …… 69
3.3.1 研究方案概述 ………………………………………………… 69
3.3.2 相关理论知识 ………………………………………………… 70

3.3.3 融合分层卷积特征和尺度自适应的核相关滤波器的目标跟踪算法 …… 75
3.3.4 融合多因子的核相关滤波器的目标跟踪算法 …… 80
3.3.5 基于强化学习由粗到细搜索的分层目标跟踪算法 …… 86
3.4 本章小结 …… 90

第4章 基于深度学习的目标跟踪 …… 91

4.1 基于深度学习的目标跟踪概述 …… 91
4.2 基于卷积神经网络和嵌套网络的目标跟踪算法研究 …… 93
4.2.1 基于卷积神经网络的目标跟踪算法 …… 93
4.2.2 基于嵌套网络的目标跟踪算法 …… 99
4.3 基于元学习和遮挡处理的目标跟踪算法研究 …… 104
4.3.1 引言 …… 104
4.3.2 跟踪算法流程 …… 106
4.3.3 通用知识获取模块 …… 107
4.3.4 局部遮挡检测模块 …… 109
4.3.5 特征重建模块 …… 112
4.4 基于 Transformer 的目标跟踪算法研究 …… 113
4.4.1 基于自注意力机制的 Transformer …… 113
4.4.2 基于局部与全局自适应切换的长时目标跟踪算法 …… 116
4.5 本章小结 …… 128

第5章 多目标跟踪 …… 130

5.1 多目标跟踪研究概述 …… 131
5.1.1 多目标跟踪的定义 …… 131
5.1.2 多行人、多车辆目标跟踪的挑战 …… 131
5.2 基于深度卷积神经网络的多行人目标跟踪算法研究 …… 133
5.2.1 引言 …… 133
5.2.2 算法概述 …… 134

5.2.3 基于深度对齐网络的表观模型 ······ 135
5.2.4 关联损失矩阵的构建 ······ 139
5.2.5 遮挡及运动估计 ······ 140
5.3 交叉口实现稳健快速的多车辆目标跟踪算法研究 ······ 142
5.3.1 引言 ······ 142
5.3.2 算法概述 ······ 143
5.3.3 基于检测、跟踪和轨迹建模的集成解决方案 ······ 143
5.4 本章小结 ······ 150

第6章 行人重识别 ······ 151

6.1 行人重识别研究概述 ······ 151
6.1.1 研究背景与相关概念 ······ 151
6.1.2 国内外研究现状 ······ 153
6.1.3 行人重识别领域面临的难题 ······ 156
6.2 基于深度卷积神经网络的行人重识别算法研究 ······ 157
6.2.1 引言 ······ 158
6.2.2 算法概述 ······ 159
6.2.3 局部细化深度网络模型 ······ 160
6.2.4 通道解析模块 ······ 165
6.2.5 算法性能评价及消融分析 ······ 166
6.3 基于注意力机制的神经网络结构搜索行人重识别算法研究 ······ 168
6.3.1 引言 ······ 168
6.3.2 算法概述 ······ 170
6.4 本章小结 ······ 176

全书总结 ······ 178
参考文献 ······ 179

第 1 章

视觉运动目标理解与分析概论

本章主要概述视觉运动目标理解与分析的相关研究。具体而言，首先讲述相关研究背景、关键问题、研究意义、研究现状和发展动态等；其次介绍视觉运动目标理解与分析的一些相关应用，包括视觉目标检测及其应用、视觉语义分割及其应用、视觉目标跟踪及其应用，以及它们在人脸识别、智慧交通、智能农业等领域的应用；再次简要讲解视觉运动目标理解与分析的发展趋势与技术挑战；最后给出本书的主要内容及编排。

1.1 研究背景与关键问题

1.1.1 研究背景

计算机视觉(computer vision，CV)是一门“教”计算机如何“看”世界的学科。计算机视觉包含多个分支，其中图像分类、目标检测(object detection)、图像分割、目标跟踪(object tracking)等是计算机视觉领域重要的研究课题。视觉运动目标理解与分析属计算机视觉领域研究范畴，计算机视觉任务在计算机学科的探索中具有重要的理论意义和应用价值。深度学习在现阶段发展迅速，得到了全世界各学科科研、产业化人员的极大关注。视觉运动目标理解与分析的目标跟踪任务以及目标检测任务作为两大基础视觉任务，在无人驾驶、工业、医疗、运输、生活以及军事场景中都具有广泛应用(图 1-1)，而深度学习算法的出现更是为这两个任务提供了通用的解决方案，同时也吸引了大批优秀的研究人员参与其中。这两个任务在任务目标设定上有许多相似性，最主要的是对感兴趣目标位置的识别和定位。目前来说，两个任务的解决方案中存在许多可以共享的技术和领域知识。借助强大的深度学习模型建模和问题定义能力，两个任务都被赋予了更多研究空间以及更具广度和深度的思考。

跨镜头车辆跟踪

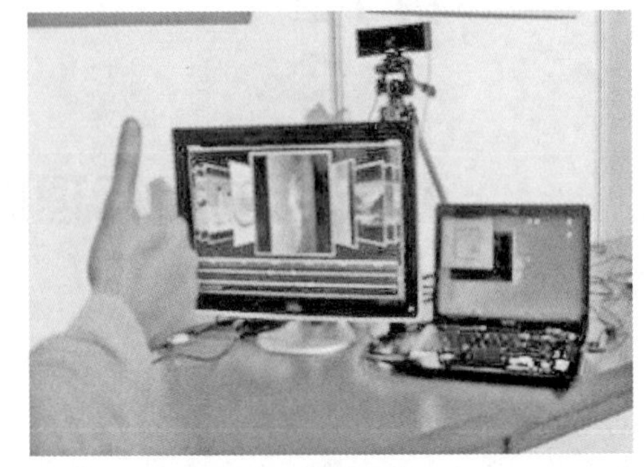

手势识别

无人驾驶

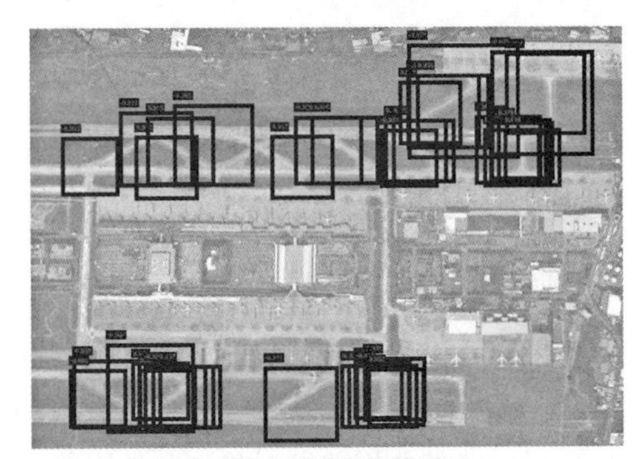

高分辨率遥感目标检测

图 1-1 视觉运动目标理解与分析在各领域的应用

在学术上，视觉运动目标理解与分析的主要算法围绕目标跟踪和目标检测开展了诸多研究。目标跟踪算法的任务目标是通过视频第一帧标定待跟踪目标，在后续的视频帧中预测指定目标的新位置。不同于传统的目标跟踪任务，长时目标跟踪（long-term object tracking）任务更加符合现实场景，其拍摄的时间更长，目标的变化更加剧烈，并且存在长程目标消失和重现的情况，同时在更复杂的场景中，存在干扰物众多、环境变化剧烈等问题。长时目标跟踪问题更加贴合真实应用场景的设定，逐渐成为研究人员关注的焦点，并且作为主流研究课题出现在国际化的科研平台中，其中不乏许多基于检测模型的有效解决方案。目标跟踪技术作为许多下游任务的基础模块，为很多任务提供了坚实的初始条件。例如，无人驾驶领域中的跟车及自动驾驶系统、美颜相机中的实时渲染以及智能云台中的追踪拍摄等功能。然而，在目前的应用中，目标跟踪技术仍然存在跟踪性能不鲁棒、跟踪模型不泛化、跟踪算法不轻量等问题，导致无法很好地应用和部署于现实场景中。

目标检测的主要任务是识别给定图片中的所有目标并且进行定位。识别的准确率和定位的精度越高，说明检测器的性能越强。目标检测模型由于具有灵活的操作性以及广泛的实用价值，已然成为视觉研究领域中的热点之一。随着深度学习技术的迅速发展，目标检测模型的精度逐年提升，模型功耗逐年缩减，因而在不少场景中都具有实用价值。例如，在交通运输中，电子警察对车辆和行人的检测、分类以及计数；在农业生产中，使用航拍照片对农作物的产量进行评估；在公共环境中，对人脸以及口罩佩戴情况进行检测和筛查等。除此之外，这项技术也可以惠及人工智能领域自身，如用来构建辅助标注系统等。目标检测算法能够高效地在图片中处理操作人员感兴趣的候选目标并进行展示，减少了大量的人力、物力，提高了工作效率。

1.1.2 关键问题

图 1-2 所示为目标跟踪系统的工作流程和三项关键技术，即目标表观的建模和提取、目标运动的建模和搜索以及模型的更新。为了构建一个鲁棒实时的目标跟踪系统，国内外的专家、学者分别从支撑目标跟踪系统的三项关键技术展开广泛深入的研究，并取得了很多有价值的成果。但是，真实场景中的遮挡、背景干扰、光照变化、目标的非刚性形变、尺度变化、姿态变化、复杂运动模式以及表观的变化等诸多不确定因素，使得目标跟踪算法在准确率、鲁棒性和实时性等实战性能指标方面仍然难以达到大规模应用和工业化的标准。具体原因如下。

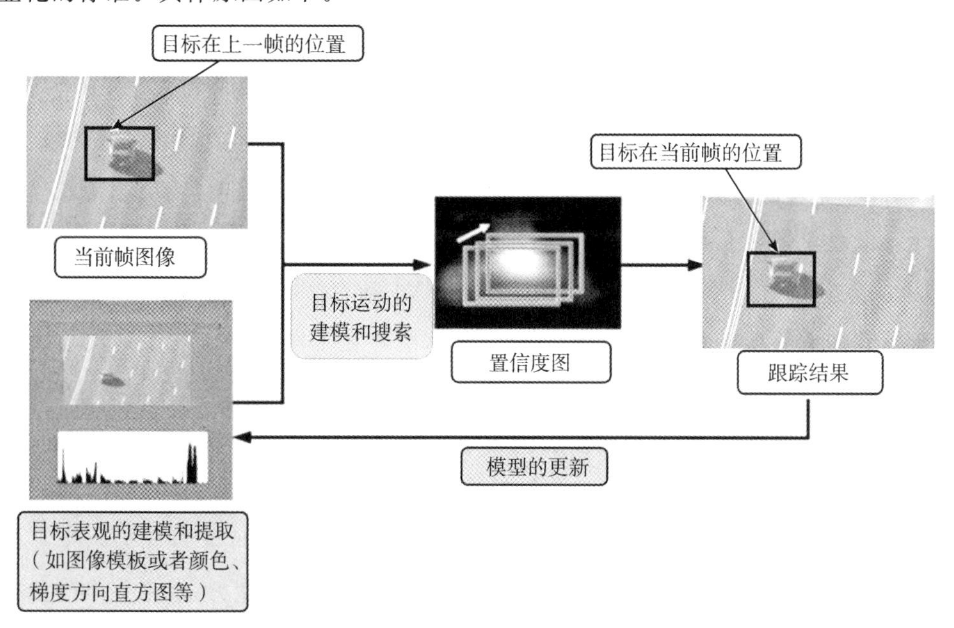

图 1-2　目标跟踪系统的工作流程及关键技术

1.在目标表观的建模和提取方面

目标表观模型容易受到遮挡、背景干扰、光照变化、剧烈运动、非刚性形变、姿态变化以及表观变化等诸多挑战的影响。因此,如何构建鲁棒的目标表观模型,是目标跟踪算法的关键技术之一。传统的目标跟踪算法一般从特征表示和分类器构造两个方面来构造鲁棒的目标表观模型。

在特征表示方面:众多精心设计、具有不同特性的特征被广泛地应用在目标跟踪问题上,包括颜色直方图(Liu et al.,2021)或属性(attribute)(Jaiswal et al.,2020)、子空间(Chen et al.,2020)、哈尔(Haar)特征、局部二值模式(local binary pattern,LBP)、方向梯度直方图(histogram of oriented gradient,HOG)、尺度不变特征变换(SIFT)、加速稳健特征(SURF)、协方差矩阵以及形状等。尽管这些预先定义的手工特征在某些数据集或场景中能取得较高的准确率和鲁棒性,但因为它们是底层特征,并且一旦设计完成,便不再发生改变,不能自适应调整到被跟踪的目标物体上,所以在另一些数据集中或目标物体表观发生较大变化时会出现较高的错误率和较低的鲁棒性,进而影响算法的实际应用。因此,在跟踪问题中,目标物体表观分布的复杂多样性和非静态性,对现有的手工特征选择方式提出了挑战。如何从视觉样例中自动学习非可控条件下目标物体的不变性特征已经成为亟待研究的问题。

在分类器构造方面:传统的分类器构造方式大多使用单层或两层的全局或局部函数映射,包括提升(boosting)算法、结构学习、与或图、支持向量机(support vector machine, SVM)、随机森林、霍夫森林、稀疏编码、判别式特征学习、多实例学习、互训练、基于检测和跟踪结合的方法、弱监督学习以及耦合的两层模型等。但是,目标表观变化是复杂、高度非线性、非静态性以及任务依赖的,理论与实验均表明:浅层结构在目标模型表示上的泛化能力不够。与此同时,生物的视觉感知系统具有多层的深度结构,底层视网膜是最基本的像素感应器;自下而上依次是 V1 和 V2 视觉皮层等,分别负责获取边缘和形状等抽象的高层语义信息,这与目标物体能够在不同的层次与级别被描述相契合。例如,像素的强度、边缘、物体部件、物体和更高级别的表示。此外,在机器学习领域,早期和近年的研究工作都表明多层函数结构能够增强模型的表达能力。例如,在人工智能方面,Bengio 和 LeCun 分析了深层结构的表达能力及相关的应用;在认知方面,Utgoff 等预见较深层的结构具有更好的前景。因而,伴随着深度学习和表示学习研究的热潮,如何建立多层的深度结构来增强目标表观模型的表达能力,也是一个亟待研究的问题。此外,传统的目标表观模型不具备记忆功能,很难适应目标物体表观分布的复杂多样性和非静态性,如何有效利用递归神经网络(recurrent neural networks,RNN)的长短时记忆(long short term memory,LSTM)功能,构建具有一定记忆功能的鲁棒目标表观模型，值得进一步探索。

2.在目标运动的建模和搜索方面

如何针对复杂运动描述目标运动规律，并对目标的候选区域进行有效搜索，是很多现实跟踪提升效率的瓶颈所在。良好的目标运动建模和搜索策略，能够提供更佳、更少的候选位置，从而为表示能力更强的机器学习算法和表观模型节省测试次数，并且能够去除背景的干扰，提供高质量的候选区域。由于图像搜索空间巨大，基于对计算效率和鲁棒性的考虑，在目标运动的建模和搜索方面，传统的目标跟踪算法主要采用简单的匹配搜索策略，即只关心目标以较大概率出现的区域，如基于局部穷举搜索的算法、基于梯度下降的均值漂移搜索算法、基于粒子滤波框架的运动模型预测和评价算法等。在目标跟踪问题中，由于目标自身的运动、背景的变化以及成像条件的复杂多样性等诸多因素的存在，采用简单的匹配搜索策略已经无法处理日益复杂的目标跟踪问题。特别是当目标具有复杂的运动模式（如目标的运动速度、方向突然发生改变，目标遇到长时间遮挡，离开或重新进入场景）时，未对特殊情况进行建模的简单预测机制容易失效，造成算法在目标并不存在的区域中进行目标搜索，从而造成目标丢失。此外，一些精心设计的算法虽然能够取得较好效果，但需要较长的计算时间，与实时性要求相去甚远。因而，如何根据目标运动规律和图像自身内容确定目标在当前时刻以较高概率出现的区域，成为决定跟踪算法效率和成败的关键问题。在物体检测和图像分类等领域兴起的基于物体对象度（objectness）的高效候选区域搜索算法，为提高跟踪速度和鲁棒性提供了技术基础，如二值化规范梯度（BING）、选择式搜索（selective search）、类别独立的候选物体生成方法（category-independent object proposals）、约束参数的最小割算法（constrained parametric min-cuts）、多尺度组合聚类（multi-scale combinatorial grouping）、级联排序支持向量机（cascaded ranking SVM）等。这些算法能够快速排除非物体区域，并获得一个小规模的数据驱动、类别独立、质量较高的候选目标位置集合。与穷举搜索相比，减少候选位置有利于应用较复杂的机器学习技术和目标表观模型；与简单的匹配搜索策略相比，能够有效应对各种复杂的情况，从而在保证跟踪算法精度的同时，为提高跟踪速度提供极具前景的技术基础。

3.在模型的更新方面

从本质上说，目标跟踪问题处理的是非静态信号，前景目标物体和背景都在随着时间的推移和目标物体的运动而改变。因而，越来越多的研究者将在线学习的机制引入目标表观模型的建模中，从而能够对目标的表观模型进行自适应的动态更新。这类方法能够在一定程度上处理目标的表观变化问题，但是由于遮挡和表观变化等多种不确定性因素的存在，在线学习能够获取的前景和背景样本通常是不完整、不精确、含有噪声的，采用这些带有误差的训练样本对目标表观模型进行更新，很快便会使目标表观模型与实际的目标表观发生偏离，累积的误差最终会造成模型不能很好地描述随时间不断变化的目标表观，从而引起著名的跟踪器“漂移”问题，造成跟踪算法失效。为了尽量避免跟踪器“漂移”问题的出现，众多高质量的学术研究提出了各种各样的解决方法。这些方法虽然能在短时间内和可控场景下取得较好的跟踪效果，但是在复杂动态场景中鲁棒性不够，原因有如下两个方面。

(1)在判断遮挡和目标表观变化方面。当目标的表观发生变化时，难以判断是因为遮挡造成目标表观变化，还是因为目标自身姿态或非刚性形变造成变化，最终导致目标表观模型更新错误。因此，如何利用上下文关系和自适应的目标部件模型等对遮挡和表观变化进行有效分析和判断，成为模型更新方面共同关注的问题。

(2)在训练/测试样本的选择模式方面。首先，基于在线学习的跟踪方法一般将目标跟踪问题视为一个二值分类问题，采取如图 1-3(a)所示的启发式训练样本选取策略，即将以目标当前位置为中心的矩形框(图像块)作为正样本，然后在目标当前位置的局部邻域内选取其他矩形框(图像块)作为负样本。这种启发式的正负样本选取策略，很难保证在线学习时重新学习到跟踪器的效果。这是因为目标物体的精确位置在语义和定义上存在很大的不确定性[图 1-3(b)]，很难使用单一的图像块来精确表示目标物体，因而在目标物体中心位置附近的图像块(如、和框)都可以被视为正例图像块。其次，由于训练/测试样本的基本单位通常是单一的图像块(图 1-4)，所以在跟踪的过程中，样本容易受到噪声、姿态、光照以及跟踪器定位误差的影响，从而产生不精确的样本。如果用这些样本训练和更新跟踪器，会使得跟踪器逐渐学习到错误的表观模型，最终造成跟踪器的“漂移”。为了提高样本的鲁棒性，一部分研究人员将在线多实例学习机制引入目标跟踪问题中。在传统的目标跟踪算法中，正例训练样本是一个单独的目标图像块，而在多实例学习中，正例训练样本是由多个图像块组成的包(bag)，只要包中有一个图像块被标注为正例，则包含该图像块的包就被标注为正例。虽然该方法在一定程度上解决了训练和更新阶段正例训练样本标注的不确定性问题，但是该方法在训练阶段没有进一步充分利用目标物体来自不同图像帧中的多幅图像所包含的信息，并且在测试阶段，该方法没有进一步有效利用目标物体多个图像块中包含的信息。因此，如何同时在训练和测试阶段有效利用每类个体多个图像块中包含的信息就成为新的研究课题，这一课题正好促进了对基于多个图像块所构成的集合解决目标跟踪问题的研究。

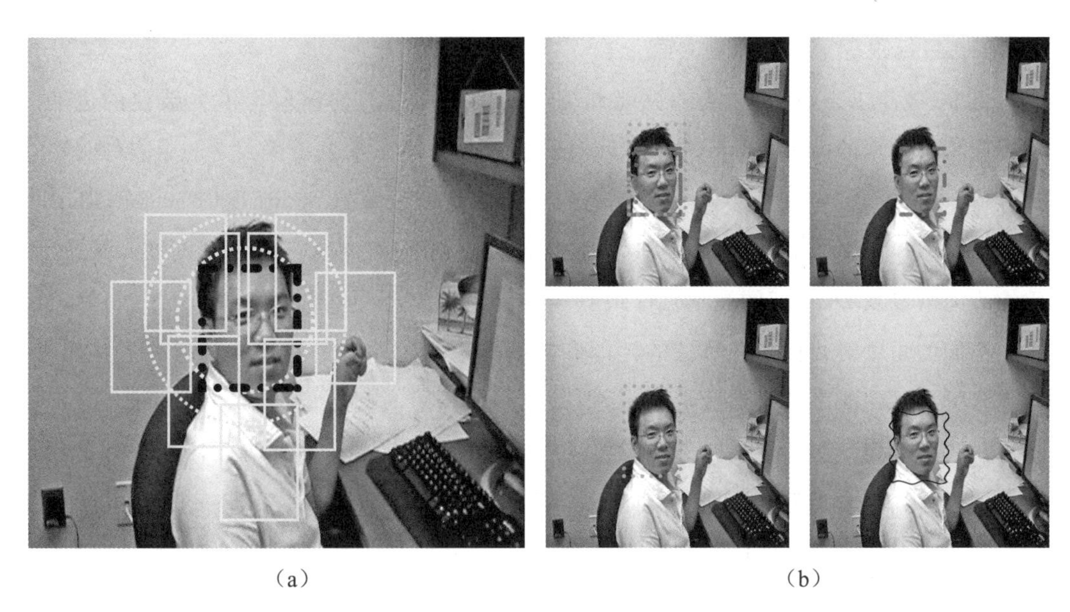

(a)传统跟踪算法的正负样本选择方式;(b)目标物体的精确位置具有语义上的不确定性

(图中的矩形框都可以表示目标物体)

图 1-3　传统在线学习跟踪算法正负样本选取方式及存在的问题

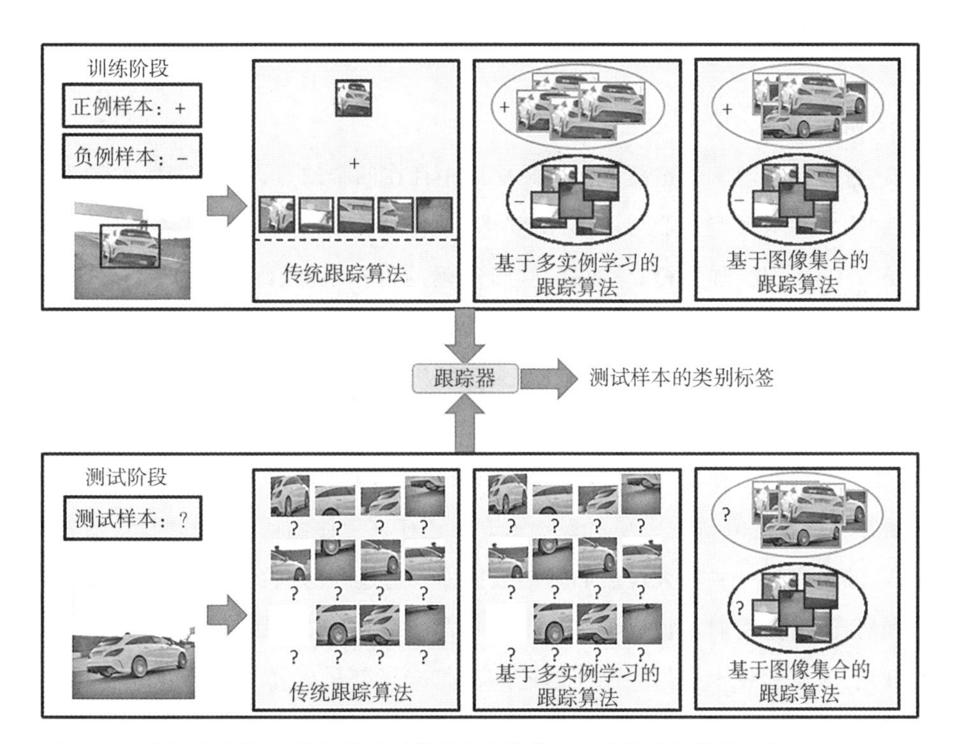

图 1-4　传统跟踪算法、基于多实例学习的跟踪算法以及基于图像集合的跟踪算法所使用的训练/测试样本的基本单位示意图

4.在目标跟踪算法的评测方面

自2012年以来,跟踪算法的性能评测与基准数据库的构建取得了突破性的进展。阿姆斯特丹大学的Smeulders(收集315个图像序列)、南京信息工程大学的吴毅(在最新的Benchmark 1.1中收集100个图像序列)、普林斯顿大学的Song(收集100个RGBD图像序列)、LTDT 2014检测与跟踪数据集(包含6个图像序列,近6万帧图像)、天普大学的凌海滨以及2014年的视觉目标跟踪竞赛专题讨论会(包含394个图像序列)等,分别从不同的角度对目标跟踪算法的性能和数据集进行了系统的对比和分析。这些数据集包含的测试图像序列虽然数量较多,但是几乎都是短时间图像序列,即每个图像序列平均只包含几百帧图像,只有LTDT 2014检测与跟踪数据集收集的6个图像序列,平均每个图像序列包含近万帧图像。因此,如何在长时间大规模数据集上进一步对目标跟踪算法的性能进行评测,促使目标跟踪算法向着实用性方向发展,成为当前的研究热点之一。

1.2 研究意义、研究现状及发展动态

1.2.1 研究意义

当前,智能视觉理解关键技术在实际应用中存在四个缺点,即模型精度"不准确"、模型泛化性"不鲁棒"、模型性能与计算开销"难兼顾"以及数据隐私保护"不安全"。研究复杂动态场景中轻量化、强鲁棒、易迁移、实时准确的目标检测、跟踪、再辨识,以及模型压缩与加速及兼顾数据隐私保护的端边云协同推理和训练等智能视觉理解关键技术,有助于有效处理视觉理解模型计算载体前端化、轻量化、强鲁棒、数据隐私保护等关键技术问题,并为基于智能视觉理解的公共场所风险态势感知提供技术支撑,更好地维护区域公共安全、促进社会和谐稳定发展,对于满足国家和地方发展的战略需求具有重大意义。

由于在目标跟踪算法的三项关键技术方面还存在上述亟待解决的问题,随着研究的不断深入,陆续出现一些较大规模的基准数据库。通过在这些数据平台上对跟踪算法进行验证和对比,研究者们对目标跟踪这个经典而重要的研究课题有了新的认识,而不断发展的理论、方法和技术也为上述问题的解决带来了新的希望。因此,在支撑目标跟踪算法的三项关键技术及其应用验证环境和数据平台方面,做进一步深入研究和探索具有重要意义。

1.2.2 研究现状及发展动态

1969年以来，由于智能视觉理解与风险态势感知在理论和应用等方面有着广泛的需求，国内外越来越多的学者和研究机构逐渐重视，并在国内外人工智能与计算机视觉的诸多权威期刊和会议上发表了众多高水平的学术论文，获得了丰硕的科研成果。

根据研究内容需要，本节分别从以下五个方面阐述国内外相关工作的研究现状和发展动态。

1.长时目标跟踪

长时目标跟踪是智能视觉理解与风险态势感知中核心的基础研究问题之一，跟踪结果能够极大方便高层视觉理解的分析和应用。目前，国内外学者已经从不同角度提出了众多性能不俗的跟踪算法，中国科学院自动化研究所黄凯奇研究员和谭铁牛院士、西安电子科技大学焦李成教授、大连理工大学卢湖川教授和王栋教授、天津理工大学陈胜勇教授、江南大学吴小俊教授、复旦大学薛向阳教授、浙江大学李玺教授(李玺等，2019)和亚兹德大学 Marvasti-Zadeh et al. (2021)分别从不同角度对目标跟踪算法进行了比较全面的综述。现从基于孪生网络(siamese network)的目标跟踪算法和基于检测-跟踪协同的长时目标跟踪算法两个方面对目标跟踪领域进行简明扼要的回顾。

(1)基于孪生网络的目标跟踪算法。该算法由于采用参数共享、平行网络结构等设计思想，在跟踪速度和精度上达到了一个较好的平衡，得到了越来越多研究者的关注。该算法的基本思路是将目标跟踪视为一个相似性度量问题，利用端到端离线训练好的模型，学习目标和搜索区域之间的相似性。基于孪生网络的目标跟踪算法可以根据其尺度处理策略分为三类，即基于尺度空间搜索的方法、基于锚框的方法以及基于无锚框的方法。在基于尺度空间搜索的方法中，Tao 和 Bertinetto 等率先将孪生网络应用在目标跟踪中，分别提出 SINT 和 SiamFC 跟踪算法，这两种算法取得了较好的性能。但由于他们采用手工设计的多尺度搜索方式来估计目标尺度变化，算法的预测精度和计算效率较低。为了有效处理目标的尺度变化问题，受到区域提议网络的启发，Li et al.(2018)提出基于锚框的 SiamRPN 算法。在此基础上，为能够使用更深层的特征，Li 和 Zhang 等分别提出 SiamRPN++和 SiamDW 算法，有效处理了当前框架无法引入深层骨干网络的问题，且算法取得了较好的性能。同时为了处理基于孪生网络的跟踪算法对相似干扰物敏感的问题，Zhu et al.(2018)提出 DaSiamRPN 算法。该算法通过在训练图片中随机抽取有语义的负样本改进跟踪算法的判别力。然而，这些基于区域提议网络的孪生网络跟踪算法需要事先人为设计锚框和引入较多超参数，因此其灵活性较差且计算复杂度较高。为了处理该问题，Chen et al.(2020)提出 SiamBAN 无锚框跟踪器。SiamBAN 不仅能通过无锚框设计有效处理尺度和宽高比估计问题，而且避免了烦琐的先验锚框设计。但是，SiamBAN是一个离线跟踪器，一旦目标表观发生较大变化，就容易使该跟踪器失效。为了处理这一问题，Zhang和Zhou等分别提出UpdateNet和DROL跟踪算法，将模板更新机制引入跟踪算法中。为了进一步提升跟踪器的鲁棒性和准确性，Zhang et al.(2021)提出Ocean算法，该算法利用特征对齐来改进前景和背景的分类结果。

受到转换器(transformer)在自然语言处理和计算机视觉等领域成功应用的启发，一些学者将Transformer引入目标跟踪领域。他们采用编码器(encoder)-解码器(decoder)的范式来设计Transformer网络结构，并将其结合到已有的跟踪算法上，获得了较好的跟踪性能。比如，Chen et al.(2021)提出TransT跟踪算法，该算法设计了能增强自身上下文和交叉特征的Transformer特征融合网络，有效处理了传统跨相关操作容易陷入局部最优解的问题，以及丢失部分语义信息的问题。Yan et al.(2021)提出STARK算法，该算法把目标跟踪视为一个边界框(bounding box)预测问题，采用自注意力(self-attention)和交叉注意力模块，对模板帧和搜索帧之间的时空特征进行全局建模。Wang et al.(2021)等提出TrDiMP算法，该算法利用Transformer结构对多个模板特征之间的关系进行建模，同时将跟踪线索传播到当前帧。另外，Zhao, at al.(2021)提出TrTr算法，该算法把Transformer的编码器和解码器分离到两个分支上，同时对模板和搜索特征进行编码。基于Transformer较强的全局建模能力，上述跟踪算法有效捕获了视频中蕴含的长时序依赖和上下文信息，取得了较好的跟踪效果。但是，高动态强干扰的复杂场景(如有相似干扰物)依然给这些算法带来巨大的挑战。此外，已有的大部分跟踪算法忽视了模型的输入，同时模型结构中存在不确定性，从而导致模型性能在实际环境中表现较差。因此，如何有效处理上述问题，构建一个既准确又鲁棒的跟踪算法仍然是一个难题。

(2)基于检测-跟踪协同的长时目标跟踪算法。在短时跟踪算法所需面临的困难问题的基础上，长时跟踪算法还需额外具备处理目标物体频繁消失和重新出现等问题的能力。因此，其在目标重检测、遮挡和干扰物处理等方面面临更大挑战。针对这些挑战，Lukezic et al.(2020)将长时跟踪器分成两类，即伪长时跟踪器和基于重检测的长时跟踪器。伪长时跟踪器直接将一些短时跟踪器应用到长时任务上，并简单地通过分类、分数来区分前景与背景。但这类跟踪器由于相似干扰物之间存在表观上的混淆，容易在跟踪的过程中“漂移”至干扰物上。基于重检测的长时跟踪器(如SiamDW_LT、MDMD、SPLT、LTMU)使用重检测策略来从跟踪失败中恢复。这些跟踪器需要精心设置局部跟踪器与全局跟踪器之间的转换条件，以此获得良好的长时跟踪性能并尽可能减少计算量。Huang et al.(2020)提出基于全局实例搜索的跟踪器，该跟踪器使用一个基于两阶段锚框的检测器，在网络中结合目标信息实现了一个没有前后帧时空约束的检测器。但基于两阶段锚框的全图检测器带来了巨大的计算负担，同时无时空约束的检测给跟踪结果带来了极大的不稳定性，因此难以适用于真实场景。综上所述，如何在长时跟踪算法中较好地综合考虑模型效率、有效的全局重检测策略以及鲁棒的干扰物感知机制，依然是长时跟踪领域需要考虑的问题。

2.跨时空目标再辨识与异常态势感知

跨时空行人再辨识旨在从大量候选行人图像中找出与给定行人图像具有相同行人身份的图像。这些图像可能来自不同的摄像头，从而弥补摄像头位置的局限性，实现对摄像头数据的充分利用，并能够结合行人目标检测和行人目标跟踪技术，使得视频监控系统更加智能化。

早期的国内外学者大多采用卷积神经网络(convolutional neural networks, CNN)进行特征提取，并构建损失函数优化网络的特征提取能力(Ye et al.,2011)。特征总体上可归纳为以下四种：①全局特征。全局特征是指对一张行人图像取一个特征，且不使用其他辅助信息(Zheng et al,2015)。该特征简单、直接，但不够精细。②局部特征。局部特征是指把一个行人的不同区域分别表示成一个特征，最后通过聚合得到最终的特征(Sun et al.,2018)。这种特征更具细粒度，能够反映微小的细节变化。③语义辅助特征。语义辅助特征是指通过辅助信息来改进特征，如人体关键点(human key-points)、人体解析(human parsing)、人体属性(human attribute)。④序列特征。序列特征是指通过跟踪算法得到行人短时间图像序列，并对整个序列进行建模。序列特征内容丰富、特征鲁棒，但计算复杂度较高。在实际应用中，跨时空目标再辨识会面临源域数据与目标域存在域间差异问题，继而导致模型泛化性差、性能下降。为增强模型的泛化性，国内外学者采用了最大均值差异或对抗性学习。例如，Choi et al.(2020)通过解耦用户身份差别因素和用户无关因素，减小跨模态差异；Li et al.(2019)通过考虑姿势变量的影响以及设计姿势指导但领域不变的深度模型，挖掘潜在标签信息，以通过软多标签学习(soft multilabel learning)获得指导以及利用摄像机的优势来处理数据分布差异和目标域中缺少标签信息的问题。但是，以上方法依然依赖于新测试场景中的未标记数据，当实际应用场景中缺少未标记数据时，这些方法将失效。

异常态势感知面临着目标数量多、环境因素复杂和场景差异较大等难题。例如，人流或车流预测会受到天气、时间以及兴趣点等影响；目标的快速查找存在目标数量众多、遮挡严重以及时空跨度大的问题；异常事件检测难度大小与环境复杂度和异常事件类型息息相关。针对特定目标的异常态势感知问题，国内外研究机构做了一定的研究探索，并在特定的环境或数据库下取得了一定的研究成果。Abdi和任艺柯等利用多层感知机和长短时记忆神经网络对交通流量进行预测，并引入早停机制来防止模型过拟合。为了实现目标的快速查找，YOLO（Redmon et al.，2016）和SSD建立了单阶段目标识别框架，其不仅取得极高的推理速度，而且还保持了较高的精度。对于异常事件检测，通常基于卷积自编码器(auto encoder)的重构误差框架，分析视频中的时空不规则性；或与生成对抗网络结合起来实现图像转换，进行异常判断。但是无论是短时间同一场景范围内，还是长时间城域范围内，异常态势感知都存在目标关联层次低、缺乏事件关联等问题，亟须在领域知识的指导下，建立有效的异常态势感知系统，维护社会安全。

3.基于自监督学习的视觉模型建模

海量图像数据指数增长带来大量无监督数据，同时精准数据标注成本代价高带来大量无监督和弱监督样本，从而导致传统依赖大规模标注数据的深度学习模型出现难以训练、鲁棒性和泛化性差以及难以满足不同下游任务的个性化需求等问题。针对以上问题，一些学者受到自监督学习、对比学习、小样本学习（Wang et al.，2020）等的启发，纷纷提出基于自监督学习的视觉模型建模方法。这些自监督学习方法可以划分为两类，即基于生成式的自监督学习方法和基于判别式的自监督学习方法。基于生成式的自监督学习方法通过生成映射到输入空间的像素来学习模型表示，代表性方法包括自编码器和对抗学习；基于判别式的自监督学习方法使用代理任务来学习模型表示，代表性方法包括图像修补（image in-painting）、拼图求解（jigsaw puzzle）和对比学习（contrastive learning）（Chen et al.，2020；He et al.，2020）。其中对比学习的目标是最小化同一幅图像生成的两个正例样本之间的相似性，而最大化来自两幅不同图像的负例样本之间的相似性。但是，以上两类方法依然存在无法充分利用预训练模型信息、难以将通用视觉模型的知识迁移到领域专用视觉模型、视觉模型泛化能力弱，以及对非独立同分布数据处理效果不佳等问题。

4.模型轻量化

以深度卷积网络为代表的深度模型一般需要千万乃至上亿量级的参数和超高的计算复杂度，这严重制约了其在移动场景和嵌入式场景中的使用部署。早在20世纪末，图灵奖得主LeCun等就发现深度神经网络中存在大量冗余，并且提出了脑认知启发的深度模型稀疏化方法，开创了深度模型压缩的先河。自2015年以来，众多国内外研究团队推动了模型压缩在计算机视觉研究领域的发展。各种模型轻量化、压缩与加速方法纷纷被提出，如网络剪枝(pruning)、参数量化、低秩分解和知识蒸馏等。厦门大学纪荣嵘教授团队提出的基于特征图秩的结构化剪枝方法，揭示了深度模型特征图的秩与模型语义之间的关系，并将其用于分类任务中模型冗余的科学度量。美国麻省理工学院韩松教授团队提出的面向硬件认知的自动化混合精度量化方法，提高了量化压缩方案的实用性。为克服传统两阶段知识蒸馏存在的臃肿大模型的局限性，伦敦大学玛丽皇后学院龚少刚教授团队提出一种在线知识蒸馏技术，利用多个小模型的相互学习来集成大模型的性能。

另一类基于神经网络结构搜索（NAS）的轻量化方法也受到国内外学者的极大关注。神经网络结构搜索可以被定义为一种具自动化结构的工程，其可以被认为是自动化机器学习的一个子领域。神经网络结构搜索在方法上与元学习以及超参数优化有很多相同点，截至 2022 年已经在很多领域都超越了手工设计的深度网络模型。例如，在图像搜索上，部分研究工作已经验证了神经网络结构自动搜索可取得领域最优的结果；在图像检测问题上，Liu et al.（2019）提出的自动化检测模型搜索算法同样在标准评测集上取得了较好的效果；在图像分割上，Li 等提出的神经网络结构上下采样方式，实现了一个高性能图像分割网络。

现有的各种压缩手段主要面向常见的骨干网络，从实际落地需求角度来分析，它们尚无法在普适场景（如目标检测、跟踪、再辨识、异常检测等）下直接应用。其逐层固定的剪枝方式和量化比特设置，导致了网络压缩的低自适应性和低压缩效率。由于深度学习模型自身的复杂性以及不可解释性，现有的研究工作在比例压缩、任务泛化以及精度恢复上，仍然很难满足实际需求。与此同时，传统的基于直接搜索的 NAS 方法需要消耗大量的时间以及计算资源，并且在搜索空间设计上需要大量的专业知识，使得神经网络结构检索很难在检测跟踪系统中得到有效应用。从实用化角度分析，神经网络结构需要适配不同的边缘端硬件以及模型，这为基于神经网络结构搜索的模型轻量化提供了新的思路。

5.联邦学习

自 2011 年以来联邦学习得到了学术界和工业界的广泛关注，很多国内外学者从不同的角度对联邦学习进行了全面系统的阐述。简单而言，联邦学习由参与方局部更新和中心服务器全局聚合两个阶段构成，其目标是通过最小化所有参与方的损失函数之和，找到最优的模型参数。在联邦学习中，参与方既可以采用本地维护数据的方式来实现数据的隐私保护，也可以采用差分隐私方法对梯度添加噪声扰动，以保护数据隐私，同时又不影响梯度的实用性。Chen 等提出基于同步随机梯度下降的联邦学习算法，该算法允许参与方提交梯度而不是原始训练数据。然而，攻击者可能会根据梯度反向还原数据。为了防止攻击者根据扰动的梯度还原原始数据，Zhao 等在梯度中加入局部差分隐私噪声。此外，在保护数据隐私的前提下，现有的一部分联邦学习研究主要关注如何提升联邦聚合的优化效率和性能，从而快速和准确地学习模型参数。Konen 等采用同步聚合的方式对模型参数进行更新，由于参与方存在差异化计算以及传输能力等问题，容易导致同步聚合效果不好。为了有效处理该问题，Sprague 等提出异步聚合方法。在该方法中，中心服务器一旦收到参与方更新的参数，便立刻同步聚合模型参数，再将聚合模型参数返回给参与方。虽然该方法取得了较好的鲁棒性，但难以保证各模型的收敛性。为了改进异步联邦学习的收敛性，Xie 等设计了一种加权聚合的机制。McMahan 等通过加权聚合不同参与方的卷积神经网络模型参数，在 MNIST 手写体数据集上训练得到了较好的联邦共享模型。然而，这些方法忽视了数据共享的安全问题。为了处理该问题，受到区块链技术的启发，一些学者将区块链引入联邦学习框架，建立分布可信的联邦学习机制。Lu 等融合区块链和联邦学习，实现了数据共享，保证了数据的私密性。Yang 等提出一种基于轻量级有向无环图（DAG）的区块链技术，用有向无环图来表示信息之间的传播关系。然而，大部分已融合区块链和联邦学习的方法都采用单层结构来维护一个全局账本，依然难以处理复杂开放环境中的数据共享。

在联邦学习和视觉理解任务结合方面，一些学者陆续提出利用联邦学习的分布式学习机制，通过多方协作来训练视觉理解模型，如图像分割、物体检测、行人再辨识等。但是，这些传统的联邦学习方法不仅对非独立同分布数据的处理效果不佳，而且严重依赖于数据标注。为了应对这个问题，国内外学者从不同角度提出了不同的方案，如知识蒸馏、共享数据集、正则化等，但这些方案都不能处理无监督数据。为了有效处理无监督数据，一些基于无监督数据的联邦学习方法被提出，但这些方法也主要面向某个具体的视觉任务，而其他方法不是忽视了非独立同分布问题，就是存在数据隐私泄露的风险。

6.发展动态分析及小结

综上所述，视觉运动目标理解与分析是一个亟待研究的热点课题。随着研究的不断深入，研究人员对智能视觉理解与风险态势感知这个传统热点课题有了新的认识，并不断发展出新的理论、方法和技术，为研究这个课题带来了新的希望。与此同时，亟须在其模型精度“不准确”、模型泛化性“不鲁棒”、模型性能与计算开销“难兼顾”、数据隐私保护“不安全”等方面进行深入研究。而视觉运动目标理解与分析拟研究在边缘设备算力、存储、功耗约束和高动态、强干扰、小样本条件下，复杂动态场景中轻量化、高防伪、强鲁棒、易迁移、实时准确的目标检测、跟踪与再辨识，模型压缩与加速，以及兼顾数据隐私保护的端边云协同推理和训练及风险态势感知应用（如特定嫌疑目标查找、异常事件检测以及重点公共场所人流和车流监控等），为智能视觉理解与风险态势感知提供实用的新模型、新方法、新技术，助推“平安中国”战略的实施。

1.3 视觉运动目标理解与分析的应用

1.3.1 视觉目标检测及其应用

视觉目标检测和图像分类最大的区别在于目标检测需要做更细粒度的判定，不仅要判定是否包含目标物体、给出物体类别，还要给出各个目标物体的具体位置。如图1-5所示，目标检测算法可以将图像（视频中的每一帧）中的目标物体检测出来，该图像中不但检测出三只猫，还检测出猫所在的床这一物体，而且准确地标出了这些物体在图像中的位置，以及检测的置信度数值。

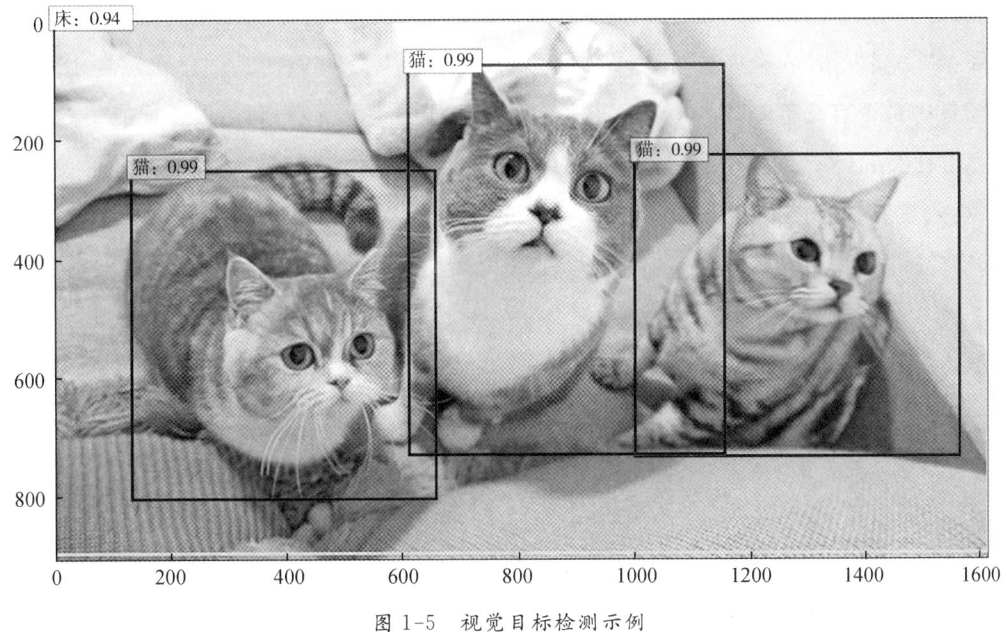

图1-5　视觉目标检测示例

目标检测是计算机视觉最基本的问题之一，具有极为广泛的应用，下面简单介绍几个典型的应用场景。

1.人脸识别

人脸识别是基于人的面部特征进行身份识别的一种生物识别技术。该技术通过采集含有人脸的图像或视频流，自动检测和跟踪人脸，进而对检测到的人脸进行识别，通常也叫作人像识别、面部识别。如图1-6所示，通过检测框把后续识别算法的处理区域从整个图像限制到人脸区域。

图1-6　人脸识别示例

人脸识别技术已经取得了长足的发展，目前广泛应用于公安、交通、支付等多个实际领域。

2.智慧交通

智慧交通是目标检测的一个重要应用领域，主要包括交通流量监控与红绿灯配时控制、交通异常事件检测、交通违法事件检测和追踪等场景。同时，在交通安全方面，全国开展了“一盔一带”安全守护行动，即为了保障大家的生命安全要求大家戴头盔，因此交通场景中是否有头盔佩戴的检测显得尤为重要。如图 1-7 所示，利用人工智能中的深度学习方法，结合新交规，开发智慧交通的头盔检测监管算法，有助于我国的交通实现规范、高效发展，提高交通管理效率。

图 1-7　头盔检测示例

从根本上看，交通场景中各种具体应用的底层实现，都是以目标检测技术为基础的。

3.智能农业

与人工智能（AI）在其他领域的应用相比，农业领域的人工智能应用可以说还是一片“蓝海”。在农业的规模化生产中，评价农田的耕种效果、估计产量、制订计划等都需要大量的人工劳动，耗时费力。而一些地方规划交叉，农药的使用量大幅增加，这将会引发如破坏生态环境等问题。因此，在农业领域可利用人工智能技术对农作物的产量进行预先估计，安排计划，保证农作物的产量和销售；在病虫害的监管方面，可利用人工智能技术来帮助务农人员及时发现植株的生长情况。小麦作为主要粮食作物在全球范围内被广泛种植，同时也得到了广泛研究。为了获得有关麦田的大量准确数据，植物学家使用“小麦头”（包含谷物的植株顶部的穗）的图像进行检测（图 1-8）。这些图像用于估计不同品种的小麦头的密度和大小，进而评估小麦的健康状况和成熟程度，帮助农民管理规划自己的农场。

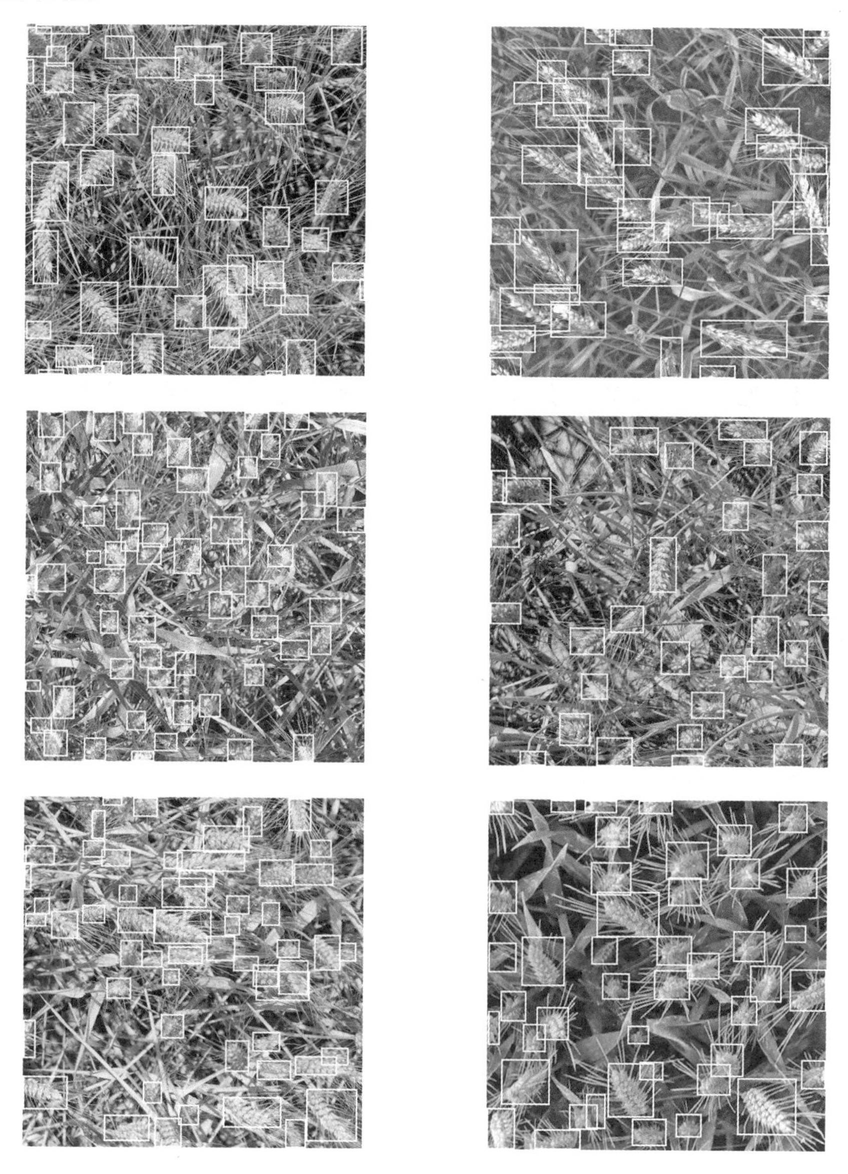

图 1-8　小麦头检测示例

1.3.2 视觉语义分割及其应用

语义分割是一种典型的计算机视觉问题，即将一些原始数据(如平面图像)作为输入并将它们转换为具有突出显示的感兴趣区域的掩模。许多研究人员使用全像素语义分割(full-pixel semantic segmentation)，其中图像中每个像素根据其所属的感兴趣对象被分配类别 ID。以人工智能为导向的现代计算机视觉技术，在自 2011 年以来的十多年间发生了巨大的变化。由于图像分割技术有助于理解图像中的内容,并确定物体之间的关系,因此常被应用于人脸识别、物体检测、医学影像、卫星图像分析、自动驾驶感知等领域。在日常生活中,图像分割技术的应用实例也很常见,如智能手机上的抠图相机、在线试衣、虚拟化妆以及零售图像识别等,这些应用往往都需要使用智能分割后的图片作为操作对象。目前语义分割的应用领域主要有地理信息系统、医疗影像分析和自动驾驶汽车等。

1.地理信息系统(地质检测、土地使用)

可以通过训练神经网络让机器输入卫星遥感影像,自动识别道路、河流、庄稼、建筑物等,并且对图像中每个像素进行标注。如图 1-9 所示,左边为卫星遥感影像,中间为真实的标签,右边为神经网络预测的标签结果。

红绿蓝(RGB)色彩模式

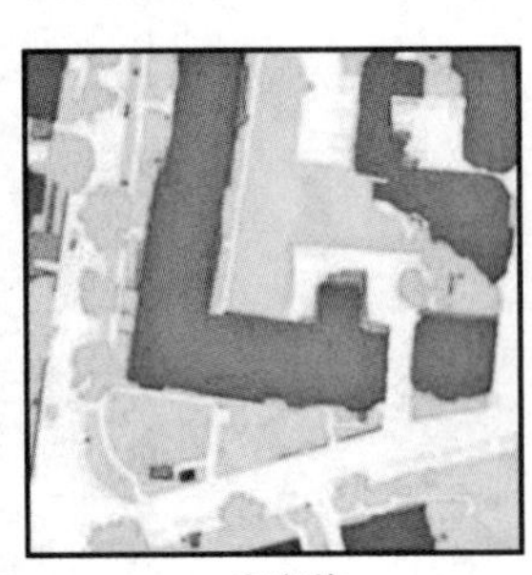
真实值

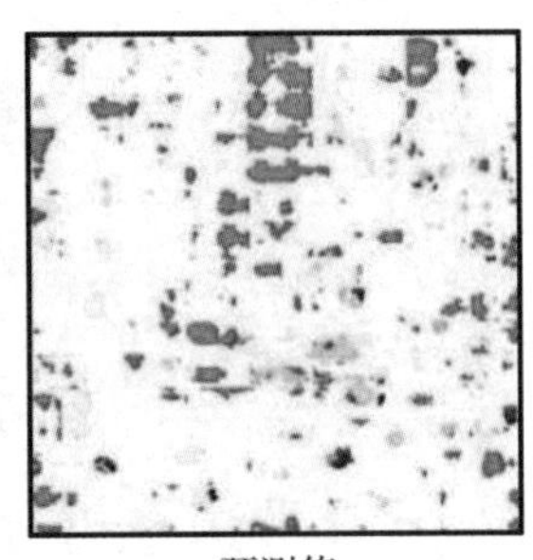
预测值

图 1-9 地理信息系统语义分割示例

2.医学影像分析

图像分割技术在医学影像学中的应用,往往被很多外行人忽略。但是实际上自 2011 年以来,智能图像分割技术几乎遍布医学影像学的各项检查中。这不仅是因为利用医学图像分割能够准确检测人体不同部位的疾病类型(如癌症、肿瘤等),更重要的是它有助于从背景医学影像(如 CT 或 MRI 图像)中识别出代表器官病变的像素,这也是医学影像分析中最具挑战性的任务之一。随着人工智能的崛起,将神经网络与医疗诊断结合也成为研究热点,智能医疗研究逐渐成熟。在智能医疗领域,语义分割主要应用于肿瘤图像分割、龋齿诊断等,如图 1-10 所示。

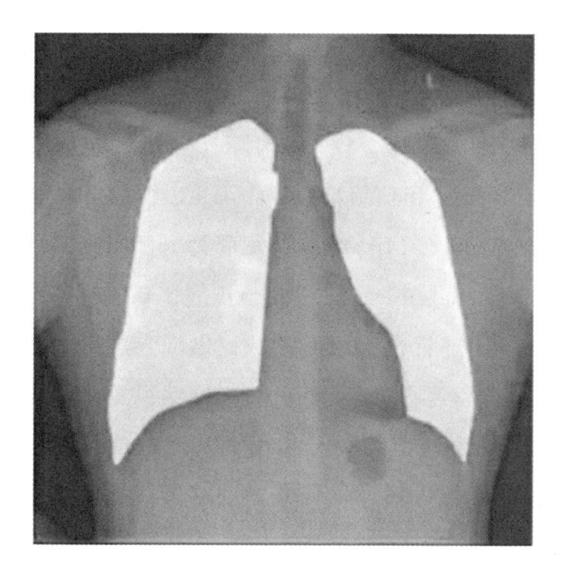

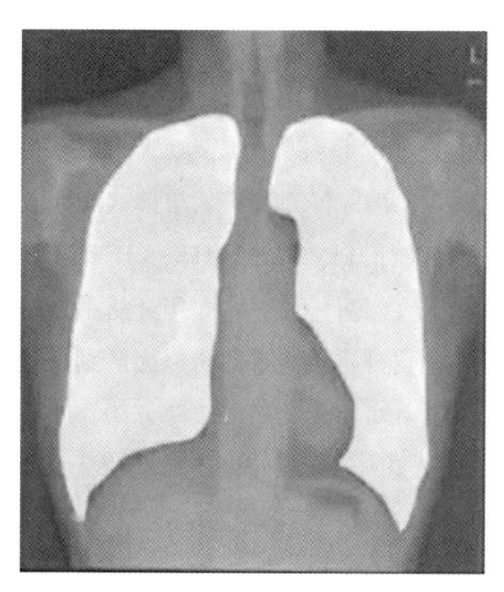

图 1-10　医学影像分析语义分割示例(肺癌诊断辅助)

3.自动驾驶汽车

随着自动驾驶汽车的兴起,图像分割技术被积极应用在这一领域。目前,图像分割技术主要应用于识别车道线和其他必要的交通信息,或者将图像语义分割的结果与激光传感器的点云数据做数据匹配,实现像素级的多传感器融合。语义分割也是自动驾驶的核心算法技术。当车载摄像头或者激光雷达探查到图像并输入神经网络中时,后台计算机可以自动将图像分割归类,以便汽车避让行人和车辆等障碍物,如图 1-11 所示。

图 1-11　自动驾驶视觉语义分割示例

1.3.3 视觉目标跟踪及其应用

目标跟踪技术不仅在工业界引起普遍关注,国内外科研机构对目标跟踪技术的研究也越来越积极,同时取得了一系列高水平的研究成果。目标跟踪之所以具有重要的研究意义和巨大的应用价值,原因在于其融合了数字图像处理、模式识别、人工智能等研究领域的先进技术和科研成果。计算机视觉领域顶级国际会议[如国际计算机视觉大会(ICCV)、国际计算机视觉与模式识别会议(CVPR)]和顶级期刊[如《IEEE 模式分析与机器智能汇刊》(《TPAMI》)、《IEEE 图像处理汇刊》(《TIP》)]都有大量关于目标跟踪的学术论文。另外,自 2013 年开始举办的 VOT(visual object tracking)挑战比赛也吸引了众多国内外重点高校的研究团队踊跃参与。该比赛旨在为跟踪领域提供标定准确的实验数据和可重复比较的跟踪方法,并组织研讨会和建立公共交流平台,推动视觉跟踪研究的发展。目标跟踪被广泛应用于实际生活,如交通监控中分析车辆有无违章行驶情况、人机交互中对人的手势的识别和跟踪、智能机器人对环境场景的观察等。具体应用领域可以分为以下几个方面。

1.智能监控

现代城市中的事故多发路段,学校、企业等人群密集场所,以及超市、商场等地方都安装了各种样式的监控设备(图 1-12)。智能监控系统通过这些监控设备获取监控目标的视频图像数据,采用目标跟踪技术自动检测和定位特定对象,并对其行为动作做出响应以实现安全防范和智能管理。目标跟踪技术已大范围、全方位应用于公众场所异常行为的识别监视、交通事故的分析检测以及可疑人物的定向跟踪等实际场景。

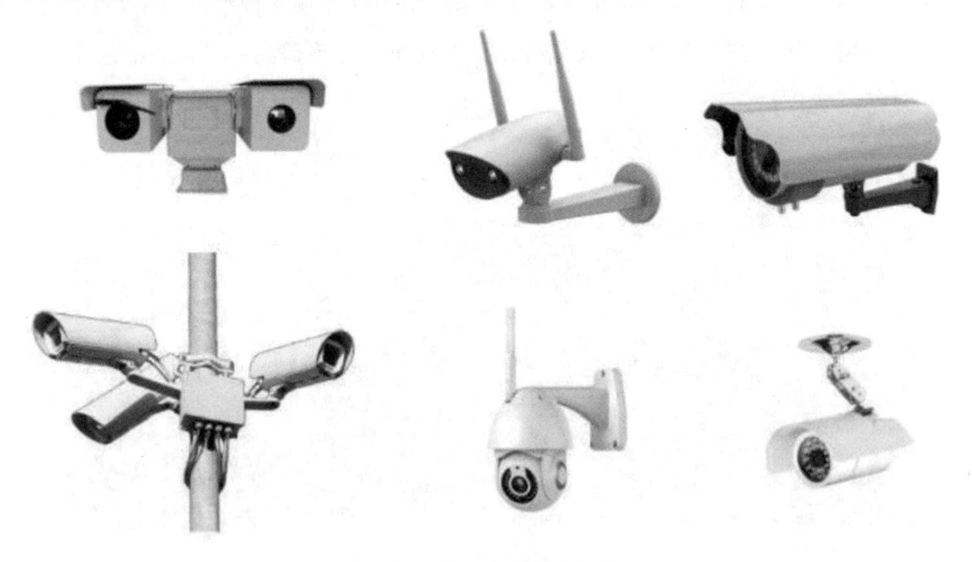

图 1-12　实际生活中的摄像头

2.视觉导航

视觉导航是无人操作领域中重要的自主导航技术之一。视觉导航主要功能是对不同场景进行识别和理解,进而快速确定可执行区域,而视觉导航系统的核心是对障碍物的准确识别、检测和跟踪。目标跟踪算法为导航系统提供了其所需要的目标状态参数，如运动速度、移动方向和实时位置等。自动驾驶汽车、无人机等可通过跟踪技术有效检测障碍物，进而避免事故的发生。

3.人机交互

人机交互是指人与计算机之间使用某种特定的交流方式以实现信息交换的过程，其应用场景如图 1-13 所示。目标跟踪技术为人工智能领域提供了流畅自然的交互方式。

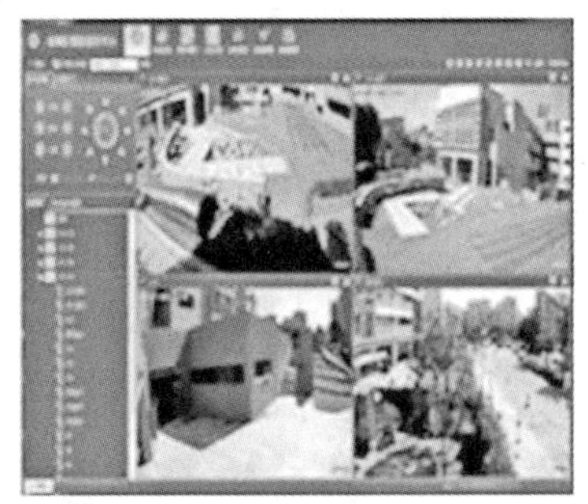

视频监控

自动驾驶

体感游戏

无人机跟踪

图 1-13　目标跟踪技术的应用场景

4.军事

国防是国家生存与发展的基本保障，目标跟踪技术在国防军事领域发挥着日渐突出的作用。自动巡航无人驾驶飞机作为现代军事力量的重要一员，不仅能够减少人员伤亡，还具有良好的隐蔽性。高精度巡航导弹采用目标跟踪技术后，可以准确无误地瞄准锁定目标，进而完成制导操作。除此之外，目标跟踪技术还被广泛应用在光电载荷、医学诊断、视频压缩和编辑等诸多实际应用场景中，已经成为人们生活中必不可少的重要技术。而随着机器学习算法的成熟，基于该类算法的目标跟踪技术在工业、民用方面均有特殊的应用。因此，对目标跟踪技术进行深入研究具有非常重要的意义和价值。

5.视频现场监控

在各类公共场所（如火车站、机场、交叉路口以及银行等）当中，通过人脸识别技术以及智能视频监控技术，可以对整个公共场所展开全面的在线监控，并对进入相应环境当中的人员展开在线识别，而针对那些感兴趣的目标，可以进行自动识别、分析及描述，实现对关键目标的动态跟踪以及实时检测。同时，基于视频图像的目标分析，也为后续提取等工作的开展提供了准确有效的数据信息，如图 1-14 所示。

图 1-14　视频监控下的多目标跟踪示例

1.4 发展趋势与技术挑战

1.4.1 视觉目标检测的发展与挑战

视觉目标检测在计算机视觉领域具有重要的研究意义和应用价值，但深度学习在视觉目标检测研究中仍然面临诸多困难和挑战，需要进一步完善深度学习理论，提高视觉目标检测的精度和效率。另外，平行视觉作为一种新的智能视觉计算方法学，可通过人工场景提供大规模具多样性的标记数据集，通过计算实验全面设计和评价视觉目标检测方法，平行执行在线优化视觉系统，激发深度学习的潜力。我们有理由相信，将深度学习与平行视觉相结合，必将大力推动视觉目标检测的研究和应用进展。视觉目标检测算法未来的发展方向以及挑战简要归纳如下。

1.获取高质量的目标检测数据集

基于深度学习的目标检测算法是一类数据驱动的算法，该算法的精度和鲁棒性依赖数据集的规模和质量。而目标检测数据集的构建依赖人工标注，工作量极大而且成本高昂。

2.提升骨干网络的性能

深度学习强大的特征提取能力是基于深度学习的目标检测算法取得成功的关键。然而,骨干网络提取特征的质量与速度、网络参数复杂度与网络布置难易等影响其性能的因素依然有待解决。

3.提升算法对异常尺度目标的检测精度

已有的目标检测算法在检测异常尺度目标,尤其是成群的小目标时存在检测精度偏低的问题。

4.实现面向开放世界的目标检测

已有的目标检测算法大多基于封闭的数据集进行训练,仅能实现对数据集所包含的特定类别的目标进行检测。而在现实应用中,目标检测算法需要检测的目标类别往往是动态和多样的。例如,在自动驾驶、植物表型分析、医疗保健和视频监控场景下,算法在训练时无法全面了解推理预期的类别,只能在部署后学习新的类别。

5.基于深度学习进行其他形式的目标检测

已有的对目标检测的研究主要集中在图像目标检测方面,而对于其他形式的目标检测(如3D目标检测、视频目标检测)涉及略少,但这些形式的目标检测在自动驾驶、工业机器人等领域具有重要意义。这些领域由于安全性、实时性的需要,对目标检测算法的精度和速度要求较高,但这些领域背后蕴含着巨大的市场和经济效益,因此目标检测算法的研究具有较好的发展前景。

1.4.2 视觉语义分割的发展与挑战

目前,如何将语义分割应用于二维图像、视频甚至三维数据是计算机视觉领域的关键问题之一。语义分割是完成场景理解任务的必要步骤,而场景理解是计算机视觉的核心,越来越多的应用(如从图像中推理)证明了这一点,这些应用包括自动驾驶、人机交互、计算摄影、图像搜索引擎和增强现实等。在过去,这样的任务利用不同的传统方法进行解决。虽然这些方法已经得到了普及,但是深度学习的到来改变了这一切——许多计算机视觉问题正在使用深度学习架构[通常使用卷积神经网络(convolutional neural networks,CNN)]来解决。CNN在精度和有效性上都远远超过其他方法,但深度学习远不及其他传统的计算机视觉方法和机器学习方法成熟。正因为如此,需要综合传统方法、CNN和其他深度学习方法,并结合最新研究进展深入开展语义分割研究。基于前人的研究综述,本书列出了未来一系列值得研究的方向。

1.三维数据集

充分利用三维数据集的各种方法逐渐兴起，虽然不断有新的方法、技术涌现，但可供使用的数据仍然很匮乏。三维语义分割强烈依赖于大规模数据集的出现，而这些三维数据集比更低维数据集的创建难度更大。尽管目前已经做了一些很有前瞻性的工作，但是想获得更多、更好的数据仍然存在很大难度。现实中的三维数据非常重要，目前大多数现有的模型都利用的是合成的数据。2018 年举办的权威学术竞赛——ILSVRC 竞赛以三维数据为特色，说明了三维数据的重要性。

2.序列数据集

大规模数据的匮乏阻碍了三维分割技术的发展，影响了视频的分割。具有时间信息的视频数据集对于开展基于序列数据集的语义分割任务十分重要，但目前，基于序列的视频数据集的数量较少。研究基于序列数据集（二维数据或三维数据）的语义分割技术，尤其是基于高质量的序列数据集，无疑将打开视觉语义分割研究的新方向。

3.利用图形卷积网络进行点云分割

如之前提到的，如何处理点云等三维数据仍是一个待解决的问题。由于这些数据本质上无序和非结构化，传统的架构（如 CNN）不能使用，只能使用某些离散化的过程来结构化这些数据。其中的一个研究方向是图形卷积神经网络（graph convolution neural network，GCNN），即先将点云视为图形，然后再运用 CNN，这样能够保留每个维度上的空间信息，而不需要量化数据。

4.语境知识

全卷积网络（FCNs）是语义分割的一种综合方法，但是 FCNs 缺少了一些有助于提高网络精度的必要特征，如语境建模。条件随机场模型（CRFs）提供了端对端的解决方案，对于提升现实生活中数据结果的准确性很有帮助。多尺度和特征融合方法已经取得了显著的进步。

5.实时分割

在许多应用中，精度是极其重要的。同时，实时分割模型处理常见帧率（≥25 FPS）相机产生的视频也至关重要。然而，目前大多数方法远不能应对帧速率的变化，如 FCN-8 需要大约 100 ms 来处理低分辨率视觉对象的分类识别和检测竞赛（PASCAL VOC）的图像，而基于条件随机场的循环神经网络（CRFasRNN）需要超过 500 ms 的处理时间。因此，未来的研究工作将不得不权衡精度与运行时间之间的关系。

6.轻量化

某些平台会受到内存的限制，但分割网络通常需要大量的内存来执行推理和训练。为了使这些分割网络适用于一些架构，网络必须简化。尽管这可以通过降低它们的复杂性(通常会降低精度)来轻易实现,但是也可以用其他方法实现。剪枝便是简化网络的一个很有前途的研究方向,其能够在保持原网络架构知识的同时保持轻量化,因此可以保持精度。

1.4.3 视觉目标跟踪的发展与挑战

虽然目标跟踪领域取得了令人瞩目的成就,但是跟踪算法变得越来越耗时,实时性方面表现得越来越差。在复杂的现实场景中,计算机目标跟踪系统和人类视觉系统仍有巨大差距,真正通用且快速准确的目标跟踪还远未实现。但是,基于此前目标跟踪领域取得的突破性进展,我们相信在研究人员共同的努力下,未来目标跟踪领域一定会取得更大的成就。根据相关文献(韩瑞泽等,2022;张开华等,2021)的总结归纳,本书列出了目前视觉目标跟踪领域所面临的一些挑战。

1.长时目标跟踪

早期的研究工作已经关注长时目标跟踪问题了,其基于相关滤波算法试图解决长时目标跟踪可能面临的目标遮挡、变形、出视野等问题。最新的"精读-略读"长时跟踪(SPLT)算法利用孪生区域候选网络(SiamRPN)算法进行跟踪和重检测,以保证目标长时间丢失后可以重新跟踪,并利用略读模型对算法进行加速。此外,基于元更新器的长期跟踪(LTMU)专门针对长时目标跟踪问题,同时利用了在线局部跟踪器以及验证器,并提出用中间更新器对模型是否更新进行判定,在长时目标跟踪方面取得了显著的效果。尽管如此,长时目标跟踪仍然面临巨大的挑战,需要进一步研究和探索。另外,结合视频目标跟踪与其他研究内容[如目标重检测、行人重识别(person re-identification,Re-ID)等],解决目标丢失后如何实现目标重新跟踪的问题将会在一定程度上为长时目标跟踪研究提供帮助。

2.低功耗设备目标跟踪

如何实现算法精度与速度的平衡是视频目标跟踪一直以来面临的难题。作为视频目标跟踪的主流算法之一,相关滤波目标跟踪算法在创立之初便具有在普通中央处理器单元(CPU)上远超实时性能的跟踪速度。然而,随着所采用的特征的多样化,尤其是深度特征的加入以及模型复杂度的提升,最新的相关滤波目标跟踪经典算法[如高效卷积运算符(efficient convolution operator,ECO)算法]也仅仅是在图形处理器单元(GPU)上达到接近实时性能的运行速度,而在CPU上的运行速度远低于实时性能。视频目标跟踪的另一主流算法是孪生网络目标跟踪算法,其是基于深度网络的算法,为充分发挥算法速度优势,也需要高性能的GPU设备作为支撑。而视频目标跟踪的实际应用场景往往是车载相机车辆跟踪(无人驾驶技术)、监控相机行人管控(智能监控技术)等,目前几乎没有专门针对此类型问题的研究工作，因此在低功耗设备上实现具备实时性能的目标跟踪非常具有研究价值。

3.自监督、弱监督目标跟踪

随着半监督、无监督学习方法的问世和普及，越来越多的领域开始考虑利用更少的样本完成模型训练任务并同时保持算法精度。Wan 等率先提出了基于无监督学习的深度跟踪(unsupervised deep tracking，UDT)算法，UDT 算法利用目标前向跟踪预测与结果反向跟踪的响应图之间的一致性计算网络损失，实现了网络的前向和反向传播。该算法首次将无监督学习的思想引入深度目标跟踪算法，实现了无标注样本集上的训练。

4.鲁棒性目标跟踪

目标跟踪算法的实时性、准确性、鲁棒性成为跟踪系统智能化的关键技术，但是目标跟踪技术大量投入工业生产中仍存在诸多问题。因为目标跟踪算法是在各种环境下对通用物体进行运动轨迹估计，跟踪效果将受到目标自身或者目标所处的自然环境的影响。与人体视觉可以轻而易举地锁定并跟踪目标的视觉机制不同，目标跟踪算法仍然是一个充满挑战的课题，其影响因素主要包括以下四个方面。

(1)遮挡。遮挡是目标跟踪过程中经常遇到的情况。在图像序列中的某一时刻，目标场景中的其他物体可能会把目标完全或者部分遮挡。跟踪器由于受遮挡的干扰，很容易发生“漂移”或者错误地跟踪其他背景物体。

(2)光照变化。跟踪场景的光照强度改变时有发生，有时是无法抗拒的自然因素导致的，有时是人为改变光源引起的。光照的剧烈变化会引起目标表面颜色特征发生改变。而常用的方法是提取具有光照不变性的视觉特征，如形状信息或者纹理信息。

(3)目标的尺度变化。目标在移动过程中由于与摄像头的相对位置发生改变，进而在获取的连续视频中呈现大小的改变，如被跟踪的目标在由远及近的过程中尺度大小发生的变化非常明显。通常，跟踪器采用多尺度策略处理这个问题。

(4)相似物体干扰。一些公共场合的目标跟踪经常遇到相似物体干扰，如运动场上的运动员因为身着同样颜色的服装，且在运动过程中经常相互交叉错位，目标跟踪过程中经常发生跟踪框漂移到其他运动员身上的情况。

图 1-15　目标跟踪领域面临的挑战

5.特定场景目标跟踪

通用场景下的视频目标跟踪是当前研究的热点。同时,针对特殊场景的目标跟踪也越来越引起一些科研人员的关注。例如,无人机航拍视频目标跟踪、遥感图像视频目标跟踪。在基于相关滤波目标跟踪框架的无人机航拍视频目标跟踪方面,AutoTrack 则提出基于时空自适应空间正则化方法的无人机视频目标跟踪方法;对于卫星视频目标跟踪,Shao 等利用速度特征以及光流与方向梯度直方图组合特征,基于相关滤波目标跟踪框架,实现了更鲁棒的遥感图像目标跟踪。今后,开发更多特定场景下的目标跟踪(如水下场景的物体跟踪、医疗影像中的细胞跟踪、夜视图像目标跟踪等),将是拓展目标跟踪研究范畴与应用场景的重要方向之一。

此外,多模态目标跟踪(包括基于 RGB-D 视频的目标跟踪、基于 RGB-T 视频的目标跟踪以及文本视觉混合模态跟踪)融合多模态数据(如深度图像、红外图像等),将会为视频目标跟踪带来更多新的研究内容和解决方案。而目标跟踪交叉领域研究(包括目标检测与目标跟踪、目标分割与目标跟踪),也是一个值得深入研究的方向。

1.5 本书的主要内容及编排

党的二十大报告指出,要“健全新型举国体制,强化国家战略科技力量”“以国家战略需求为导向,集聚力量进行原创性引领性科技攻关,坚决打赢关键核心技术攻坚战”,这再次彰显了党中央将我国建设成世界科技强国的决心。本书紧紧围绕进一步推进科技强国建设的战略部署,在人工智能及大数据应用技术蓬勃发展的背景下,以《中华人民共和国国民经济和社会发展第十四个五年规划和2035年远景目标纲要》以及《广西壮族自治区人民政府关于贯彻落实新一代人工智能发展规划的实施意见(桂政发〔2018〕24号)》等文件为指导,着眼于视觉运动目标理解与分析在智能视频监控、公共交通、人机交互、自动驾驶、军事目标定位等领域的应用研究,以提高现有视频监控系统的监控能力和智能化水平,更好地保证公共安全、维护社会和谐稳定发展为目标,论述了作者多年来在视觉运动目标理解与分析领域研究得到的方法和应用创新,具体包括背景建模与运动目标检测、目标分割、单目标跟踪、多目标跟踪和目标重识别等内容。

在内容编排方面,本书首先阐述背景建模和运动物体检测(分割)技术,以为开展视觉运动目标理解与分析工作奠定理论研究基础,之后着重介绍单目标跟踪方向的研究工作,包括基于相关滤波器(correlation filter)和基于深度学习(如孪生网络和Transformer)的单目标跟踪。其次,扩展到多目标跟踪方向的研究方法和创新工作。最后,进一步推广到跨摄像机应用场景,开展跨场景的运动目标跟踪理解工作,即行人重识别方向的研究方法和创新工作(图1-16)。

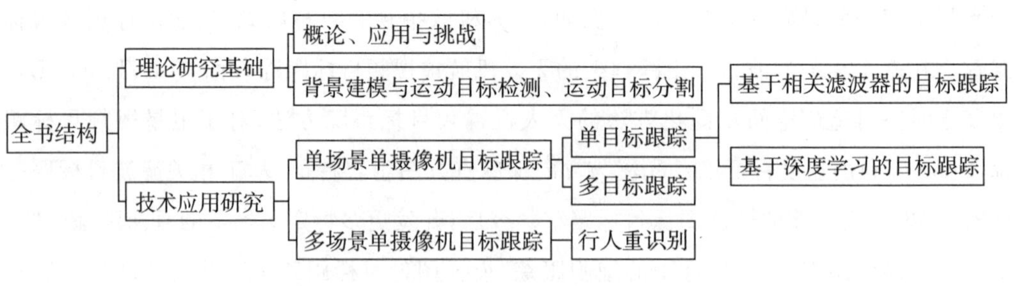

图1-16　全书内容组织编排思路结构导图

第2章

背景建模与运动目标的检测和分割

本章主要介绍视觉运动目标理解与分析研究领域的目标发现和目标识别基础，主要包括运动目标的背景建模以及运动目标的检测和分割，以为后续的单目标跟踪、多目标跟踪和行人重识别等方面的研究提供理论和方法基础。具体研究内容的思维导图如图2-1所示。

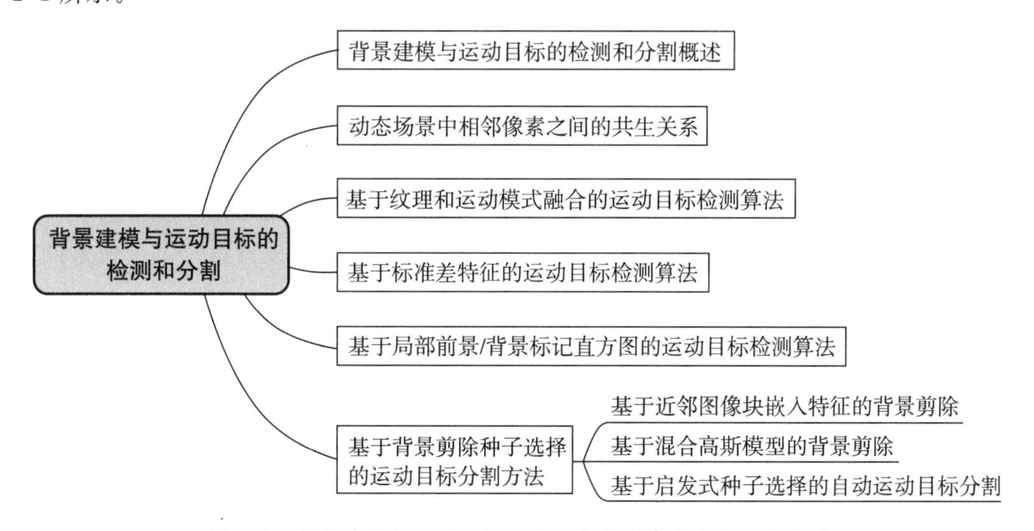

图2-1　背景建模与运动目标的检测和分割章节内容思维导图

2.1 背景建模与运动目标的检测和分割概述

2.1.1 动态场景背景建模与运动目标检测简述

在复杂动态场景中，背景建模与运动目标检测是智能视频监控系统的重要组成部分之一。其目的是从图像序列中将前景变化区域提取出来，为后续的目标建模、跟踪和行为理解提供支持。运动目标检测问题的研究经过多年的发展和诸多学者的不懈努力，取得了不俗的成果，研发出了能进入某些特定应用场合的商业系统。但是，这些系统在大规模应用和达到工业生产标准方面仍面临重重困难。其中，如何在动态场景中对目标进行实时快速的检测一直是研究的热点和难点。动态场景给运动目标检测带来的挑战有：光照变化（包括光照的缓慢变化和光照的突变），背景中随风摆动的树叶、波浪、云、烟、雨、雾，以及摄像机的抖动和阴影问题等，这些挑战使得运动目标检测成为一项比较困难的工作。通过对动态场景的数据进行分析，可以发现动态场景中相邻像素之间存在着空间域上的关联性，即一种共生关系。如果能够有效地描述这种共生关系或对其进行建模，将可以实现鲁棒有效的背景建模和运动目标检测。鉴于此，本节系统地研究了如何对动态场景中相邻像素之间的共生关系进行建模，并利用多种途径对共生关系进行描述和提取，提出了基于纹理和运动模式融合的运动目标检测算法、基于标准差特征的运动目标检测算法以及基于局部前景/背景标记直方图的运动目标检测算法。与此同时，本节也用实验结果验证了所提出的结论，即如果运动目标检测算法能够显式地考虑动态场景中相邻像素之间的共生关系，那么该算法将能够在动态场景中实现鲁棒有效的背景建模和运动目标检测。

经过多年的发展，背景建模和运动目标检测领域产生了许多方法。这些方法大致可以分为两类：①基于像素的背景建模方法；②基于区域的背景建模方法。基于像素的背景建模方法能够较好地检测出每一个单独像素点的变化。然而，由于没有考虑图像中相邻像素点之间的相互关系，所以对动态背景中噪声、光照变化（阴影或高光）、云、烟、雨、雾、火焰、随风摆动的树叶和摄像机的抖动等的处理效果不理想。于是，研究人员逐步提出了基于区域的背景建模方法。较早研究像素点局部邻域的是 Elgammal 等，他们采用非参数核密度估计方法来对场景中的每个像素进行建模，同时还考虑了像素局部邻域之间的相互关系。具体来讲，该方法可使某个像素局部邻域内所有像素的背景模型对新的像素进行解释，如果新的像素能够与局部邻域内任何一个像素的背景模型匹配，则认为该像素为背景像素。该方法能够在一定程度上处理动态场景，但是对动态场景中背景的突然变化或大范围变化的处理效果不够理想。受到基于区域的背景建模方法的启发，本节系统地研究了如何对动态场景中相邻像素之间的共生关系进行建模，并利用多种途径对共生关系进行描述和提取。

2.1.2 基于背景剪除驱动种子选择的自动运动目标分割简述

动态场景视频中运动目标的精细分割一直是计算机视觉和模式识别研究的一个基本问题。其在很多领域有着广泛的应用，如智能视频监控、人机交互、图像和视频编辑等。尽管得到了研究者的广泛关注，但如何在动态场景视频中自动、快速、精确地将运动目标提取出来仍然是研究的热点和难点。这是因为动态场景，如随风摆动的树叶、波浪、摄像机的抖动和光照变化等因素会给自动运动目标检测和分割带来挑战。而如果采用人工抠图的方法来对运动目标进行分割，则需要大量的人工交互。鉴于本节得出的结论，对于动态场景中运动目标的检测问题，如果充分考虑动态场景中相邻像素之间的共生关系，那么就可以实现鲁棒的运动目标检测。但是由于考虑了动态场景中相邻像素之间的相互关系，因此有可能使得检测出来的运动目标的轮廓较为粗糙。而抠图方法能够实现比较精细的分割，但是需要人工提供大量的种子像素，所以很难实现自动抠图。因此，应将背景剪除方法和抠图方法的优点结合起来，实现自动精细的运动目标分割。

为了在动态场景中实现鲁棒的运动目标检测，背景建模领域产生了很多方法。这些背景建模方法大致可以分为两类：①基于像素的背景建模方法；②基于区域的背景建模方法。基于像素的背景建模方法可以得到比较精细的目标轮廓，但是动态场景中的背景非平稳变化会导致形成大量的虚警，即会将背景像素误检为前景像素。而基于区域的背景建模方法能够大大降低虚警的数目，但检测出来的前景轮廓会比较粗糙。因此，有部分研究人员采用了基于混合模型的方法。基于混合模型的方法，融合了基于像素的背景建模方法和基于区域的背景建模方法，能够在一定程度上改进对动态场景中运动目标的检测性能，但是如何有效地融合这两种建模方法仍然是一个难点。另外，如果前期的背景建模方法出现了错误，那么这个错误会被传递到后期的背景建模方法中，导致融合错误的信息，使得背景建模的效果变差。

在图像和视频编辑领域中，一部分研究人员采用抠图技术来精确提取运动物体。从静态图像或者视频序列中提取前景目标是一个古老而又充满挑战的问题，该问题已经被持续研究了多年。抠图中有一个重要的概念——阿尔法通道或图像 α。观察到的图像 $I_z[z=(x,y)]$ 由前景图像的颜色 $\boldsymbol{F}_z$ 和背景图像的颜色 $\boldsymbol{B}_z$ 以及 α_z 通道的线性组合来表示，即

$$I_z=\alpha_z\boldsymbol{F}_z+(1-\alpha_z)\boldsymbol{B}_z \tag{2-1}$$

其中，α_z 可以在区间[0,1]中取任意值。如果 $\alpha_z=1$ 或者 $\alpha_z=0$，则将点 z 称作绝对前景或者绝对背景，否则称为混合点。在大多数自然图像中，尽管大多数像素点都属于绝对

前景或者绝对背景，但将其他混合点的α值准确地估计出来却是将前景从背景中分离出来的关键技术之一，同时也是抠图技术研究的重点。给定一幅输入图像，其中$\boldsymbol{F}$、$\boldsymbol{B}$、α值均未知，因此对于每个像素点z都需要对$\boldsymbol{F}$、$\boldsymbol{B}$、α的值进行估计。已知数据仅为输入图像I_z的三维颜色向量（假设图像用三维颜色空间表述），未知参数为三维颜色向量$\boldsymbol{F}_z$和$\boldsymbol{B}_z$，以及标量α_z。因此，抠图问题本质上是一个欠约束（under-constrained）问题，即有三个已知量却有七个未知量。多数抠图问题需要有用户干预的先验条件，以使得对已知输入图像的颜色统计有预先的估计和假设，从而更加准确地估计出未知量的值。在早期的抠图系统中，前景图像通常需要在一个或多个单一颜色的背景下采集，即蓝屏抠图，这种已知背景可以大大降低抠图的难度。其他抠图方法则几乎都需要大量的人工交互，例如，需要用户手工输入三个区域：绝对前景、绝对背景、未知区域。这种基于三个等级的模板图像统称为 trimap，另外一些基于视频的半自动抠图方法也需要用户选择视频中的若干个关键帧作为参考。一般情况下，可以将抠图方法分为三种：①基于颜色采样（color sampling）的方法，如 Ruzon-Tomasi 抠图算法、贝叶斯（Bayes）抠图算法、基于全局采样模型的抠图算法、Mishima 算法、基于最优样本选取的算法等；②基于仿射（affinity）的方法，如泊松（Poisson）抠图、随机行走（random walk）抠图、测地（geodesic）抠图、模糊连接（fuzzy connectedness）抠图、封闭形式（closed-form）抠图、频谱（spectral）抠图等；③基于颜色采样与仿射相结合的方法，如迭代信念传播（belief propogation）算法等。详细的图像和视频抠图技术可参考相关文献。

2.2 动态场景中相邻像素之间的共生关系

通过对动态场景的数据进行分析，可以发现动态场景中相邻像素之间存在着空间域上的关联性，即一种共生关系。如果能够有效地描述这种共生关系或对其进行建模，那么将可以实现鲁棒有效的背景建模和运动目标检测。鉴于此，本节研究了如何对动态场景中相邻像素之间的共生关系进行建模，并利用多种途径对共生关系进行描述和提取，提出了基于纹理和运动模式融合的运动目标检测算法、基于标准差特征的运动目标检测算法以及基于局部前景/背景标记直方图的运动目标检测算法。图 2-2 展示了上述三种算法之间的相互关系，三种算法分别从不同的角度来考虑动态场景中相邻像素之间的共生关系。下面分别对这三种算法予以介绍，并对三种算法进行定性和定量的评价。虽然三种算法都能够用于对动态场景中运动目标的检测，但是不能对这三种算法进行横向的比较，原因在于：①三种算法都是利用动态场景中相邻像素之间的共生关系来实现运动目标检测的。实验结果表明，如果能够对共生关系进行有效的描述和提取，将会取得不错的效果。②三种算法采用不同的策略来描述共生关系，每种策略都有其自身的特性，与其他采用类似策略的算法进行比较才更为公平和公正。

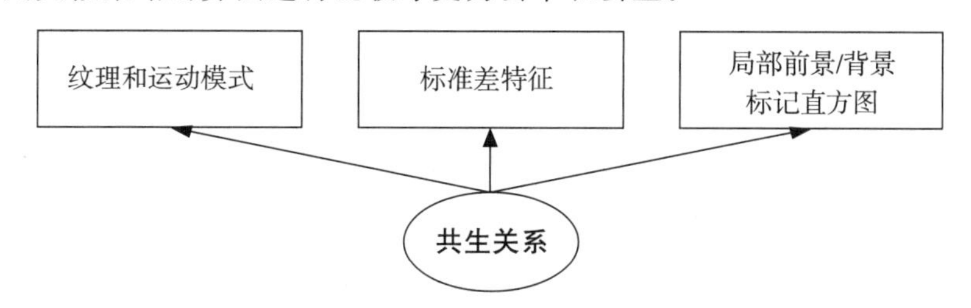

图 2-2　三种运动目标检测算法之间的关系示意图

2.3 基于纹理和运动模式融合的运动目标检测算法

本节提出了一种新的融合纹理和运动模式的运动目标检测算法。该算法使用局部二值模式提取纹理模式，同时将传统的局部二值模式从空间域扩展到时空域，用于提取运动模式。对场景中的每一个像素分别采用纹理模式和运动模式进行建模，然后在分类器层面将基于纹理模式和运动模式的背景模型进行结合。这种结合不仅考虑了图像中的纹理信息，同时也考虑了视频序列中的运动信息。

2.3.1 纹理模式和运动模式提取

使用局部二值模式（LBP）提取纹理模式，同时将传统的局部二值模式从空间域扩展到时空域，以提取运动模式。纹理模式和运动模式的提取示例如图 2-3 所示。

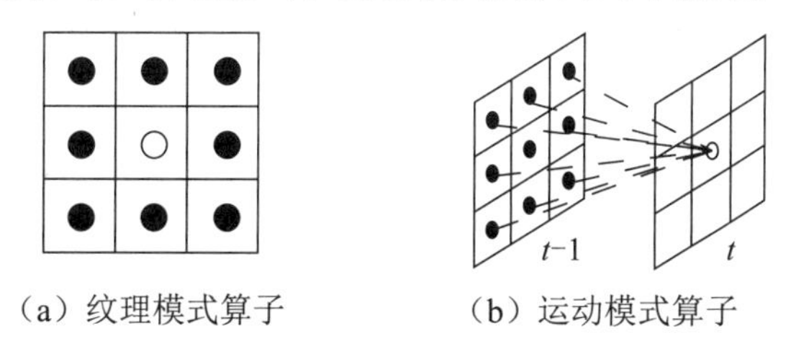

图 2-3　纹理模式和运动模式提取示例

现以用于提取纹理模式算子的局部二值模式为例。该描述子对于 t 时刻图像中 $(x_{t,c},y_{t,c})$ 处的像素 $g_{t,c}$ 考虑它的八个邻域像素 $g_{t,p}(p=0,\cdots,7)$，将每个邻域像素与该像素进行二值化比较，得到一个八位的二进制串，即该像素处的一个码字 $\mathrm{LBP}^{t}(x_{t,c},y_{t,c})$：

$$\mathrm{LBP}^{t}(x_{t,c},y_{t,c})=\sum_{p=0}^{7}s(g_{t,p}-g_{t,c})2^{p} \tag{2-2}$$

其中

$$s(x)=\begin{cases}1,x\geqslant 0\\0,x<0\end{cases} \tag{2-3}$$

这个码字刻画了像素 $(x_{t,c},y_{t,c})$ 与其周围像素形成的一种纹理模式。

传统的 LBP 描述子只利用了空间域的信息而忽略了时间域的信息。对于背景建模而言,时间域也包含了丰富的信息,可用于检测视频流中的运动物体。因此,本节将传统的 LBP 方法从空间域扩展到时空域,得到运动模式算子,如图 2-3(b)所示。以相同的方式,考虑前一时刻 $t-1$ 对应位置 $(x_{t,c},y_{t,c})$ 的八个相邻像素,将这些像素的灰度值标记为 $g_{t-1,0},\cdots,g_{t-1,7}$,利用这些像素,得到 $(x_{t,c},y_{t,c})$ 的另外一个码字 $\mathrm{LBP}^{t-1}(x_{t,c},y_{t,c})$:

$$\mathrm{LBP}^{t-1}(x_{t,c},y_{t,c})=\sum_{p=0}^{7}s(g_{t-1,p}-g_{t,c})2^{p} \tag{2-4}$$

其中

$$s(x)=\begin{cases}1,x\geqslant 0\\0,x<0\end{cases} \tag{2-5}$$

该码字刻画了像素 $(x_{t,c},y_{t,c})$ 与其上一帧中相邻像素之间的一种运动模式。

2.3.2 背景建模和运动目标检测(1)

为图像中的每一个像素,建立一个背景模型的流程:首先,分别提取该像素的纹理模式和运动模式直方图。考虑以该像素为中心的一个区域 R,在该区域内统计纹理模式直方图(HT)和运动模式直方图(HS)(图 2-4)。其次,分别构造该像素的基于纹理模式和运动模式的背景模型。

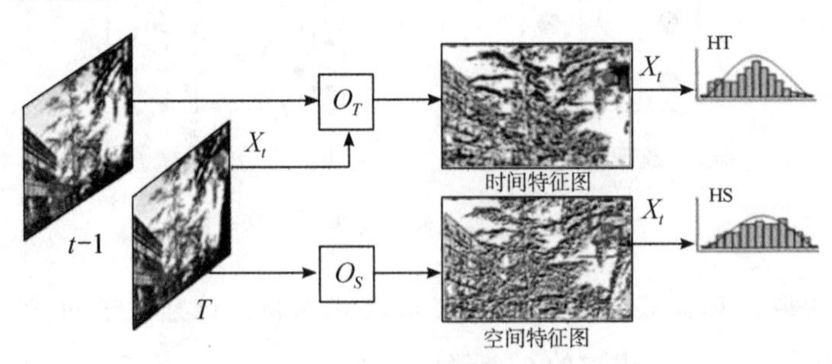

图 2-4　纹理模式和运动模式直方图提取示意图

以基于纹理模式的背景建模为例。为图像中的每个像素构造基于纹理模式的背景模型，对于某一个像素 x_t，在 t 时刻，它的模型由 m 个加权自适应的纹理模式直方图 $\{\boldsymbol{HT}_{1,t},\boldsymbol{HT}_{2,t},\cdots,\boldsymbol{HT}_{m,t}\}$ 构成，其中每一个纹理模式直方图模型有一个权重 $\boldsymbol{\omega}_{i,t}(i=1,\cdots,m)$，反映了纹理模式直方图 $\boldsymbol{HT}_{i,t}$ 在已经学习到的模型中是背景的概率，并且满足 $\sum_{i=1}^{m}\boldsymbol{\omega}_{i,t}=1$。将这 m 个纹理模式直方图模型按照它们的权重从大到小排序。在当前帧中，对于新的像素，先提取出该像素的纹理模式直方图 $\boldsymbol{V}_t$，并与 m 个加权自适应的纹理模式直方图模型 $\{\boldsymbol{HT}_{1,t},\boldsymbol{HT}_{2,t},\cdots,\boldsymbol{HT}_{m,t}\}$ 逐一进行直方图交叉核的相似度计算。在实验中，发现使用巴特查理亚距离、第一范数距离或直方图交叉核距离得到的实验结果区别不大。定义直方图 $\boldsymbol{V}_t$ 与某一个模型直方图匹配，当且仅当它们的相似度大于一个阈值 T_1。如果 m 个纹理模式直方图模型中的第 i 个模型 $\boldsymbol{HT}_{i,t}$ 与 $\boldsymbol{V}_t$ 匹配，则将该纹理模式直方图模型及其权重作如下更新：

$$\boldsymbol{HT}_{i,t+1}=\alpha\boldsymbol{HT}_{i,t}+(1-\alpha)\boldsymbol{V}_t \tag{2-6}$$

$$\boldsymbol{\omega}_{i,t+1}=\alpha+(1-\alpha)\boldsymbol{\omega}_{i,t} \tag{2-7}$$

其中，α 表示学习率，控制背景模型适应程序。对于不产生匹配的纹理模式直方图模型，其保持不变，权重作如下调整：

$$\boldsymbol{\omega}_{i,t+1}=(1-\alpha)\boldsymbol{\omega}_{i,t} \tag{2-8}$$

如果 m 个纹理模式直方图模型中没有一个与 $\boldsymbol{V}_t$ 匹配，则将这 m 个纹理模式直方图模型中权重最小的纹理模式直方图模型用 $\boldsymbol{V}_t$ 进行替换，并赋予一个较低的初始权重。

基于运动模式的背景模型，可以采用类似的方法获得。在获得基于纹理模式的背景模型和基于运动模式的背景模型后，对于当前像素，将其纹理模式直方图和运动模式直方图分别与相应的背景模型进行匹配。定义直方图与某一个模型直方图匹配，当且仅当它们的相似度大于一个阈值 T_2，并以匹配的模型直方图对应的权重作为匹配概率输出。如果没有找到匹配的模型直方图，则相应的匹配概率为零。然后将两个匹配概率用以下公式进行融合：

$$P(x_t)=(1-\gamma)P_{\text{texture}}(x_t)+\gamma P_{\text{motion}}(x_t) \tag{2-9}$$

其中，$P_{\text{texture}}(x_t)$ 表示纹理模式的匹配概率；$P_{\text{motion}}(x_t)$ 表示运动模式的匹配概率；γ 表示两个概率的混合因子。如果最终的概率大于给定阈值 T_2，则将该像素判定为背景，否则判定为前景。

2.4 基于标准差特征的运动目标检测算法

本节提出一种基于标准差特征的运动目标检测算法。该算法使用标准差特征来提取动态场景中像素之间的共生关系。标准差特征为实现鲁棒的背景建模发挥了很多优势。具体地，将图像分为若干个小图像块，使用每个图像块中的标准差特征来表示每一个小图像块，然后通过假设标准差特征符合高斯混合模型分布，使用在线自适应的高斯混合模型来构造每一个图像块的背景模型。标准差特征主要描述了图像块中像素之间的共生关系。相邻的像素容易共同受到环境因素(如动态背景和光照变化)的影响，标准差特征能在一定程度上描述相邻像素之间的共生关系，从而取得较好的检测结果。

2.4.1 标准差特征

令 R 表示一个 $N \times N$ 图像块。对于某个像素 $p(x,y)$，$I(p)$表示它的灰度值。图像块 R 的标准差特征可以定义为

$$\sigma = \sqrt{\frac{1}{N \times N} \sum_{p \in R} [I(p) - \mu]^2} \tag{2-10}$$

其中，$\mu = \frac{1}{N \times N} \sum_{p \in R} I(p)$ 表示图像块 R 中所有像素灰度的均值。使用标准差特征来提取动态场景中的共生关系的优点如下：①标准差显式地考虑了相邻像素之间的共生关系。例如，某个图像块的中心像素，由于受到动态场景(如风吹树叶)的影响，在下一帧中，这个中心像素将会被移动到相邻像素的位置，这时中心像素的灰度值将会发生变化。如果使用标准差特征来表示这个图像块，则该图像块的标准差特征将会保持不变。②通过标准差的计算公式，可以看到图像块中的噪声可以被平滑掉。③标准差特征对灰度尺度的变化具有不变性。例如，当整个图像块的灰度都增加或减小相同的数值时，标准差特征仍然保持不变，这为处理动态场景中的光照变化带来了便利。④标准差特征将$N \times N$ 图像块表示为一维特征，可大大地降低后续背景建模算法的计算时间。

下面验证标准差特征能够有效地提取动态场景中相邻像素之间的共生关系。在包含动态场景的图像序列中，观察图像块的标准差特征随时间变化的规律。如图 2-5 所示，分别观察某个图像序列中三个图像块 A、B 和 C 的标准差特征随时间变化的规律。图 2-6 给出了这三个图像块的标准差随时间变化的规律。从图 2-6 中可以看出，图像块 A 对应的标准差分布很平稳，这与图像块 A 位于平坦的天空区域的事实相符合。图像块 B 对应的标准差分布出现了一些轻微的波动，但是总体分布很稳定，这与图像块 B 位

于动态场景区域的事实也相符合。由于图像块 C 位于前景会出现的区域,所以当前景出现时,图像块 C 的标准差分布会发生突变。通过这组实验,本书验证了标准差能够较好地提取动态场景中相邻像素之间的共生关系。

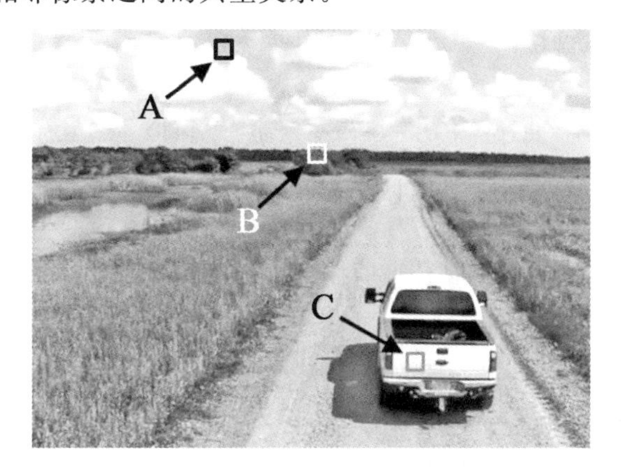

图 2-5　动态场景示意图

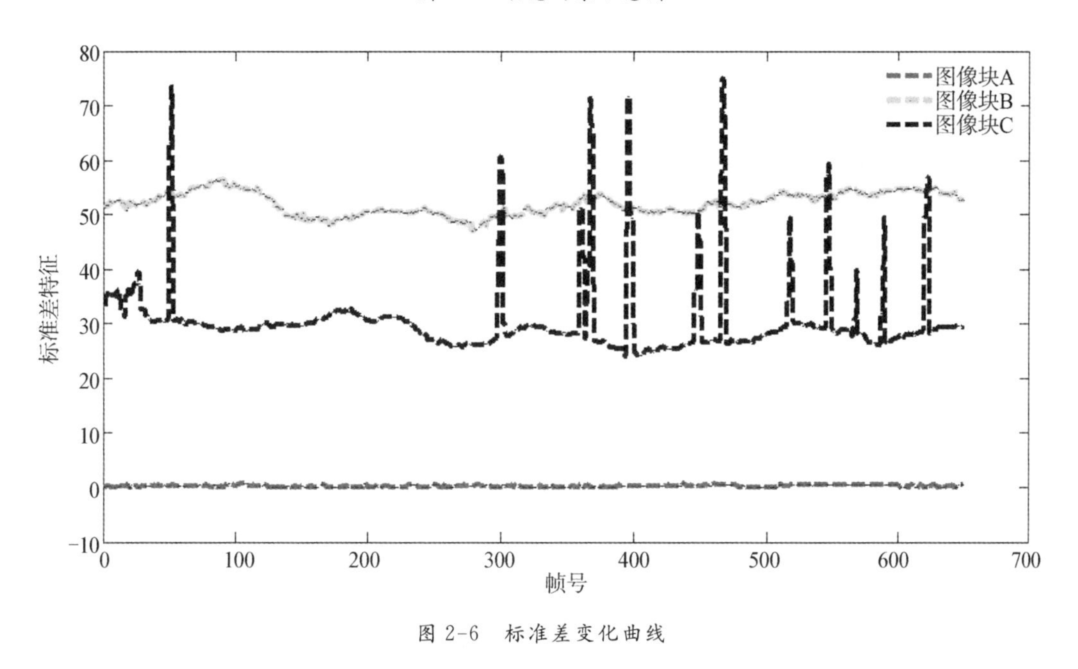

图 2-6　标准差变化曲线

2.4.2 背景建模和运动目标检测(2)

受到 Stauffer 和 Grimson 研究工作的启发,本节使用混合高斯模型来对标准差特征进行建模。假设混合高斯模型由 n 个高斯组件组成,对于图像中某个位置 i 上的图像块,其在 t 时刻的标准差特征取值为 $x_{i,t}$ 的概率可以定义为

$$Pr(x_{i,t}) = \sum_{j=1}^{n} \boldsymbol{\omega}^{i}_{j,t} \eta\left(x_{i,t}; \mu^{i}_{j,t}, \sum_{j,t}^{i}\right) \tag{2-11}$$

其中，$\boldsymbol{\omega}_{j,t}^{i}$ 表示在 t 时刻图像块 i 的混合高斯模型中第 j 个高斯组件的权重；$\mu_{j,t}^{i}$ 和 $\sum_{j,t}^{i}$ 分别表示第 j 个高斯组件的均值和标准差。η 表示高斯函数，其定义为

$$\eta\left(x_{i,t};\mu_{j,t}^{i},\sum_{j,t}^{i}\right)=\left[(2\pi)^{1/2}\left|\sum_{j,t}^{i}\right|^{1/2}\right]^{-1}$$
$$\times\exp\left\{-0.5*\left(x_{i,t}-\mu_{j,t}^{i}\right)^{\mathrm{T}}\left(\sum_{j,t}^{i}\right)^{-1}\left(x_{i,t}-\mu_{j,t}^{i}\right)\right\} \tag{2-12}$$

在视频中，为了自适应地学习场景的变化，每个图像块对应的混合高斯模型需要被不断地更新，更新方法是首先将混合高斯模型中的 n 个高斯组件按照 $\boldsymbol{\omega}_{j,t}^{i}/\sum_{j,t}^{i}$ 的值从大到小进行排序，然后将图像块当前的标准差特征值 $x_{i,t}$ 与其对应的混合高斯模型中的 n 个高斯组件逐一进行比较。如果 $x_{i,t}$ 与第 j 个高斯组件的均值 $\mu_{j,t}^{i}$ 之间的差值小于该高斯组件标准差 $\sum_{j,t}^{i}$ 的 2.5 倍，则认为 $x_{i,t}$ 同该高斯组件模型相匹配，同时对高斯组件的均值和方差进行更新，更新公式如下：

$$\mu_{j,t+1}^{i}=(1-\alpha)\mu_{j,t}^{i}+\alpha x_{i,t} \tag{2-13}$$

$$\left(\sum_{j,t+1}^{i}\right)^{2}=(1-\alpha)\left(\sum_{j,t}^{i}\right)^{2}+\alpha\left(x_{i,t}-\mu_{j,t}^{i}\right)^{\mathrm{T}}\left(x_{i,t}-\mu_{j,t}^{i}\right) \tag{2-14}$$

其中，α 表示学习率，用来定义背景模型更新的学习率。其他不匹配的高斯组件的均值和方差不需要更新。所有高斯组件的权重根据下面的公式来更新：

$$\boldsymbol{\omega}_{j,t+1}^{i}=(1-\alpha)\boldsymbol{\omega}_{j,t}^{i}+\alpha M_{j,t}^{i} \tag{2-15}$$

当第 j 个高斯组件与 $x_{i,t}$ 匹配时，$M_{j,t}^{i}$ 的值为 1，否则为 0。如果 $x_{i,t}$ 与图像块 i 对应的混合高斯模型中的 n 个高斯组件都不匹配，则用新的高斯组件来代替图像块 i 对应的混合高斯模型中排在最后的高斯组件。新的高斯组件的均值被设置为 $x_{i,t}$，同时赋予该高斯组件一个数值较小的初始标准差和权重。最后，需要对高斯组件的权重进行归一化处理，使得 $\sum_{j=1}^{n}\boldsymbol{\omega}_{j,t+1}^{i}=1$。

为了确定 n 个高斯组件中哪一个是由背景产生的，哪一个是由前景产生的，将这些高斯组件按照每个高斯组件的权重与其标准差之比值从大到小排序，然后取前 B_i 个高斯组件用于描述背景的分布。B_i 根据如下公式确定：

$$B_i=\arg\min_{b}\left(\sum_{j=1}^{b}\boldsymbol{\omega}_{j,t+1}^{i}>T\right) \tag{2-16}$$

其中，T 是一个阈值，其表示背景高斯组件在像素的整个概率分布中所占的最小比重。如果 $x_{i,t}$ 与这些作为背景分布的高斯组件中的任何一个相匹配，则将其标记为背景图像块，否则标记为前景图像块。

2.5 基于局部前景/背景标记直方图的运动目标检测算法

本节提出一种基于局部前景/背景标记直方图的运动目标检测算法。该算法利用提取出的前景/背景标记直方图特征来融合多个互补背景剪除算法得到的初始候选解，实现了鲁棒的背景建模和较好的运动目标检测效果。

2.5.1 局部前景/背景标记直方图

用前景/背景标记直方图特征融合多个互补背景剪除算法得到的初始候选解。构造该特征的流程如图 2-7 所示。对于当前帧图像，首先使用多个具有互补特性的背景剪除算法得到多个初始候选解，即多幅初始的前景和背景的二值图像；然后在每幅初始背景剪除结果图像中，统计每个像素局部邻域内的前景/背景标记直方图；最后将多幅图像中对应同一个像素位置的多个前景/背景标记直方图级联起来，得到每个像素的最终表示。

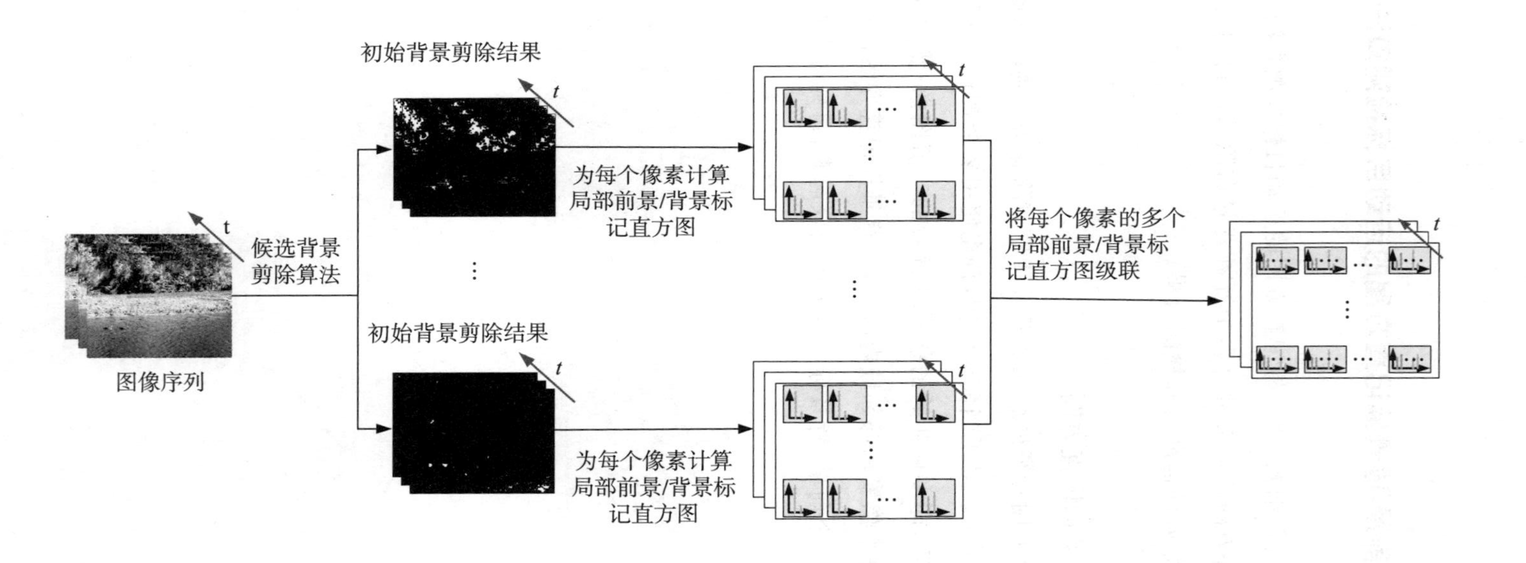

图 2-7 构造局部前景/背景标记直方图特征的流程

图 2-8 展示了一个在 3×3 邻域中，将两幅图像中对应同一个像素位置的两个前景/背景标记直方图级联起来的例子。假设通过两个背景剪除算法，得到了两幅前景(记为1)和背景(记为 0)的二值图像。对于某个像素，首先分别在这两幅图像对应的3×3邻域中提取前景/背景标记直方图，然后将这两个直方图串联起来作为这个像素的最终表示。

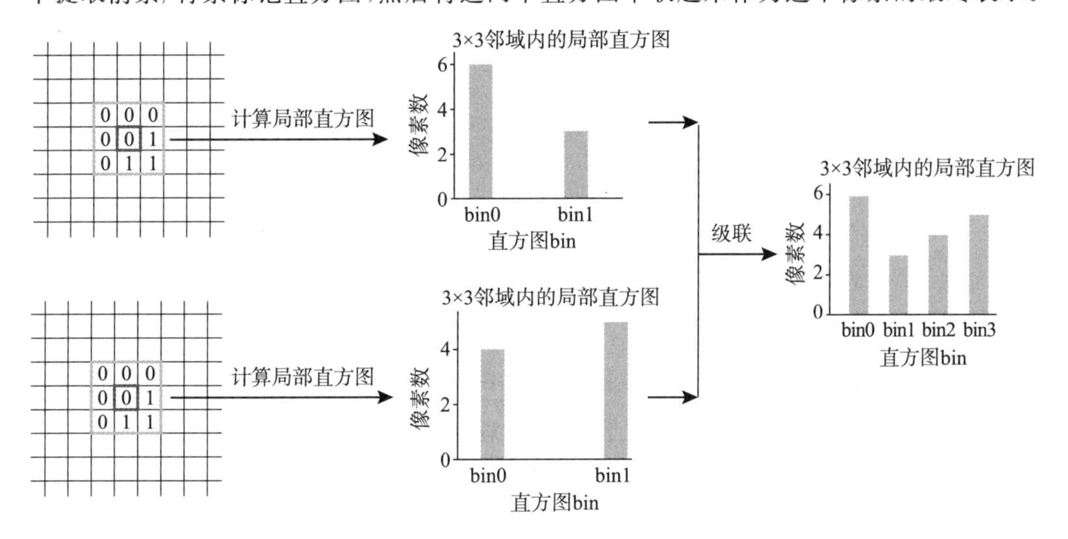

图 2-8　为某个像素构造局部前景/背景标记直方图的简单例子

2.5.2 背景建模和运动目标检测(3)

为图像中的每个像素构造背景模型，对于某一个像素，在 t 时刻，它的模型由 m 个加权自适应的局部前景/背景标记直方图$\{\boldsymbol{H}_{1,t},\boldsymbol{H}_{2,t},\cdots,\boldsymbol{H}_{m,t}\}$构成，其中每一个局部前景/背景标记直方图模型有一个权重 $\boldsymbol{\omega}_{i,t}(i=1,\cdots,m)$，反映了直方图 $\boldsymbol{H}_{i,t}$ 在已经学习到的模型中是背景的概率，并且满足 $\sum_{i=1}^{m}\boldsymbol{\omega}_{i,t}=1$。将这 m 个局部前景/背景标记直方图模型按照它们的权重从大到小排序，挑选出 B 个直方图作为背景直方图模型，B 的确定使用如下公式：

$$B=\arg\min_{b}\left(\sum_{i=1}^{b}\omega_{i,t}>T_1\right) \tag{2-17}$$

在当前帧中，对于新的像素，先提取出该像素的局部前景/背景标记直方图 $\mathbf{V}_t$，并与 m 个加权自适应的局部前景/背景标记直方图模型$\{\boldsymbol{H}_{1,t},\boldsymbol{H}_{2,t},\cdots,\boldsymbol{H}_{m,t}\}$逐一进行距离计算。

两个局部前景/背景标记直方图 $\mathbf{V}_1$ 和 $\mathbf{V}_2$ 之间的距离，可通过巴特查理亚距离公式计算得到：

$$D_B(\mathbf{V}_1,\mathbf{V}_2)=\sum_{i=1}^{K}\sqrt{\mathbf{V}_{1i}\mathbf{V}_{2i}} \tag{2-18}$$

其中，K 表示局部前景/背景标记直方图的维数。在实验中，本书发现使用巴特查理亚距离、第一范数距离或直方图交距离得到的实验结果区别不大。定义局部前景/背景标记直方图 $\boldsymbol{V}_t$ 与某一个局部前景/背景标记直方图模型匹配，当且仅当它们的距离小于阈值 T_2。如果 m 个局部前景/背景标记直方图模型中的第 i 个模型 $\boldsymbol{H}_{i,t}$ 与 $\boldsymbol{V}_t$ 匹配，则将该局部前景/背景标记直方图模型及其权重作如下更新：

$$\boldsymbol{H}_{i,t+1}=\alpha\boldsymbol{H}_{i,t}+(1-\alpha)\boldsymbol{V}_t \tag{2-19}$$

$$\boldsymbol{\omega}_{i,t+1}=\alpha+(1-\alpha)\boldsymbol{\omega}_{i,t} \tag{2-20}$$

其中，α 表示学习率，控制背景模型适应程序。对于不产生匹配的局部前景/背景标记直方图模型，其保持不变，权重作如下调整：

$$\boldsymbol{\omega}_{i,t+1}=(1-\alpha)\boldsymbol{\omega}_{i,t} \tag{2-21}$$

如果 m 个局部前景/背景标记直方图模型中没有一个与 $\boldsymbol{V}_t$ 匹配，则将这 m 个局部前景/背景标记直方图模型中权重最小的局部前景/背景标记直方图模型用 $\boldsymbol{V}_t$ 进行替换，并赋予一个较低的初始权重。如果 $\boldsymbol{V}_t$ 与前 B 个局部前景/背景标记直方图模型中的任意一个匹配，则将该像素判定为背景像素，否则判定为前景像素。

2.6 基于背景剪除驱动种子选择的运动目标分割方法

本节提出的运动目标分割方法是一种自上而下的启发式分割方法(图 2-9)，首先利用背景剪除方法生成初始种子，然后结合抠图方法实现精细分割。具体过程如下。

(1)应用一种新的背景剪除方法作为种子选择机制，该背景剪除方法融合了基于像素和图像块的背景建模方法的互补特性，因而能够在虚警数和漏检数尽可能少的前提下，生成尽可能多的前景像素。鉴于此，本节采用基于高斯混合模型的背景建模方法作为像素的背景建模方法，同时设计了一种基于图像块的背景建模方法，即基于近邻图像块嵌入特征的背景建模方法。通过使用基于高斯混合模型和基于近邻图像块嵌入特征的背景建模方法，可以生成两幅背景剪除图像。然后，将这两幅背景剪除图像合成为一幅背景剪除图像。在合成的背景剪除图像中，只有当某个像素在最初的两幅背景剪除图像中都被判断为前景像素时，其才被判断为前景像素。

(2)提取前景像素的连通区域。

(3)为了得到更为精细的分割目标，进一步根据一定的启发式规则，将连通区域及其周围邻域内的像素分为前景种子像素、背景种子像素和未标记像素。

(4)采用基于封闭形式的抠图算法，对包含运动目标的连通区域及其周围邻域进行更为精细的分割。

下面，对本节所提方法的几个关键组件分别进行详细的介绍。

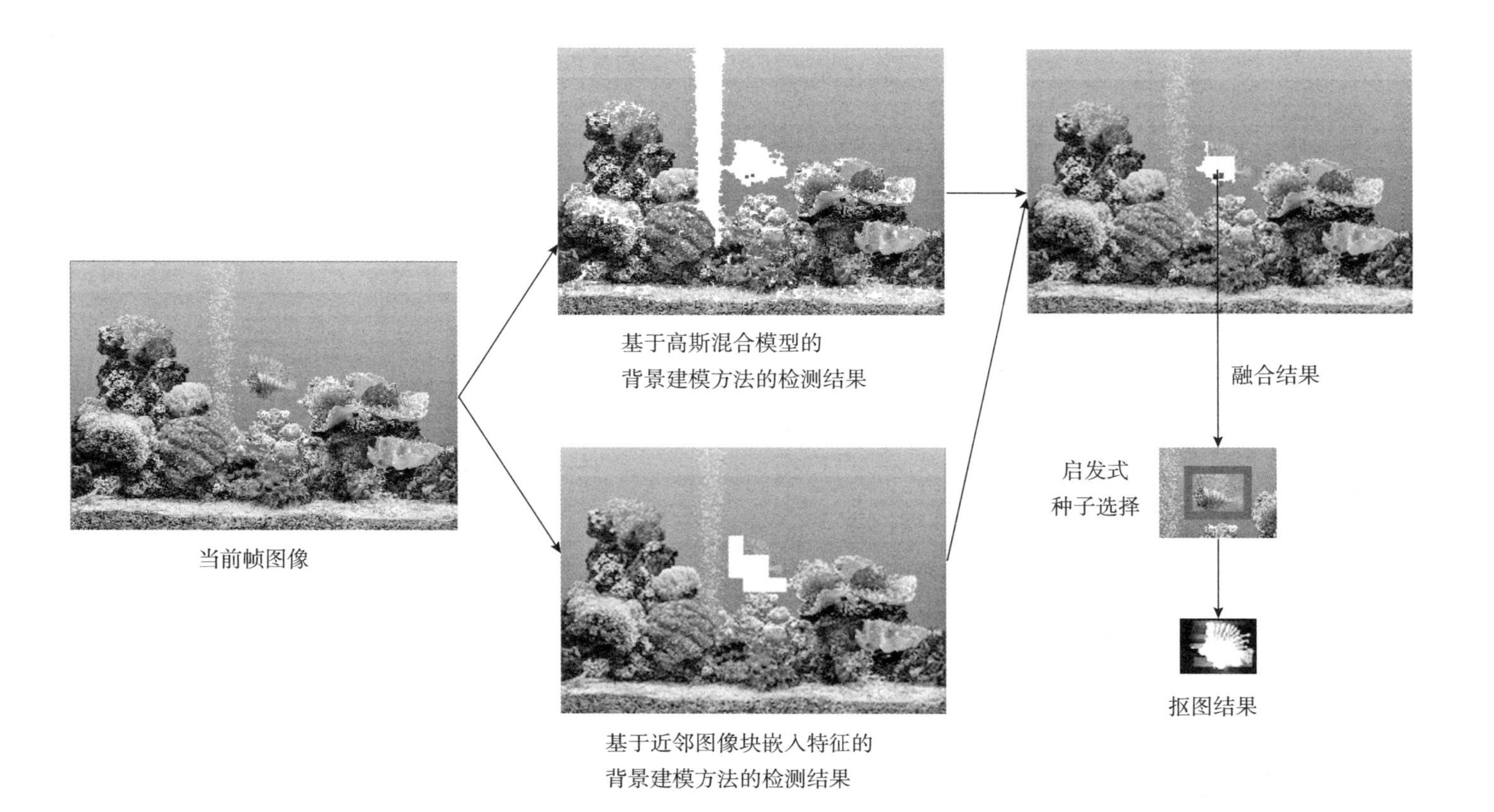

图 2-9　本节提出的运动目标分割方法的示意图

2.6.1 基于近邻图像块嵌入特征的背景剪除

1.近邻图像块嵌入特征

本节提出了一种基于近邻图像块嵌入的特征提取框架，用于动态场景下的背景建模。如图 2-10 所示，将图像分为若干个不重叠的 $N\times N$ 小图像块，使用 K 维近邻图像块的嵌入特征向量(NIPE)来表示每一个小图像块。近邻图像块嵌入向量中的每一维主要描述了中心图像块与其近邻图像块之间相似或不相似的程度，也就是说，该向量中的每一维刻画了中心图像块与其近邻图像块之间相似或不相似的共生关系。在计算图像块之间的相似度时，可以使用某种鲁棒的图像属性，如灰度、颜色、梯度、局部二值模式(LBP)、方向梯度直方图(HOG)、尺度不变特征变换(SIFT)等。在本节的实验中，采用 LBP 算子。由于相邻的图像块容易共同受到环境因素(如动态背景和光照变化)的影响，因此，利用近邻图像块嵌入特征向量来捕获这种共生关系。具体来说，对于 t 时刻的某个图像块 P_t，其近邻图像块的嵌入向量 $\mathbf{V}_p^t=\{d_{p1}^t,d_{p2}^t,\cdots,d_{pK}^t\}$，且通过比较图像块 P_t 及其周围邻域 k 个图像块之间的相似度得到，其中 d_{pK}^t 代表图像块 P_t 与其第 K 个近邻图像块之间的相似度。向量 $\mathbf{V}_p^t=\{d_{p1}^t,d_{p2}^t,\cdots,d_{pK}^t\}$ 称为近邻图像块嵌入特征向量。

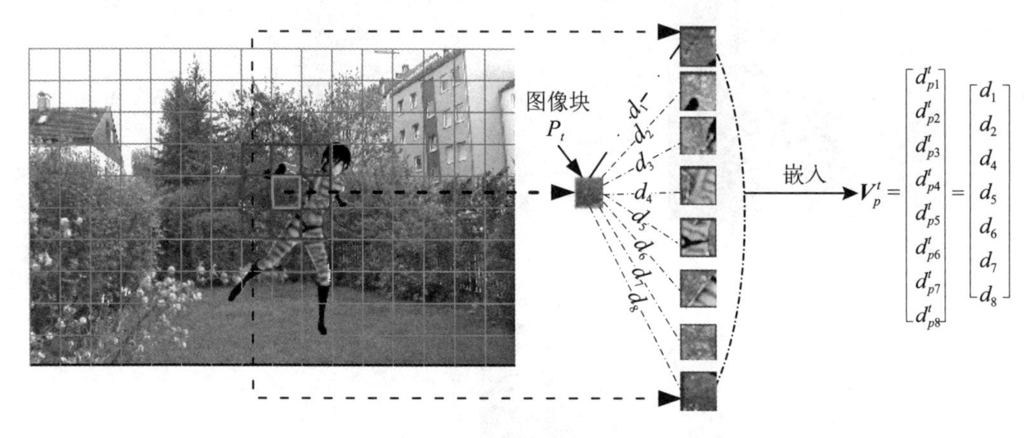

图 2-10　将某个图像块表示为近邻图像块嵌入特征向量的示意图

把近邻图像块嵌入特征向量用于背景建模有以下几个优点：①由于近邻图像块嵌入向量中的每一维主要描述了中心图像块与其近邻图像块之间相似或不相似的程度，所以近邻图像块嵌入向量对动态场景和图像灰度的尺度变化比较鲁棒；②近邻图像块嵌入向量的维数 K 远小于图像块的维数 $N\times N$，极大地降低了背景建模算法的处理时间；③基于近邻图像块嵌入特征的背景建模方法属于非参数方法，因此不需要事先对背景的分布作出假设。

2.近邻图像块嵌入特征的有效性分析

为了测试近邻图像块嵌入特征的稳定性和鲁棒性，使用 VSSN 2006 背景建模竞赛的测试序列进行分析，其中一个包含动态场景的视频分析结果如图 2-11 和图 2-12 所示。分别分析该场景中比较稳定的平坦区域 A、变化剧烈的区域 B 和出现前景的区域 C。从图 2-12 中可以明显地看出，对于图像块 A，其距离分布基本上接近零，这与图像块 A 是天空中的平坦区域相符合。对于变化剧烈的图像块 B，其距离的波动也相对比较小。对于图像块 C，在第 392 帧之前，没有前景物体出现在该位置，对应距离的分布相对稳定，而在第 392 帧之后，当一个前景物体频繁出现在该位置时，对应的距离突然变化，表明所提取出来的特征向量与所学习到的背景模型不一致。因此，基于这些现象，可以实现鲁棒的运动目标检测。

图 2-11　近邻图像块嵌入特征的可行性

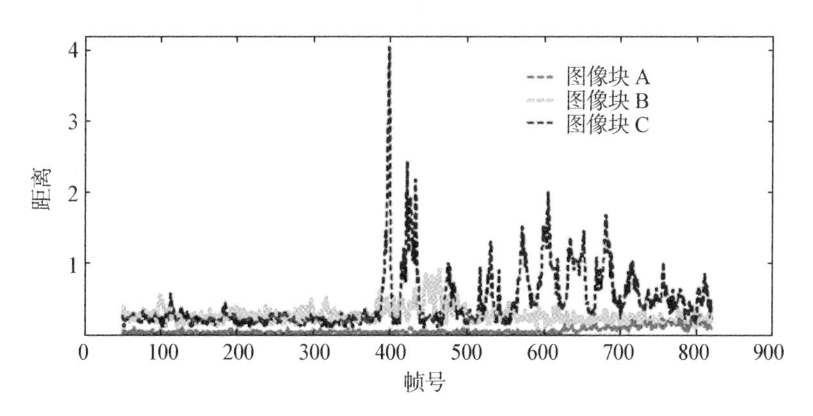

图 2-12　近邻图像块特征距离的演化曲线

3.基于近邻图像块嵌入特征的背景建模

为图像中的每个图像块构造背景模型，对于某一个图像块，在 t 时刻，它的模型由 m 个加权自适应的近邻图像块嵌入特征向量 $\{\boldsymbol{H}_{1,t},\boldsymbol{H}_{2,t},\cdots,\boldsymbol{H}_{m,t}\}$ 构成，其中每一个近邻图像块嵌入特征向量模型有一个权重 $\boldsymbol{\omega}_{i,t}(i=1,\cdots,m)$，反映了特征向量 $\boldsymbol{H}_{i,t}$ 在已经学习到的模型中是背景的概率,并且满足 $\sum_{i=1}^{m}\boldsymbol{\omega}_{i,t}=1$。将这 m 个近邻图像块嵌入特征向量模型按照它们的权重从大到小排序,挑选出 B 个特征向量作为背景特征向量模型。B 的确定使用如下公式:

$$B=\arg\min_{b}\left(\sum_{i=1}^{b}\boldsymbol{\omega}_{i,t}>\boldsymbol{T}_1\right) \tag{2-22}$$

在当前帧中,对于新的图像块,先提取出该图像块的近邻图像块嵌入特征向量 $\boldsymbol{V}_t$,并与 m 个加权自适应的近邻图像块嵌入特征向量模型$\{\boldsymbol{H}_{1,t},\boldsymbol{H}_{2,t},\cdots,\boldsymbol{H}_{m,t}\}$逐一进行距离计算。

两个近邻图像块嵌入特征向量 $\boldsymbol{V}_1$ 和 $\boldsymbol{V}_2$ 之间的距离通过如下公式计算得到:

$$L1(\boldsymbol{V}_1,\boldsymbol{V}_2)=\sum_{i=1}^{K}|\boldsymbol{V}_{1i}-\boldsymbol{V}_{2i}| \tag{2-23}$$

其中,K 表示近邻图像块嵌入特征向量的维数;$L1(\boldsymbol{V}_1,\boldsymbol{V}_2)$表示第一范数距离。在实验中,本书发现使用巴特查理亚距离、第一范数距离或直方图交距离得到的实验结果区别不大。定义近邻图像块嵌入特征向量 $\boldsymbol{V}_t$ 与某一个近邻图像块嵌入特征向量模型匹配,当且仅当它们的距离小于阈值 T_2。如果 K 个近邻图像块嵌入特征向量模型中的第 i 个模型 $\boldsymbol{H}_{i,t}$ 与 $\boldsymbol{V}_t$ 匹配,则将该近邻图像块嵌入特征向量模型及其权重作如下更新:

$$\boldsymbol{H}_{i,t+1}=\alpha\boldsymbol{H}_{i,t}+(1-\alpha)\boldsymbol{V}_t \tag{2-24}$$

$$\boldsymbol{\omega}_{i,t+1}=\alpha+(1-\alpha)\boldsymbol{\omega}_{i,t} \tag{2-25}$$

其中,α 表示学习率,控制背景模型适应程序。对于不产生匹配的近邻图像块嵌入特征向量模型,其保持不变,权重作如下调整:

$$\boldsymbol{\omega}_{i,t+1}=(1-\alpha)\boldsymbol{\omega}_{i,t} \tag{2-26}$$

如果 m 个近邻图像块嵌入特征向量模型中没有一个与 $\boldsymbol{V}_t$ 匹配,则将这 m 个近邻图像块嵌入特征向量模型中权重最小的近邻图像块嵌入特征向量模型用 $\boldsymbol{V}_t$ 进行替换,并赋予一个较低的初始权重。如果 $\boldsymbol{V}_t$ 与前 B 个背景近邻图像块嵌入特征向量模型中的任意一个匹配,则将该图像块判定为背景,否则判定为前景。

2.6.2 基于混合高斯模型的背景剪除

Stauffer 和 Grimson 提出的混合高斯模型是背景建模领域的经典模型,由于利用了多高斯模型的特性,该模型允许表示具有多态性质的背景像素,能够处理背景的缓慢变化。然而,在很多室外的动态场景(如树枝随风摇摆、波浪和云层遮住太阳等)中,混合高斯模型则会产生大量的虚假前景。

假设混合高斯模型由 n 个高斯组件组成,对于图像中某个位置 i,其在 t 时刻的

RGB 颜色值取值为 $\boldsymbol{x}_i$ 的概率可以定义为

$$Pr(\boldsymbol{x}_i)=\sum_{j=1}^{n}\boldsymbol{\omega}_{j,t}^{i}\eta(\boldsymbol{x}_i;\boldsymbol{\mu}_{j,t}^{i},\boldsymbol{\Sigma}_{j,t}^{i}) \tag{2-27}$$

其中，$\boldsymbol{\omega}_{j,t}^{i}$ 表示在 t 时刻像素 i 的混合高斯模型中第 j 个高斯组件的权重，$\boldsymbol{\mu}_{j,t}^{i}$ 和 $\boldsymbol{\Sigma}_{j,t}^{i}$ 分别表示第 j 个高斯组件的均值向量和协方差矩阵。假设 RGB 三个颜色通道之间相互独立，并且三个通道之间的标准差相同，则 $\boldsymbol{\Sigma}_{j,t}^{i}=(\sigma_{j,t}^{i})^2\boldsymbol{I}$。其中 $\sigma_{j,t}^{i}$ 表示第 j 个高斯组件的标准差，$\boldsymbol{I}$ 表示单位阵。η 表示高斯函数，其定义为

$$\eta(\boldsymbol{x}_i;\boldsymbol{\mu}_{j,t}^{i},\boldsymbol{\Sigma}_{j,t}^{i})=[(2\pi)^{d/2}|\boldsymbol{\Sigma}_{j,t}^{i}|^{1/2}]^{-1} \times\exp\{-0.5*(\boldsymbol{x}_i-\boldsymbol{\mu}_{j,t}^{i})^{\mathrm{T}}(\boldsymbol{\Sigma}_{j,t}^{i})(\boldsymbol{x}_i-\boldsymbol{\mu}_{j,t}^{i})\} \tag{2-28}$$

其中，d 表示向量 $\boldsymbol{x}_i$ 的维数。

在视频中，为了自适应地学习场景的变化，每个像素对应的混合高斯模型需要被不断地更新。更新方法是首先将混合高斯模型中的 n 个高斯组件按照 $\boldsymbol{\omega}_{j,t}^{i}/\boldsymbol{\sigma}_{j,t}^{i}$ 的值从大到小进行排序，然后将像素的当前值 $\boldsymbol{x}_i$ 与其对应的混合高斯模型中的 n 个高斯组件逐一进行比较，如果 $\boldsymbol{x}_i$ 与第 j 个高斯组件的均值 $\boldsymbol{\mu}_{j,t}^{i}$ 之间的差值小于该高斯组件的标准差 $\boldsymbol{\sigma}_{j,t}^{i}$ 的 2.5 倍，即保证模型匹配的置信度达到 90%以上，则认为 $\boldsymbol{x}_i$ 同该高斯组件模型相匹配，同时对高斯组件的均值和方差进行如下更新：

$$\boldsymbol{\mu}_{j,t+1}^{i}=(1-\alpha)\boldsymbol{\mu}_{j,t}^{i}+\alpha\boldsymbol{x}_i \tag{2-29}$$

$$(\boldsymbol{\sigma}_{j,t+1}^{i})^2=(1-\alpha)(\boldsymbol{\sigma}_{j,t}^{i})^2+\alpha(\boldsymbol{x}_i-\boldsymbol{\mu}_{j,t}^{i})^{\mathrm{T}}(\boldsymbol{x}_i-\boldsymbol{\mu}_{j,t}^{i}) \tag{2-30}$$

其中，α 表示学习率，用来定义背景模型更新的学习率。其他不匹配的高斯组件的均值和方差不需要更新。所有高斯组件的权重根据下面的公式来更新：

$$\boldsymbol{\omega}_{j,t+1}^{i}=(1-\alpha)\boldsymbol{\omega}_{j,t}^{i}+\alpha\boldsymbol{M}_{j,t}^{i} \tag{2-31}$$

当第 j 个高斯组件与 $\boldsymbol{x}_i$ 匹配时，$\boldsymbol{M}_{j,t}^{i}$ 的值为 1，否则为 0。如果 $\boldsymbol{x}_i$ 与位置 i 对应的混合高斯模型中的 n 个高斯组件都不匹配，则用新的高斯组件来代替位置 i 对应的混合高斯模型中排在最后的高斯组件，新的高斯组件的均值被设置为 $\boldsymbol{x}_i$，同时赋予该高斯组件一个数值较小的初始标准差和权重。最后，需要对高斯组件的权重进行归一化处理，使得 $\sum_{j=1}^{n}\boldsymbol{\omega}_{j,t+1}^{i}=1$。

为了确定 n 个高斯组件中哪一个是由背景产生的，哪一个是由前景产生的，将这些高斯组件按照每个高斯组件的权重与其标准差之比值从大到小排序，然后取前 $\boldsymbol{B}_i$ 个高斯组件用于描述背景的分布，$\boldsymbol{B}_i$ 根据如下公式确定：

$$\boldsymbol{B}_i = \arg\min_b\left(\sum_{j=1}^{b}\boldsymbol{\omega}_{j,t+1}^{i} > T\right) \tag{2-32}$$

其中，T 表示阈值，其度量了背景高斯组件在像素的整个概率分布中所占的最小比重。如果 $\boldsymbol{x}_i$ 同这些作为背景分布的高斯组件中的任何一个相匹配，则将其标记为背景像素，否则将其标记为前景像素。

2.6.3 基于启发式种子选择的自动运动目标分割

种子区域的选择对抠图算法的性能有着重要的影响。目前，大多数抠图算法需要采用人工选择的方法来提供种子区域。由于采用了背景剪除的方法，可以对运动物体进行精确的定位，并且能够在虚警数和漏检数尽可能少的前提下，生成尽可能多的前景像素，因此能够得到比较“干净”的前景像素种子。在得到这些比较“干净”的前景像素种子后，首先提取这些前景像素的连通区域，然后将连通区域沿着长宽方向各放大连通区域的三分之一，得到一个局部背景区域。将这个局部背景区域里的所有像素当作背景像素种子，从而可以自动地为抠图算法提供前景种子区域和背景种子区域。根据这些前景种子和背景种子，对连通区域内未标记的像素进行分类。在本节中，采用 Levin 等提出的基于封闭形式的抠图算法来对连通区域内未标记的像素进行分类。

为了提取能够与前景种子和背景种子匹配的阿尔法图像 γ，将 γ 写为向量的形式，从而最小化如下的代价函数：

$$\begin{cases} E = \boldsymbol{\gamma}^{\mathrm{T}}\boldsymbol{L}\gamma \\ \boldsymbol{\gamma}_i = s_i, \forall s_i \in S \end{cases} \tag{2-33}$$

其中，$\boldsymbol{L}$ 表示 Levin 文献中的拉普拉斯矩阵；S 表示种子集合；$s_i=0$ 和 $s_i=1$ 分别表示背景种子和前景种子。拉普拉斯矩阵 $\boldsymbol{L}$ 中的(i,j)元素，通过如下定义得到：

$$\sum_{k|(i,j)\in w_k}\left\{\delta_{ij} - \frac{1}{|w_k|}\left(1 + (I_i - \mu_k)^{\mathrm{T}}\left(\boldsymbol{\Sigma}_k + \frac{\varepsilon}{|w_k|}\boldsymbol{I}_3\right)^{-1}(I_j - \mu_k)\right)\right\} \tag{2-34}$$

其中，I_i 和 I_j 分别表示输入图像 I 中像素 i 和像素 j 的颜色值；δ_{ij} 表示狄拉克函数；μ_k 和$\boldsymbol{\Sigma}_k$分别表示窗口 w_k 中各个像素颜色值的均值和协方差矩阵；$\boldsymbol{I}_3$ 表示一个 3×3 的单位阵；ε 表示一个正则化参数；$|w_k|$表示窗口 w_k 中像素的数目。

2.7 本章小结

首先，本章研究了如何利用动态场景中相邻像素之间的共生关系来实现鲁棒有效的背景建模和运动目标检测，从多个不同的角度对动态场景中相邻像素之间的共生关系进行了建模，提出了基于纹理和运动模式融合的运动目标检测算法、基于标准差特征的运动目标检测算法以及基于局部前景/背景标记直方图的运动目标检测算法。同时本章在多个复杂的动态场景视频序列上，分别对所提出的三种算法进行了大量对比实验，验证了对于背景建模和运动目标检测任务来说，如果在特征的提取或后续的建模阶段能够对动态场景中相邻像素之间的共生关系进行有效的描述和建模，那么将可以实现鲁棒有效的背景建模和运动目标检测。

其次，本章提出了采用背景剪除方法提供种子的自动运动目标分割算法。该算法将背景剪除方法和抠图技术结合起来，实现了自动精确的运动目标分割。在融合基于像素的背景建模方法和基于区域的背景建模方法的基础上，本章所提出的方法能够消除动态场景中运动的背景对前景检测的影响，为后续的抠图和分割算法提供比较好的前景种子，然后采用启发式的方法自动得到背景种子，从而可以应用封闭式抠图的方法完成对运动对象的抠图和分割。实验结果表明，本章所提出的方法具有比基于混合高斯模型的背景建模方法和基于核密度估计的背景建模方法更好的运动目标检测和分割性能。

第 3 章

基于相关滤波器的目标跟踪

本章主要介绍作者团队在基于相关滤波器的目标跟踪方法方面的研究工作，包括基于似物性采样和核化相关滤波器(kernelized correlation filter，KCF)的目标跟踪算法研究以及基于核相关滤波器和深度强化学习的目标跟踪算法研究。本章主要内容结构如图 3-1 所示。

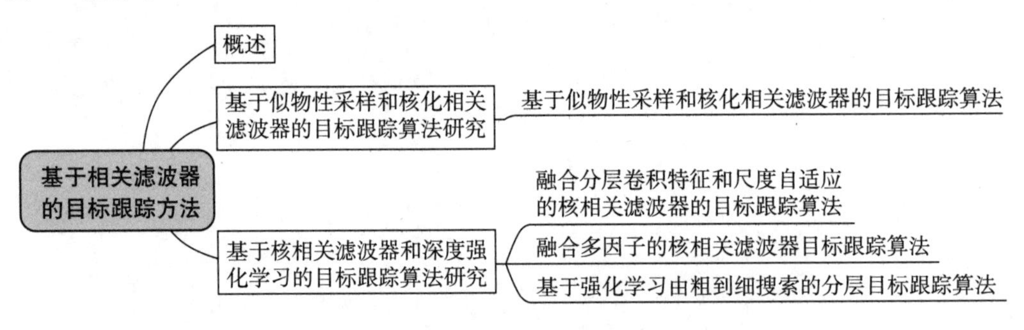

图 3-1　基于相关滤波器的目标跟踪方法的研究工作

3.1 基于相关滤波器的目标跟踪算法概述

相关滤波目标跟踪算法凭借其良好的精度与速度得到了广大研究人员的关注。Mosse(Bolme et al.,2010)最早将相关滤波应用于目标跟踪领域。之后，随着基于检测的跟踪算法在目标跟踪领域广泛应用，相关滤波器获得了进一步的发展。相关滤波目标跟踪算法的主要目的是训练出具有强判断力的相关滤波器，用于区分前景和背景。循环结构跟踪器（circulant structure tracker，CSK）、核化相关滤波器（KCF）（Henriques et al.，2014）针对相关滤波训练中样本数量不足等问题，引入了循环移位样本的方法，利用中心图像块的循环移位来构造训练样本集。在训练滤波器时，利用循环矩阵在时域和频域的特殊性质，将求解过程中复杂的矩阵求逆转变为矩阵点除，可极大地加快相关滤波器的学习速度。同样利用循环矩阵的特殊性质，在检测过程中将滤波器与搜索区域的相关操作变成频域内的点乘操作，可大幅减少计算量，加快跟踪的速度。

上述算法是使用相关滤波器的目标跟踪的基础算法。同时在它们的基础上，发展出了一系列从各个方面对这些算法进行了改进的方法。特征方面，引入了比单通道的灰度特征判别力更强的手工设计特征，如方向梯度直方图和多通道的颜色空间。相比传统的手工特征，深度卷积特征具有更强的抗干扰能力。在大规模目标识别比赛中取得巨大成功后，层次卷积特征（HCF）算法等也将深度卷积特征引入目标跟踪领域，结合相关滤波器，取得了不错的效果，但是卷积特征的提取耗时较长，降低了算法的运行速度。为了减少目标尺度对跟踪的影响，多特征尺度自适应跟踪器（SAMF）使用 7 个较粗的尺度，然后使用滤波器在多尺度图像上进行相关检测，选取响应值最大的图像块对应的平移位置和目标尺度作为最后的预测结果。与 SAMF 不同的是，DSST 分别训练位置滤波器和尺度滤波器，使用 33 个较精细的候选尺度。其跟踪过程是先进行位置估计，然后在该位置处使用尺度滤波器进行尺度估计。目前，大多数算法都使用这两种尺度进行目标尺度估计。边界效应是影响滤波器性能提升的一个重要因素，主要是训练过程负样本不准确以及跟踪过程搜索区域太小等原因造成的。空间正则化判别相关滤波器（SRDCF）算法采用更大的搜索区域，缓解了边界效应产生的影响，但是增加了滤波器的求解负担。上下文感知相关滤波器（CACF）算法指出在训练过程中只使用通过正样本移位过来的负样本不太准确，因此在训练时引入了在正样本周围采集的负样本，以增加滤波器的判别能力。对相关滤波目标跟踪算法的改进还包括使用多核函数、分块、样本标签的改进（Henriques et al.，2014）以及连续进行卷积操作等方面。与基本算法相比，这样的算法精度有了大幅提升。

3.2 基于似物性采样和核化相关滤波器的目标跟踪算法研究

3.2.1 研究概述

基于核化相关滤波器的跟踪算法（Henriques et al.，2014）是一种较为准确、实时性较好的跟踪算法，但是该类算法通常只使用单层单个核函数、单一的特征以及线性更新模型。当目标在跟踪过程中发生严重遮挡或者从视野消失造成跟踪失败时，跟踪器不能重新跟踪到目标。本节在核化相关滤波器跟踪框架的基础上，提出了一种基于在线协作训练的多层多核相关滤波器的跟踪算法，将多层多核学习（multi-layer multi-kernel learning，MLMKL）引入跟踪器的核相关滤波器（KCF）中，通过层次结构来增强目标表观模型的丰富性，通过多个模型在线协作方式减少自学习引入的误差，进而解决"漂移"问题。另外，本节还提出一种基于似物性采样和核化相关滤波器的目标跟踪算法（multi-model via kernelized correlation filters and detection proposals，MKCFDP），似物性采样方法 EdgeBoxes 被用来解决目标跟踪失败重检测问题，其相比传统高密度滑动窗口采样方式更加精准，对重新找回目标具有显著优势。

3.2.2 相关理论知识

1.循环矩阵

循环矩阵是具有特殊形式的 Toeplitz 矩阵，在应用数学研究以及现代科技工程领域都有广泛的应用。例如，在数学领域中的矩阵分解、最优化求解、平面几何学等；在工程领域中的信号处理、电动力学、分子振动、压缩感知等。循环矩阵对处理计算机视觉中的数据十分有效。

1）定义

假设 $\boldsymbol{C}(x)$ 是一个大小为 $n\times n$ 的循环矩阵，则有

$$\boldsymbol{C}(x)=\begin{bmatrix} x_1 & x_2 & x_3 & \cdots & x_n \\ x_n & x_1 & x_2 & \cdots & x_{n-1} \\ x_{n-1} & x_n & x_1 & \cdots & x_{n-2} \\ \vdots & \vdots & \vdots & & \vdots \\ x_2 & x_3 & x_4 & \cdots & x_1 \end{bmatrix} \tag{3-1}$$

其中，$\boldsymbol{C}(x)$ 的首行是大小为 $n\times 1$ 的向量 $\boldsymbol{x}$，第二行由向量 $\boldsymbol{x}$ 向右移动一位获得，需要指出的是，每行末位元素移动到首位置（无此操作产生的矩阵叫作 Toeplitz 矩阵）。这样的操作叫作循环移位，以此类推便可得到循环矩阵 $\boldsymbol{C}(x)$。

同样可以通过矩阵乘积的形式得到 $\boldsymbol{C}(x)$，若 $\boldsymbol{P}$ 是置换矩阵，$\boldsymbol{x}=[x_1,x_2,\cdots,x_n]^{\mathrm{T}}$ 是基向量，则 $\boldsymbol{Px}=[x_n,x_1,x_2\cdots,x_{n-1}]^{\mathrm{T}}$ 表示仅仅移动一位元素。以此类推，获得整个循环矩阵需要较大规模的置换移动，即矩阵乘积操作：$\boldsymbol{P}^u\boldsymbol{x}$。其中 $\boldsymbol{P}^1=\boldsymbol{P}^n=\boldsymbol{I}$，$u\in\mathbb{Z}$。当 u 为负整数时，表示矩阵向相反方向移动。按照这样的循环特性，可以由下列公式求得 $\boldsymbol{C}(x)$：

$$\boldsymbol{P}=\begin{bmatrix} 0 & 0 & 0 & \cdots & 1 \\ 1 & 0 & 0 & \cdots & 0 \\ 0 & 1 & 0 & \cdots & 0 \\ \vdots & \vdots & \vdots & & \vdots \\ 0 & 0 & \cdots & 1 & 0 \end{bmatrix} \tag{3-2}$$

$$\{\boldsymbol{P}^u \boldsymbol{x} \mid u=0,\cdots,n-1\} \tag{3-3}$$

也可以这样理解，矩阵的前半部分元素由基向量 $\boldsymbol{x}$ 朝着正方向移位得到，后半部分元素由基向量 $\boldsymbol{x}$ 朝着反方向移位得到。若 (i,j) 表示 $\boldsymbol{C}(x)$ 元素下标，mod 表示取余数操作，$\boldsymbol{C}_{i,j}$ 是循环矩阵的任一元素，则

$$\boldsymbol{C}_{i,j}=\boldsymbol{x}_{[(j-i)\bmod n]+1} \tag{3-4}$$

2)性质

KCF 指出任何一个由基向量 $\boldsymbol{x}$ 通过循环移位产生的循环矩阵 $\boldsymbol{X}$ 都可以被离散傅里叶变换(discrete Fourier transform，DFT)对角化，即

$$\boldsymbol{X}=\boldsymbol{F}\operatorname{diag}(\hat{x})\boldsymbol{F}^{\mathrm{H}} \tag{3-5}$$

其中，$\hat{}$ 表示傅里叶变换表示符号，即 $\hat{\boldsymbol{x}}=\boldsymbol{F}(\boldsymbol{x})$；$\boldsymbol{F}^{\mathrm{H}}$ 表示厄米特转置矩阵(Hermitian transpose)；$\boldsymbol{F}^*$ 表示 $\boldsymbol{F}$ 的共轭转置矩阵，即 $\boldsymbol{F}^{\mathrm{H}}=(\boldsymbol{F}^*)^{\mathrm{T}}$。$\hat{\boldsymbol{x}}$中每个元素可由下式求得：

$$\hat{\boldsymbol{x}}_i=\sum_{j=1}^{n} x_j \omega^{(i-1)(j-1)} \tag{3-6}$$

复数 $\omega=\mathrm{e}^{\frac{-2\pi i}{n}}$，且 $\omega^n=1$。$\boldsymbol{F}$ 表示离散傅里叶矩阵，每一个元素 $\boldsymbol{F}_{ij}=\omega^{(i-1)(j-1)}$。可理解为其在新的坐标体系基向量的线性投影，基由具有变化频率的复杂弦曲线组成。因为是一个线性运算，所以可以表示成矩阵向量的乘积形式：

$$\hat{\boldsymbol{x}}=\frac{1}{\sqrt{n}}\cdot \boldsymbol{F}\cdot \boldsymbol{x} \tag{3-7}$$

傅里叶矩阵 $\boldsymbol{F}$ 满足对称性，即有 $\boldsymbol{F}=\boldsymbol{F}^{\mathrm{T}}$，同时其是酉矩阵，即有 $\boldsymbol{F}^{\mathrm{H}}\boldsymbol{F}=\boldsymbol{F}\boldsymbol{F}^{\mathrm{H}}=\boldsymbol{I}$。

由循环矩阵对角化推导出结论：

$$\boldsymbol{X}^{\mathrm{H}}\boldsymbol{X}=\boldsymbol{F}\operatorname{diag}(\hat{x}^*)\boldsymbol{F}^{\mathrm{H}}\boldsymbol{F}\operatorname{diag}(\hat{x})\boldsymbol{F}^{\mathrm{H}}=\boldsymbol{F}\operatorname{diag}(\hat{x}^*\odot\hat{x})\boldsymbol{F}^{\mathrm{H}} \tag{3-8}$$

其中，$(\hat{\boldsymbol{x}}^*\odot\hat{\boldsymbol{x}})$表示信号 $\boldsymbol{x}$ 的自相关操作，$\odot$表示点乘运算。

DFT 最直接的应用就是快速计算卷积。卷积理论指出：时域中两个函数的卷积对应在频域上则是它们的傅里叶变换乘积。若 $\boldsymbol{x}*\boldsymbol{z}$ 表示两个向量的卷积，则有

$$\boldsymbol{x}*\boldsymbol{z}=\boldsymbol{F}^{-1}(\hat{x}\odot\hat{z}) \tag{3-9}$$

$\boldsymbol{F}^{-1}$是离散傅里叶逆变换(inverse discrete Fourier transform，IDFT)，代入式(3-8)可得

$$X^{H}X=C(F^{-1}(\hat{x}^{*}\odot\hat{x}))\tag{3-10}$$

不难发现，当复杂度由 $O(n^3)$ 降为 $O(n\log n)$ 时，可以大幅度降低存储和计算量。根据循环矩阵的性质，循环矩阵相加、相乘、相除以及求逆等运算的结果仍然是循环矩阵。下面通过具体的公式表示出来。

若向量 $\boldsymbol{x},\boldsymbol{z}\in\mathbb{R}^n$，分别进行傅里叶变换 $\hat{\boldsymbol{x}}=\boldsymbol{F}(x)$，$\hat{z}=\boldsymbol{F}(z)\in\boldsymbol{C}^n$，且循环矩阵 $\boldsymbol{X}=\boldsymbol{C}(\boldsymbol{x})$，$\boldsymbol{Z}=\boldsymbol{C}(\boldsymbol{z})$。

(1) $\boldsymbol{XZ}=\boldsymbol{ZX}$，两个 n 阶循环矩阵的乘积仍然是 n 阶循环矩阵。

(2) $k_1\boldsymbol{X}+k_2\boldsymbol{Z}=\boldsymbol{C}(k_1\boldsymbol{x}\odot k_2\boldsymbol{z})$，循环矩阵的加法是线性的。

(3) $\boldsymbol{Xz}=\boldsymbol{F}^{-1}(\hat{\boldsymbol{x}}\odot\hat{\boldsymbol{z}})$，互相关(cross-correlation)操作也可用 DFT 加速运算。

(4) 如果 $\boldsymbol{X}$ 可逆，则有 $\boldsymbol{X}^{-1}=\boldsymbol{C}\left(\boldsymbol{F}^{-1}\left(\frac{1}{\hat{\boldsymbol{x}}}\right)\right)$。$\boldsymbol{X}$ 的求逆运算结果仍然是循环矩阵，并且求逆结果是傅里叶域中向量的倒数。

(5) $\boldsymbol{X}^{T}=\boldsymbol{C}(\boldsymbol{F}^{-1}(\hat{\boldsymbol{x}}^{*}))$，循环矩阵的转置矩阵等价于傅里叶域中的共轭复数。

3）应用

基向量 $\boldsymbol{x}$ 代表跟踪目标，或称作基样本(base sample)。训练分类器的样本包括这个基样本(标签为正)以及它循环移位产生的众多虚拟样本(标签为负)。如图 3-2 所示，二维图像在水平方向产生了虚拟样本。因为循环移位将末端元素移动到首位置与目标真实的移动不同，可以通过余弦窗或者放大目标区域来减少这样的不规则补位操作。

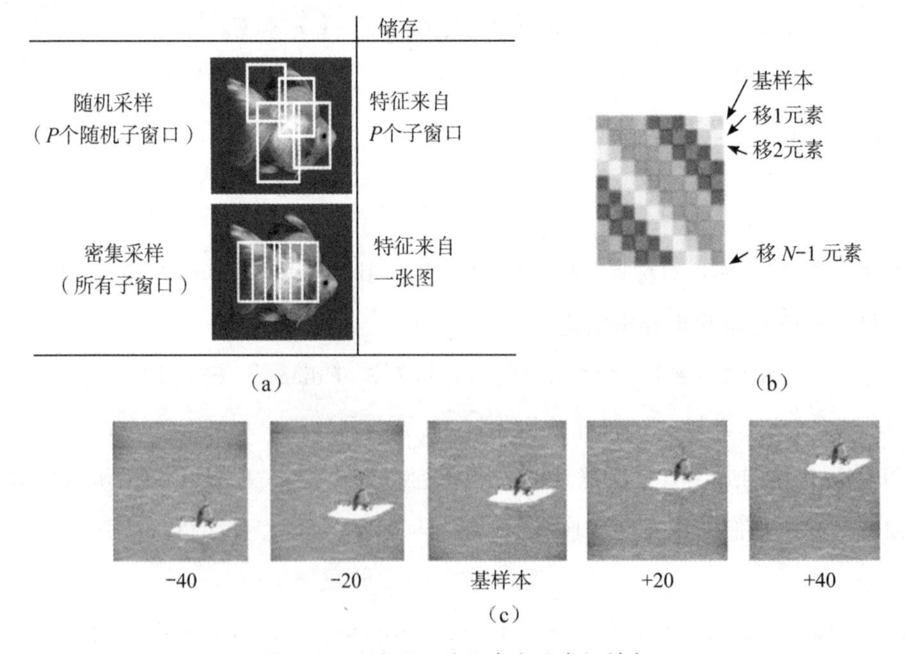

图 3-2 通过循环移位产生的虚拟样本

矩阵每行代表基向量水平移动一位产生的虚拟样本描述的是一维图像，也可以推广到二维图像或者多通道图像特征[如红绿蓝(RGB)颜色模式图像、定向梯度直方图特征]。循环矩阵进行稠密采样，理论上会产生许多虚拟样本，但实际上只储存了一张图片的特征，而传统的随机采样则储存了大量子窗口图片的特征。

2.核函数

由模式识别理论可知，当数据在低维空间线性不可分时，无法求得一个划分超平面将数据正确分类，通常采用非线性函数将特征映射到更高维度的特征空间，由此可在这个特征空间内实现线性可分，如图 3-3 所示。但是，如果直接采用这种方法在高维空间进行分类，则必须已知非线性映射函数的表达式、详细参数以及特征空间的具体维数，而且在高维特征空间做运算时经常遇到“维数灾难”问题。而核函数能够避免在高维空间产生计算样本内积，为解决高维特征空间中复杂的分类和回归问题奠定了理论基础。

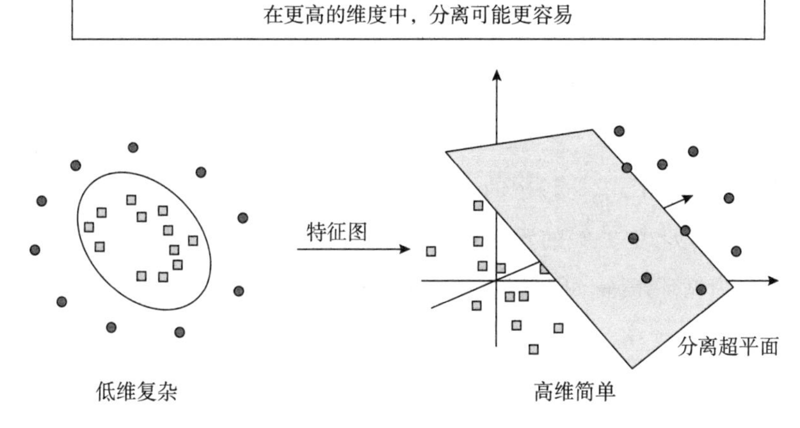

图 3-3　低维空间映射到高维空间示意图

1)定义

设 $x, x' \in \mathbb{R}^n, \varphi(x) \in \mathbb{R}^m$ 是非线性函数，即 $\mathbb{R}^n \to \mathbb{R}^m (m \gg n)$。核函数可定义为

$$\kappa(x, x') = \langle \varphi(x), \varphi(x') \rangle = \varphi(x)^{\mathrm{T}} \varphi(x') \tag{3-11}$$

其中，$\kappa(x, x')$表示核函数；$\langle \cdot, \cdot \rangle$为向量内积。核函数将 x、x'映射到 m 维高维特征空间中的内积转换为原始样本空间 n 维低维特征进行计算，即不需要计算维数为 m 的特征向量，所以在高维甚至无穷维特征空间计算内积所造成的“维度灾难”问题能够得到有效解决。显然，若已知映射函数 $\varphi(x)$的表达式，则可以写出核函数 $\kappa(x, x')$的具体形式。

2)Mercer 定理

核函数存在定理：若 $\kappa(\cdot, \cdot)$是定义在$\mathbb{R}^m \times \mathbb{R}^m$ 上的对称函数，κ 是核函数，对于任

意数据 $D=\{x_1,x_2,\cdots,x_m\}$，核矩阵 $\boldsymbol{K}$ 总是半正定的：

$$\boldsymbol{K}=\begin{bmatrix}\kappa(x_1,x_1) & \cdots & \kappa(x_1,x_j) & \cdots & \kappa(x_1,x_m)\\ \vdots & \vdots & \vdots & & \vdots\\ \kappa(x_i,x_1) & \cdots & \kappa(x_i,x_j) & \cdots & \kappa(x_i,x_m)\\ \vdots & \vdots & \vdots & & \vdots\\ \kappa(x_m,x_1) & \cdots & \kappa(x_m,x_j) & \cdots & \kappa(x_m,x_m)\end{bmatrix} \tag{3-12}$$

对于一个半正定核矩阵，总能找到一个与之对应的映射 $\varphi(x)$。换言之，任何一个核函数都隐式定义了一个称为“再生核希尔伯特特征空间”(reproduing kernel Hilbert space，RKHS)的特征空间。核矩阵 $\boldsymbol{K}$ 中的每个元素：

$$\boldsymbol{K}_{ij}=\kappa(x_i,x_j) \tag{3-13}$$

3)特点

核函数的研究领域日益扩展，应用价值也非常显著，为解决高维非线性问题提供了一般基础框架，如基于核的主成分分析、基于核的聚类算法、基于核的 Fisher 判别等。核函数是支持向量机的核心部件，它的参数选择是否合适直接影响其分类性能。核函数有许多特点，具体如下。

(1)循环特性。对于式(3-1)中的循环矩阵 $\boldsymbol{C}(x)$，若核函数满足 $\kappa(x,x')=\kappa(\boldsymbol{M}x,\boldsymbol{M}x')$，其中 $\boldsymbol{M}$ 为形如式(3-2)的置换矩阵 $\boldsymbol{P}^k(k\in\mathbb{Z})$，则它所对应的核矩阵 $\boldsymbol{K}$ 是循环矩阵。因为 $\boldsymbol{C}(x)$ 为循环矩阵，可知每个样本可由循环移位求得：$x'=\boldsymbol{P}^k x$。

$$\boldsymbol{K}_{ij}=\kappa(\boldsymbol{P}^i x,\boldsymbol{P}^j x)=\kappa(\boldsymbol{P}^{-i}\boldsymbol{P}^i x,\boldsymbol{P}^{-i}\boldsymbol{P}^j x) \tag{3-14}$$

又因为 $\boldsymbol{P}^1=\boldsymbol{P}^k=I$，每 n 次循环一周期，可得

$$\boldsymbol{K}_{ij}=\kappa(x,\boldsymbol{P}^{j-i}x)=\kappa(x,\boldsymbol{P}^{(j-i)\bmod n}x) \tag{3-15}$$

由式(3-4)可知当矩阵元素仅和下标位置有关时，该矩阵为循环矩阵，Gray 和 Robert 等 2006 年在托普利茨和循环矩阵综述文献中用该方法定义了循环矩阵。

(2)非线性函数 $\varphi(x)$ 具体的函数表达式和参数可不知。

(3)核函数可以和具体的应用相结合，可针对不同领域的应用选择合适的核函数和相关算法，进而形成各种基于核函数的方法。

4)常见的核函数

由 Mercer 定理可知，任一满足半正定性的函数都可以充当核函数。常见的核函数如下。

(1)内积核函数。广义的内积核函数找到一函数 $g:\mathbb{R}\to\mathbb{R}$，使得 $\kappa(x,x')=g(x^{\mathrm{T}}x')$。应用多项式核函数后得到 $\kappa(x,x')=(x^{\mathrm{T}}x'+a)^b$，通常取 $a=1$，也可适当调节以获得更好的计算结果；当 $a=b=0$ 时，简化成线性核函数。

(2)平移不变核函数。函数 $h:\mathbb{R}\to\mathbb{R}$,满足 $\kappa(x+\Delta,x'+\Delta)=\kappa(x,x')$。例如,径向基核函数(radial basis function,RBF),其中 $\kappa(x,x')=h(\|x-x'\|^2)$包括一个特例——高斯核函数:$\kappa(x,x')=\exp\left(-\frac{1}{\sigma^2}\|x-x'\|^2\right)$,参数 $\sigma>0$ 表示带宽,用来控制核函数的径向作用范围。

(3)其他核函数。例如,感知机核函数、Hellinger 核函数、B-样条核函数、sigmoid 核函数、Fourier 级数核函数等。RBF 核函数在实际应用中表现较好,核函数的参数情况大体反映了模型的复杂度。

在傅里叶域中,根据循环矩阵的性质 $\boldsymbol{X}\boldsymbol{z}=\boldsymbol{F}^{-1}(\hat{x}\odot\hat{z})$,将核函数转换至傅里叶域计算。

多项式核函数:

$$k^{xx'}=(\boldsymbol{F}^{-1}(\hat{\boldsymbol{x}}^*\odot\hat{\boldsymbol{x}}')+a)^b \tag{3-16}$$

高斯核函数:

$$k^{xx'}=\exp(-\frac{1}{\sigma^2}(\|x\|^2+\|x'\|^2-2\boldsymbol{F}^{-1}(\hat{x}^*\odot\hat{x}'))) \tag{3-17}$$

3.相关滤波器

相关滤波器是信号处理中一种用于衡量两个信号相似度的技术。相关系数是一个常数,用于衡量两个等长信号相似度;相关函数则是一串常数,用于衡量连续多段信号逐段与某一段标准信号相似度。当某个特定信号与自身相似性比对时,称为自相关函数。如果比较的是不同信号,则称为互相关函数。由物理学共振原理可知,当两个波段的振幅和频率高度相似时,这两个波段能够发生共振,即互相关可以衡量特定频率与未知波形之间的相关性。两个信号相似度越高,其相关响应值就越高。

对二维信号相关操作的数学表达:

$$g(x,y)=\iint h(t,s)f(t+x,s+y)\mathrm{d}t\,\mathrm{d}s \tag{3-18}$$

其中,$g(x,y)$表示相关函数,代表两个函数在定义域范围内的相似度;$h(t,s)$和$f(t+x,s+y)$则表示需要衡量相似度的运算函数。根据卷积定理,两个离散的信号在时域中的卷积等价于这两个信号的离散傅里叶变换在频域做相乘运算。

$$g(x,y)=\boldsymbol{F}^{-1}\{\boldsymbol{H}(t,s)\odot\boldsymbol{F}(t+x,s+y)\} \tag{3-19}$$

其中,$\boldsymbol{H}(t,s)$和 $\boldsymbol{F}(t+x,s+y)$分别表示 $h(t,s)$和 $f(t+x,s+y)$的傅里叶变换。$\boldsymbol{F}^{-1}$表示傅里叶变换的逆变换,而运算符$\odot$表示内积运算。在频域内计算函数之间的相关操作,计算复杂度显著下降,能够满足目标跟踪算法对实时性的需求。

相关滤波器在目标跟踪中的具体应用:在初始帧中选定目标窗口以训练滤波器,后续帧中用滤波器和检测窗口做相关操作,相关响应值最大处即为目标位置,同时根据最新确定的目标位置在线更新滤波模板。其中,核心操作就是设计一个滤波模板,使得当它作用在跟踪目标上时得到的响应值最大,如图 3-4 所示。

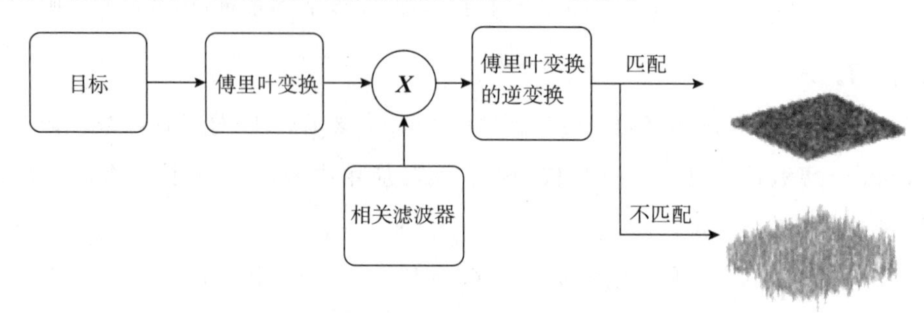

图 3-4 滤波器目标跟踪示意图

如果把式(3-18)中的函数 $f(t+x,s+y)$ 看作目标图像,则函数 $h(t,s)$ 可以被看作滤波器,$g(x,y)$ 可以被看作目标和滤波器的相关结果。$*$ 可以表示共轭复数,式(3-19)进一步可以表示为

$$\boldsymbol{G}=\boldsymbol{F}\odot\boldsymbol{H}^{*} \tag{3-20}$$

相关输出可以通过傅里叶变换的逆变换再转回到空间域,整个计算过程的算法复杂度为 $O(p\log p)$,p 表示跟踪目标窗口面积大小。

相关滤波器的研究和应用已经实现了快速发展,下面介绍一些经典的相关滤波器在计算机视觉领域中的应用。

Vanderlugt 等于 1963 年提出匹配滤波器(matched filter,MF)。匹配滤波器是一种线性滤波器,其目的是使得滤波器的输出信噪比在某一时刻达到最大,从而更好地检测信号。具体来说,已知指数衰减信号 $s(t)$,其淹没在未到达信号 $q(t)$ 中,经采样后表示为 $r(n)=s(n)+q(n)$,用匹配滤波器 $h(t)=s(T-t)$ 做卷积操作,能够得到最佳估计。从卷积运算可以看出,在信号幅度最大的地方,卷积给予的加权最大。而在噪声占主导地位的区域,卷积操作可以削弱噪声。在跟踪过程中经常发现类似情况,光照不均匀、障碍物遮挡等会使得同一个目标在帧间具有差别,而训练的滤波器不能综合考虑各种情况下的目标信息,因此目标跟踪没有选择 MF 滤波器。

Hester 等在 1980 年提出综合判别函数滤波器(synthetic discriminant function filter,SDF)(Hinton et al.,2015)。SDF 滤波器是对 MF 滤波器的改进,其实质是对由典型训练样本所求得的 MF 滤波器加权,使得这些代表性训练样本的输出值是指定值。尽管 SDF 滤波器能够控制这些训练样本,在相关平面上的输出效果也较好,但是在相关平面峰值以外的区域效果并不理想。SDF 滤波器的数学表达式为 $\boldsymbol{F}=\boldsymbol{X}(\boldsymbol{X}^{\mathrm{H}}\boldsymbol{X})^{-1}\boldsymbol{y}$,数据

矩阵 $\boldsymbol{X}$ 的每行均是一个样本 x_i，输出矩阵 $\boldsymbol{y}$ 对应每个样本 x_i 的期望输出值 y_i，$\boldsymbol{X}^{\mathrm{H}}$ 是 Hermitian 转置矩阵。因为对典型样本的评定很难把握，所以这种滤波器也不适用于目标跟踪。

Bolme 等在 2010 年提出误差最小平方和滤波器(minimum output sum of squared error filter,MOSSE)。构建 MOSSE 滤波器时需要提供少量的样本集，且需要在该样本集中手工标定目标点的位置，通过相应的算法可以在该目标点产生峰值，其余点产生低灰度值，进而训练得到相关滤波器。MOSSE 滤波器的目的是构造出相关滤波器，这样能使得输入的训练样本的实际输出和期望合成输出之间差值的平方和最小，也就转换成了求误差平方和最小值的问题。

4.KCF 跟踪框架

基于相关滤波器的目标跟踪算法已受到广泛关注，这主要是由于它的跟踪速度快(每秒可达上百帧)，并且跟踪性能好，在公开数据集上的测评排名靠前。一般基于相关滤波器的跟踪算法流程如下：首先，在训练阶段，相关滤波器在首帧根据给定的目标中心位置选取训练图像块。其次，在检测阶段，根据上一帧确定的目标中心位置选取当前帧的检测图像块。具体可以提取原始图像块的各种特征，如 CSK 用的是图像的灰度特征，KCF 使用的是方向梯度直方图(HOG)特征。为消除边界效应，须用余弦窗平滑处理提取的特征。再次，通过离散傅里叶变化(DFT)训练出分类器。相关置信图通过快速逆傅里叶变换(IFFT)求得，响应值最大的坐标即为预测目标中心位置。最后，在当前帧中新预测位置提取特征并重复前面的训练过程，同时线性更新相关滤波模型。基于相关滤波器的跟踪算法的一般框架如图 3-5 所示。

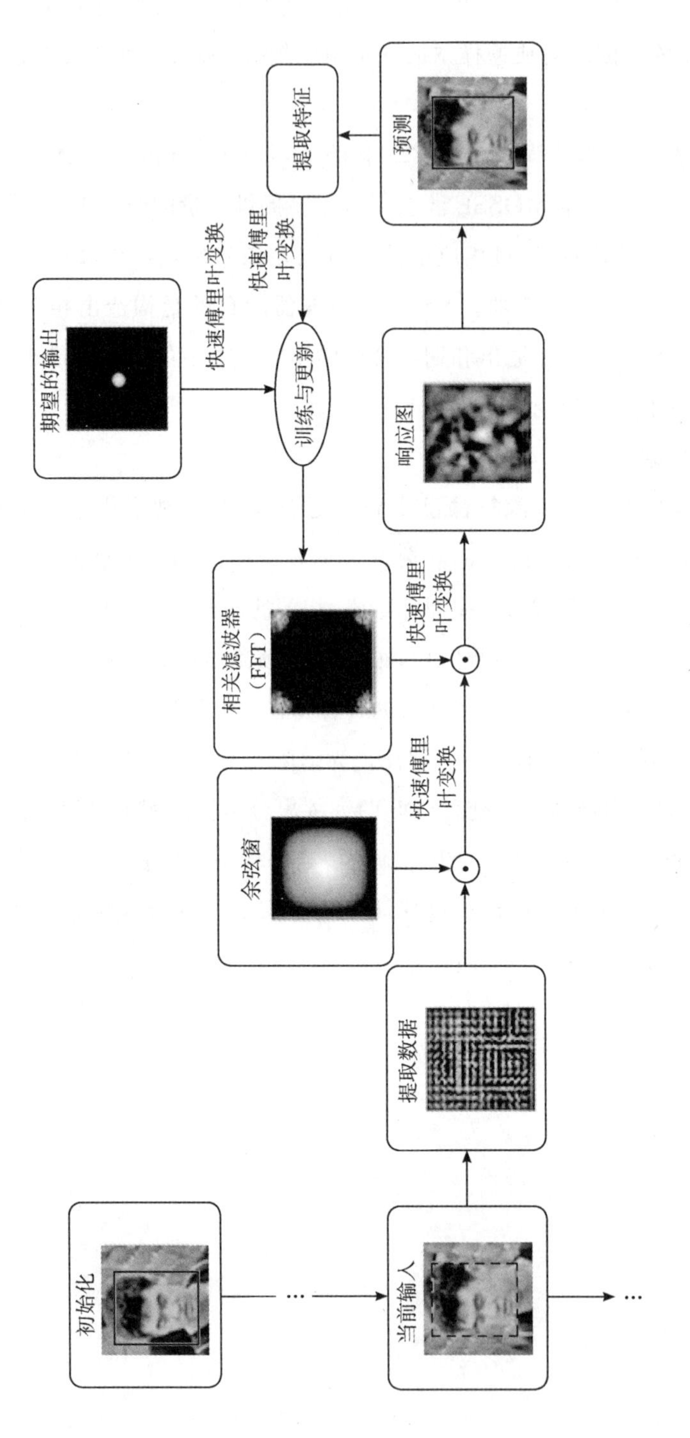

图 3-5 基于相关滤波器的跟踪算法的一般框架

1)训练阶段

核化相关滤波器(KCF)跟踪算法通过建立岭回归在线学习滤波器系数 α,训练样本是当前帧中大小为 $M \times N$ 的图像块 x,其全部轮换样本 $x_{m,n}$,对应的高斯标签 $y_{m,n} \in [0,1]$。其中 $m,n \in \{0,1,\cdots,M-1\} \times \{0,1,\cdots,N-1\}$。最终的目标是找到 $f(z)=w^{\mathrm{T}}z$,使得目标函数最小,即

$$\min_{w} \sum (f(x_i)-y_i)^2+\lambda \|w\|^2 \tag{3-21}$$

其中,$\lambda \geqslant 0$ 表示正则化参数,用来防止训练过程过拟合,则求得闭式解为

$$w=(\boldsymbol{X}^{\mathrm{T}}\boldsymbol{X}+\lambda \boldsymbol{I})^{-1}\boldsymbol{X}^{\mathrm{T}}\boldsymbol{y} \tag{3-22}$$

数据矩阵 $\boldsymbol{X}$ 的每行均是一个样本 x_i,输出矩阵 $\boldsymbol{y}$ 的每行对应每个样本 x_i 的回归标签 y_i,$\boldsymbol{I}$ 是单位矩阵。转换至傅里叶域中用公式表示为

$$w=(\boldsymbol{X}^{\mathrm{H}}\boldsymbol{X}+\lambda \boldsymbol{I})^{-1}\boldsymbol{X}^{\mathrm{H}}\boldsymbol{y} \tag{3-23}$$

其中,$\boldsymbol{X}^{\mathrm{H}}$ 表示 Hermitian 转置矩阵,即 $\boldsymbol{X}^{\mathrm{H}}=(\boldsymbol{X}^{*})^{\mathrm{T}}$,符号 $*$ 表示共轭。

循环矩阵在构造虚拟样本时,具有式(3-8)和式(3-10)的性质,代入式(3-23),在傅里叶域可求解:

$$\begin{aligned} w &=(\boldsymbol{X}^{\mathrm{H}}\boldsymbol{X}+\lambda \boldsymbol{I})^{-1}\boldsymbol{X}^{\mathrm{H}}\boldsymbol{y} \\ &=(\boldsymbol{F}\mathrm{diag}(\hat{x}^{*} \odot \hat{x})\boldsymbol{F}^{\mathrm{H}}+\lambda \boldsymbol{F}^{\mathrm{H}}\boldsymbol{I}\boldsymbol{F})^{-1}\boldsymbol{X}^{\mathrm{H}}\boldsymbol{y} \\ &=\boldsymbol{F}^{-1}(\mathrm{diag}(\hat{x}^{*} \odot \hat{x})+\lambda)\mathrm{diag}(\hat{x}^{*})\boldsymbol{F}\boldsymbol{y} \\ &=\boldsymbol{F}^{-1}\mathrm{diag}\left(\frac{\hat{x}^{*}}{\hat{x}^{*} \odot \hat{x}+\lambda}\right)\boldsymbol{F}\boldsymbol{y} \end{aligned} \tag{3-24}$$

又因为对于任一向量 $\boldsymbol{z}$ 有性质 $\boldsymbol{F}\boldsymbol{z}=\hat{\boldsymbol{z}}$,因此式(3-24)左右两边同时乘以 $\boldsymbol{F}$,可得

$$\hat{w}=\frac{\hat{x}^{*}}{\hat{x}^{*} \odot \hat{x}+\lambda} \tag{3-25}$$

在式(3-2)的核函数部分,可以将样本特征空间映射到更高维的特征空间,不妨设映射函数 $\varphi(x)$,则分类器的权重向量变成 $\boldsymbol{w}=\sum_{i}\alpha_i \varphi(x_i)$。

$$f(z)=\boldsymbol{w}^{\mathrm{T}}=\sum_{i=1}^{n}\alpha_i \kappa(z,x_i) \tag{3-26}$$

求解参数 w 转换成求解 α_i,核岭回归可求解:

$$\alpha=(\boldsymbol{K}+\lambda \boldsymbol{I})^{-1}\boldsymbol{y} \tag{3-27}$$

在核函数特点中已经证明,循环矩阵的核矩阵仍然构成循环矩阵。将式(3-27)转换到傅里叶域中求解:

$$\hat{\alpha}=\frac{\hat{\boldsymbol{y}}}{(\hat{k}^{xx'}+\lambda)} \tag{3-28}$$

其中，$k^{xx'}$表示核矩阵$\boldsymbol{K}=\boldsymbol{C}(k^{xx'})$的首行元素，快速傅里叶变换加快了运算速度。

2)检测阶段

当前帧检测的图像块 z 和训练模板 x 大小相同，所有的训练样本和检测区域都是由基础模板 x 和基础图像块 z 循环构成的，且共同构成内核矩阵：

$$\boldsymbol{K}^{z}=\boldsymbol{C}(k^{xz}) \tag{3-29}$$

相关响应图 $f(z)=(\boldsymbol{K}^{z})^{\mathrm{T}}\alpha$ 变换到离散傅里叶域后为

$$\hat{f}(z)=\hat{k}^{xz}\odot\hat{\alpha} \tag{3-30}$$

可以看出，$f(z)$由训练学习得到的相关系数 α 和核函数 k^{xz}通过空间卷积求得。$f(z)$中最大值处就是当前帧预测的目标中心位置。

3)模型更新

在对目标跟踪的过程中，目标表面经常因为环境的变化而受到影响。目标的外观、姿态等会随着时间推移而逐渐发生变化，并且可能会遇到被干扰物遮挡或者直接消失的情况。所以模型必须得到实时准确的更新，这样才能避免由目标外观变化导致的目标跟踪偏差。同时，应减少不准确跟踪（如遮挡、消失）对模型更新的影响。在传统的相关滤波跟踪器中，目标模型是由学习目标表观模型$\hat{x}$和变换分类器参数$\hat{\alpha}$两部分组成的。采用线性内插法来更新分类器：

$$\hat{\alpha}^{t}=(1-\eta)\hat{\alpha}^{t-1}+\eta\hat{\alpha} \tag{3-31}$$

其中，t 表示当前帧的序号；η 表示学习效率系数。从式(3-31)可以看出，在具体的更新过程中，学习目标表观模型 $\hat{x}$和分类器参数 $\hat{\alpha}$的计算不仅考虑了当前帧的目标信息，还考虑了之前帧的影响，这在很大程度上提高了更新的有效性。

3.2.3 基于似物性采样和核化相关滤波器的目标跟踪算法

1.引言

由于目标在长时间跟踪过程中存在由尺度变化、物体遮挡、相似度高导致的被背景物体干扰和从视野消失等问题，跟踪器会发生漂移，进而导致跟踪失败（图 3-6)，所以为跟踪器添加检测模块显得尤为重要。通常检测器首先以滑动窗方式对当前帧的整张图像进行多尺度扫描，然后通过单一的分类器对每个窗口逐一打分，最后分类器打分最高的窗口被认定为含有目标的滑动窗口，并以此窗口重新初始化跟踪器。

然而，这种检测器和跟踪器是相互独立的模块，这使得在跟踪过程中帧间的时空信息没有被很好地利用起来。同时，在逐行扫描过程中会产生非常多的待评测窗口，导致检测过程虽然消耗大量的时间，但也很难满足跟踪对实时性的需求。此外，检测器实质上是单一的分类器，如果更新不准确，也会引起对目标的错误判定。基于这些问题，本节提出一种基于似物性采样和核化相关滤波器的目标跟踪算法。利用似物性采样方法可以大幅度减少候选窗口数量，同时利用多专家分类器组可提高检测器的性能。

图 3-6　跟踪失败的场景

TLD(tracking-learning-detecting)是由捷克大学的 Kalal 提出的一个实时跟踪框架。TLD 把传统的跟踪算法和检测算法相结合，同时通过加入学习模块不断评估跟踪模块中的结果并更新检测模块中的分类器，从而使得整个框架具有更好的鲁棒性。受该算法启发，本节提出一种包含跟踪部件和检测器部件的跟踪算法，其能够很好地处理目标长时间跟踪问题。

2.MKCFDP 跟踪算法

跟踪模块采用基于在线协同训练的多层多核相关滤波器(MLMKCF)算法。跟踪被分解成运动位置预测和尺度大小估计两个阶段。在位置预测阶段，该算法建立了两个自适应的多层多核相关滤波器，其具有长期记忆和短期记忆的目标鲁棒的表观模型。长期记忆的滤波器更新速率较慢，能够在一定程度上恢复跟踪失败的情况；短期记忆的滤波器更新速率较快，更能够适应目标表观模型发生较大变化的场景。尺度大小估计阶段用“金字塔”搜索策略进行尺度估计。为了节省计算时间，尺度估计的过程只使用 HOG 特征(Dalal et al.,2005)，利用尺度滤波找到最佳尺度。

检测模块采用由似物性推荐方法和多专家分类器组联合起来组成的重定位部件。不同于 TLD 目标跟踪器每一帧检测器都实时运行，本节采用阈值激活检测器的方式来运行检测器。通过对峰值旁瓣比(peak-to-sidelobe ratio，PSR)设定阈值 T，确定是否发生跟踪。当 PSR$<T$ 时，激活重定位组件，利用物体对象度检测方法做类物性粒子推荐，再通过基于熵最小化的多专家分类器组恢复目标位置，且当前帧跟踪器返回的结果作为多专家分类器组的负训练样本；当 PSR$\geqslant T$ 时，当前帧跟踪器返回的结果作为多专家分类器组的正训练样本。具体的算法流程如图 3-7 所示。

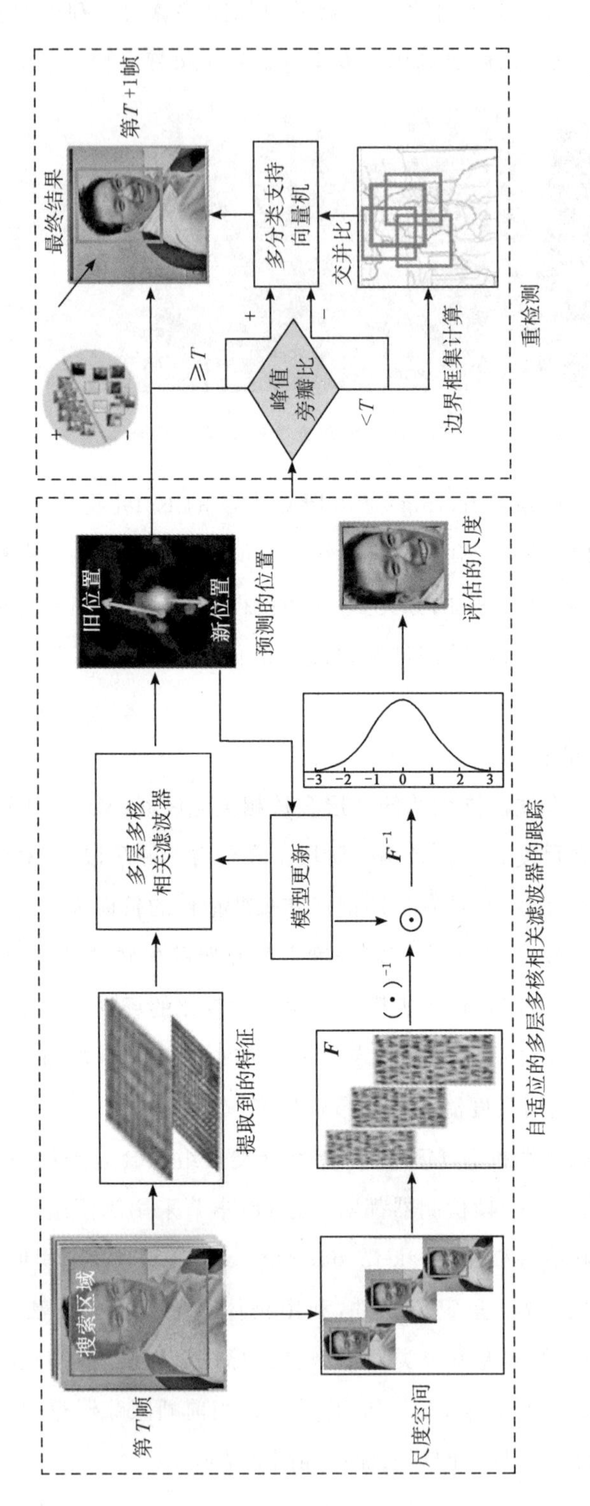

图 3-7　MKCFDP 算法流程图

为了提高检测的速度，边缘框集 edge boxes 算法并不对全图进行搜索，而是根据上一帧确定的中心位置来确定搜索范围。参考交并比(intersection over union，IoU)，$IoU=|A_t \cap A_p|/|A_t \cup A_p|$，$A_t$ 为前一帧确定的目标跟踪框，A_p 是 edge boxes 当前帧推荐的边界框，$\cap$ 和 $\cup$ 分别表示两个边框的交集、并集，在 $IoU \in (0.6,0.9)$ 范围内进行搜索。为提高 MEEM 分类器的判别性，选取能够确定目标框重叠率在(0.6，1)的图像块作为正样本，重叠率在(0，0.2)的图像块作为负样本。TLD 指出 P-N 学习具有结构化约束，即在计算机视觉领域内，由于时空信息上的关联性，数据之间存在某种依赖关系。如果一个样本的标记对其他样本的标记有一定的限制作用，那么就认为数据是结构化的。具体地，在目标跟踪应用中，目标帧间的运动轨迹应该是一条较为平滑的曲线。所以采用重叠率来减小检测面积，其效果优于传统滑动窗整张图蛮力搜索的效果，同时利用目标跟踪的时空信息，实际检测范围如图 3-8 所示。

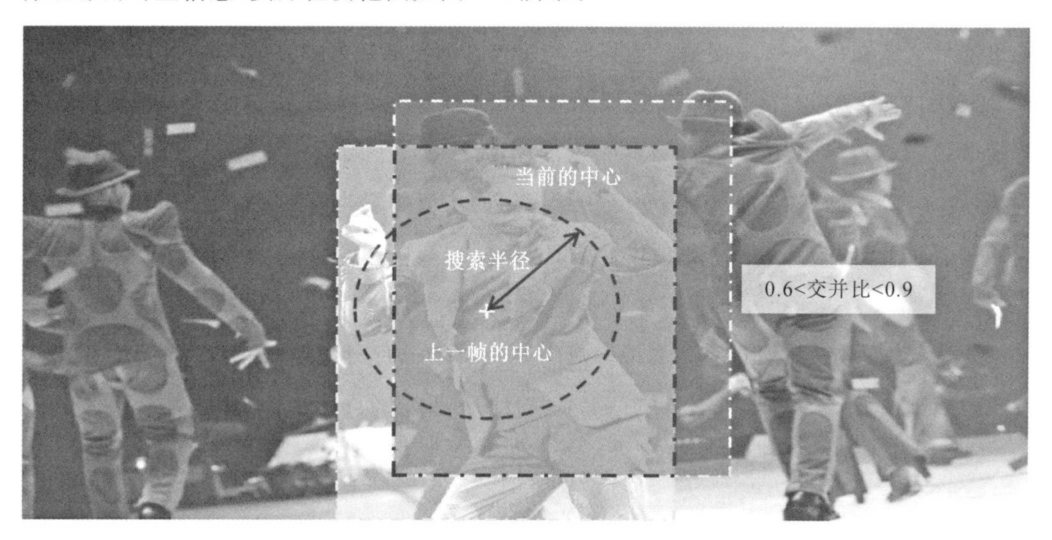

图 3-8　基于跟踪时空信息的目标重检测范围示意图

3.似物性采样方法

检测器需要对候选区域选取可能包含目标的候选框，传统的检测模块经常采用滑动窗的方式对整张图片进行穷举遍历，这样会造成搜索区域有很多重复且无用的信息。似物性采样方法在图像检测和识别领域已经取得许多成绩，其优势在于能减少候选窗口数量和提高候选窗口包含物体的可能性。这与跟踪任务需要检测出具体的物体有很大联系，本节算法将采用似物性采样方法 edge boxes 产生可能包含跟踪目标的候选框。

edge boxes 利用目标边缘信息，根据候选框内的轮廓数与边缘框重叠的轮廓数来打分，由得分的高低顺序来确定边界框内是否含有目标。因为跟踪任务针对的是单一的目标，而 edge boxes 是通用物体检测方法，所以本节算法将充分利用跟踪的时空信息，根据前一帧确定的目标中心位置选择当前帧检测区域，这样不仅能有效地减小搜索区域，还能抑制背景信息的干扰。这里的算法基于一个先验知识，即包含在边界框中的完整轮廓的数量指示了该边界框含有物体的可能性大小。对于一张图片，用 edge boxes 滑动窗的方式进行采样，通过式(3-32)对每个窗口进行打分。滑动窗步长是两个相邻窗口的交叉面积，采样的角度和面积通过参数控制。

$$h_b = \frac{\sum_{i \in b} \boldsymbol{w}_i m_i}{2(b_w + b_h)^{\kappa}} - \frac{\sum_{j \in b^{\text{in}}} m_j}{2(b_w + b_h)^{\kappa}} \tag{3-32}$$

具体来讲，首先，edge boxes 通过结构化边缘检测方法计算边界框 b 中每个像素点 p 的边缘响应值 m_p 和角度 θ_p，用非极大值抑制(non-maximum suppression，NMS)方法得到相对稀疏的边缘图。b_w、b_h 分别是边界框 b 的长和宽。b^{in} 是边界框 b 的中心位置，其长和宽分别为 $b_w/2$、$b_h/2$。$\boldsymbol{w}_i \in [0,1]$ 表示像素点 i 所属轮廓全部包含在边界框 b 中的可能性。惩罚项 $\kappa=1.5$ 能消除边界框大所包含的轮廓数多的影响。

其次，将边缘点整合分组，并且计算组间相似度。分组时采用贪婪法不断地联合八连通的边缘点，直到边缘点之间方向角度的差值之和大于阈值 90°。假设边缘点组集合为 S，$s_i,s_j \in S$ 为一对边缘点组，每个边缘点组的均值位置为 l_i 和 l_j，θ_{ij} 是 l_i 和 l_j 之间的夹角，均值方向角为 θ_i 和 θ_j，相似度公式：

$$a(s_i, s_j) = |\cos(\theta_i - \theta_{ij})\cos(\theta_j - \theta_{ij})|^2 \tag{3-33}$$

再次，计算边缘点组权重。当边缘点组是轮廓的一部分时，$\boldsymbol{w}_i=1$；当边缘点组与边界框重合或者置于边界框外时，$\boldsymbol{w}_i=0$。$\boldsymbol{w}_i$ 的计算公式为

$$\boldsymbol{w}_i = 1 - \max_T \prod_j^{|T|-1} a(t_j, t_{j+1}) \tag{3-34}$$

其中，T 表示从边界框任一边缘点组 $t_1 \in S_b$ 开始到 $t_{|T|}=s_i$ 结束的边缘点组序列集合。众多路径中相似度最高的一条就是轮廓，一旦该条路径上出现边缘点组相似度为零的情况，则结束寻找。大多数边缘点组相似度为零，即 $\boldsymbol{w}_i=1$。

最后，根据式(3-32)对边界框进行打分，其中得分最高的边界框包含物体的可能性最大。edge boxes 基于一种先验知识，即一个可能包含物体的候选窗口应该正好包含一个封闭的边缘轮廓，可通过判断窗口中的轮廓被截断的情况来进行打分。其中间可视化结果如图 3-9 所示。

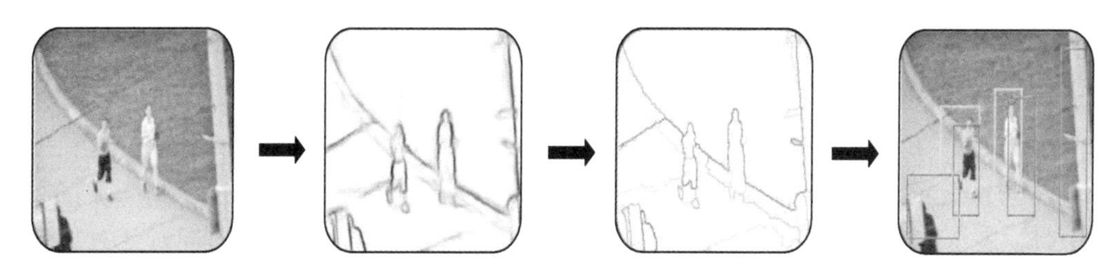

图 3-9　edge boxes 进行似物性采样

4.基于熵最小化的多专家分类器组

虽然似物性采样方法产生的候选框包含物体的可能性比较大,但是这些物体不一定就是要跟踪的目标。所以需要在线训练一个分类器,以判定粒子是目标的可能性。一般采用半监督学习方法训练在线分类器,但是由于在跟踪过程中目标姿态会发生变化,可能会影响分类器的性能,因此本节算法是训练一个基于熵最小化的多专家分类器组,即一个在线分类器 SVM 和它的历史模型更新版本共同构成的分类器组。每一次检测器判定粒子是不是目标时,采用最可信分类器进行打分,这样可以减少单一分类器由于更新不准确引起的错误判断,进而提高检测器的准确性。

MEEM 算法采用在线 SVM(作为基础跟踪器)和它的三个历史模型更新版本共同构成专家系统,并且通过熵最小原则选择当前最可靠的专家来预测位置。一个熵最小化的应用实例就是当预测标签包含两个类别,且其中一个模型对两个类别的预测分值都很高,另外一个模型对两个类别的预测分值一高一低时,专家系统倾向于选择后一个模型来减少选择模糊性。本节借助 MEEM 的思想,采用分类器 BudgetSVM(一种实时更新训练并且保持恒定数量样本的支持向量机,其特点是通过不断地去除离决策平面最远的样本固定样本数量、节约内存),并保留之前已经训练出的若干个分类器组成专家组,最终使用熵最小化的准则筛选出损失函数最小的分类器。实际上,使用多个 BudgetSVM 分类器记录目标在历史帧上的各种形态,且对似物性采样产生的粒子进行重新排序,一方面能提高检测候选粒子是否是目标的准确性;另一方面能够减少检测模块分类器引起的错误判断。也就是说,检测器中最重要的部件就是分类器,其能够将目标和非目标区分开。分类器倘若在线更新不准确,则容易引起分类不准确,进而影响检测器的性能。

1)在线训练的 SVM 分类器

在线训练一个判别式分类器 T(BudgetSVM),同时在固定帧数间隔内通过未标记的样本来更新分类器,这是多专家分类器组最核心的部件。这个在线 SVM 跟踪器由原型样本集 $Q=\{\zeta_i=(\boldsymbol{\varphi}(q_i),w_i,s_i)\}_1^B$ 训练得到,其中 $\boldsymbol{\varphi}(q_i)$是图像样例 q_i 的特征向量,φ 是特征映射函数;$\omega_i=\{-1,+1\}$是标签,用于表示是目标还是背景;s_i 是这个样例对应的支持向量机个数。每一帧通过原型样本集 Q 和新产生的样例$L=\{(x_i,y_i)\}_1^J$ 训练，建立如下目标函数来学习分类器权重 w、b：

$$\min_{w,b}\frac{1}{2}\|w\|^2+C\left\{\sum_{i=1}^{B}\frac{s_i}{N_{\omega_i}}L_h(\omega_i,q_i;w)+\sum_{i=1}^{J}\frac{1}{N_{y_i}}L_h(x_i,y_i;w)\right\} \tag{3-35}$$

其中，L_h 表示 hinge 损失函数。新产生的支持向量机被加入样例原型中，同时计数加 1。为了平衡正负样本数，引入一些粒子筛选策略。

2)熵最小化准则

多专家分类器组 E：$\{T,S_{t1},S_{t2},\cdots\}$，其中$S_t$ 是分类器 T 在 t 时刻(PSR 值大于给定阈值时)更新后保存下来的历史版本。每个时刻所对应的分类器，实质上是一组超参数。每经历一定的帧数间隔，增加新的样本，用来重新训练得到新的专家S_t。对于每次似物性采样产生的粒子，专家组 E 中分类器悉数计算对应的损失 L_E^t。在最近的 Δt 时间窗口中累计损失最小的专家被选为最优分类器：

$$E^*=\arg\min_{E\in E}\sum_{k\in[t-\Delta,t]}L_E^t \tag{3-36}$$

时间窗长度为 Δ，当专家组中的专家预测差异太大时，熵最小的专家说明当前分类器的分类性能最好，跟踪结果的二义性最小。待分类的候选粒子 $x=\{x^1,\cdots,x^n\}$，每个粒子带有标签 $y=\{\omega^i,l^i\}$，其中 $\omega^i\in\{-1,+1\}$，l^i 表示候选粒子在当前帧中的二维坐标。真实标签 $y=\{y^1,\cdots,y^n\}$，存在于待选标签集 $z=\{y_1,\cdots,y_m\}$ 中。对于 $y_j=((\omega_j^1,l_j^1),\cdots,(\omega_j^n,l_j^n))$，仅在 $i=j$ 时，$\omega_j^i=+1$。损失函数定义为

$$L_E=-L(\theta_E;x,z)+\lambda H(y|x,z;\theta_E) \tag{3-37}$$

其中最大似然部分由以下公式求得：

$$L(\theta_E;x,z)=\max_{y\in z}\log P(\theta_E;x,z) \tag{3-38}$$

熵部分：

$$H(y|x,z;\theta_E)=\sum_{y}P(y|x,z;\theta_E)\log(y|x,z;\theta_E) \tag{3-39}$$

其中，θ_E表示当前专家模型参数；λ 用于平衡似然和先验的松弛变量；损失函数由半监督部分标签学习(PLL)问题产生。对于每次似物性采样产生的粒子，多专家分类器组重新进行排序，选取最有可能包含目标的窗口。分类器组中，一个专家其实是一个具特定参数的 SVM，每次判定时根据熵最小化原则选取最可信的分类器来判定粒子是否是跟踪目标。

目前设计一个鲁棒的目标跟踪算法仍然是一个极具挑战性的问题，因为姿态变化、光照变化、遮挡以及复杂的环境等都会造成目标表观急剧变化。受到深度学习方法在图像分类和语音识别等任务中取得巨大成功的启发，且层次结构有助于学习更鲁棒的表观

模型，本节将多层多核学习引入经典 KCF 跟踪算法框架下，同时利用多视角协同训练方法，消除因自身更新累计的误差。除此之外，一种行之有效的多专家组检测器和似物性采样方法提高了重定位的精度，基于此，本节提出了两个基于多层多核相关滤波器的目标跟踪算法。

3.3 基于核相关滤波器和深度强化学习的目标跟踪算法研究

3.3.1 研究方案概述

研究发现，手工设计特征在表达能力上有其自身的局限性，仅仅能够提取目标图像层次的信息，很难得到目标的语义信息特征，所以当目标所处的背景比较复杂、目标自身发生比较严重的变化时，手工设计的特征跟踪算法很容易造成跟踪器的漂移，导致跟踪失败。使用相关滤波能够较快得到结果，但是当目标跟踪过程中目标形态发生变化时，目标模板也会进行更新，因此不能很好地适应多变的目标。使用深度学习特征对目标进行表达，能够很好地得到图像特征和语义信息特征，但是要得到比较好的模型需要花费大量的时间对模型进行训练。同时，深度学习存在自身的不足，即当目标运动过快且超出所要搜索的范围之后，不能很好地把握方向特征对正确的目标区域进行搜索和提取特征。基于此，本节提出了三种比较好的解决方法用以解决上面所描述的问题。

(1)融合分层卷积特征和尺度自适应核相关滤波器的目标跟踪算法。相关滤波目标跟踪算法有一个很大的问题，即所使用的灰度特征或者梯度直方图特征对目标的表达能力有限，而使用深度特征往往只能提取高层的语义信息特征。同时，在目标运动过程当中，目标本身的尺度也会发生比较明显的变化，这些都是当前相关滤波目标跟踪算法当中亟待解决的问题。针对这些问题，本节提出使用一种预训练好的模型对目标进行特征提取，其融合了不同层次的卷积特征，既能得到目标的图像特征，也能得到目标的语义特征，能够很好地对目标进行表达，使得跟踪器的鲁棒性更强。针对尺度变换的问题，本节使用尺度池技术在每一帧当中找出最佳尺度用于对目标进行跟踪，同时在跟踪过程当中对目标进行更新，随后在标准跟踪数据集(OTB-50)上对提出的算法做实验分析，能够很直观地体会到算法的进步。

(2)融合多因子的核相关滤波器的目标跟踪算法。在相关滤波目标跟踪算法当中，梯度方向直方图特征本身所存在的问题比较突出。梯度方向直方图特征只能提取目标的图像信息特征，对颜色特征不敏感；而颜色特征对颜色比较敏感，对图像信息层次的信息不太敏感。所以两者进行融合之后能够起到互补的作用，对目标进行很好的表达。除了特征表达之外，在跟踪过程当中，随着目标表观模型的变化，滤波模板也在不断地进行更新，但更新之后的目标模板容易发生偏移。如果目标以同样的姿态出现，而目标模板已经发生变化，则此时再做相关度匹配，很容易造成跟踪器的漂移，导致跟踪失败。在跟踪过程中，目标尺度也在不断变化，但是跟踪器尺度在跟踪过程当中是固定不变的，故尺度变化的目标会造成跟踪器的丢失。针对上述问题，本节提出融合多因子的相关滤波目标跟踪算法，即利用梯度方向直方图特征和颜色特征的互补性将两者进行融合，融合得到的特征能对目标进行良好的表达，同时使用多个模板保存目标跟踪过程中目标的模板变化情况，即保存每一个形态下的模板，使得在进行目标匹配时能够更好地匹配目标；针对尺度变化，使用尺度池技术应对目标的尺度变化问题。随后本书在标准数据集上对所提出的算法进行测试实验，有效验证了跟踪算法的性能提升。

(3)分层强化学习和相关滤波目标跟踪算法。在跟踪过程中，主要任务是找出目标位置的变化。以前的光流法等算法对运动信息的提取不能很好地表达目标的位置信息。本节针对这个问题，使用深度强化学习对目标运动信息做预测，以找出在下一帧当中目标可能的运动方向，以及目标运动之后所处的区域范围，并在该区域之内使用相关滤波目标跟踪算法对目标进行精细化搜索，找出在当前帧中目标所处的位置。随后本书在标准数据集上对算法的精度和速度都做了测试，在精度明显提升的情况下保证了速度，有效验证了算法的效果。

3.3.2 相关理论知识

相关滤波应用到跟踪领域使得当前阶段跟踪器在速度上有了极大的进步。相关滤波在误差最小平方和滤波器(MOOSE)中首次被引入跟踪当中，但是使用人为手工设计的特征对目标表达能力不足的问题仍然存在。随着深度学习的发展以及计算机计算能力的提升，使用深度神经网络对目标进行特征提取成为当前的研究热点。深度学习模型最早在 1980 年被提出，是根据人的神经网络结构进行类比推理设计得到的，如 Kunihiko 等率先提出的感知机模型。当前深度学习有多种模型结构，如简单的神经网络(NN)、卷积神经网络(CNN)、自编码器、循环神经网络(recurrent neural network, RNN)等，它们已经在计算机视觉以及语音识别领域取得了比较好的应用效果。深度学习是机器学习的一种高级模式，使用多个神经网络通过非线性变换的方式进行特征提取，学习数据的表达形式。深度学习的优势在于能够提取不同层次的特征，既能得到图像的表观信息，又能得到图像的高层语义信息特征，而其主要存在的不足是训练时间长。

深度学习经过一段时间的发展有了很多不同的变体，但万变不离其宗，所有方法的核心还是神经网络。深度学习快速发展，得益于大数据的发展和计算机能力的提升，但对时间的消耗是需要进一步研究和探讨的问题。

2016 年，强化学习掀起了研究热潮。在国内外学者的不懈努力下，强化学习已经成功应用在围棋以及无人驾驶方面，并且取得了较好的应用效果。同时，强化学习在语音以及文本识别领域也取得了很好的应用效果。

本节使用的相关滤波器主要基于核相关滤波器；深度学习模型主要基于卷积神经网络模型；由粗到细搜索的深度强化学习算法主要基于由隐马尔科夫不等式引申得到的深度强化学习模型。下面主要对这几种理论知识进行简单回顾。

1.相关滤波器

相关滤波器主要是训练一个分类器模型，目的是把所要跟踪的目标和目标所处的背景分开。针对跟踪数据集较少的情况，一般会做旋转和变换操作以进行数据增广，增加训练样本的数量，但会使大量的样本区域重叠，造成冗余。基于相关滤波的跟踪器使用循环矩阵进行数据增广，解决了数据重叠造成的冗余问题，大幅度节约了存储空间和运算时间。同时，将原始空间特征通过核函数映射到高维空间当中，提高了跟踪器模型的鲁棒性。

1)循环矩阵

相关滤波的核心思想是使用循环矩阵对数据进行增广，使用循环矩阵对图像当中目标可能出现的位置进行暴力搜索，得到多个包含目标的正样本或者不包含目标的负样本，使用得到的多个样本分类器进行训练，可以得到比较好的训练效果。式(3-40)所示为 $n\times n$ 的循环矩阵，其中 $\boldsymbol{C}(x)$ 的第一行为 $n\times 1$ 的基向量 $\boldsymbol{x}$，第二行通过将第一行的向量 $\boldsymbol{x}$ 右移一位得到，依此类推，最后得到 $n\times n$ 的矩阵。循环矩阵可以通过置换矩阵 $\boldsymbol{C}(x)=\boldsymbol{P}$ 得到，所以在计算的时候可以直接对单位向量 $\boldsymbol{P}$ 进行计算，大大减少运算时间和运算操作步骤。

$$\boldsymbol{C}(x)=\begin{bmatrix} x_1 & x_2 & x_3 & \cdots & x_n \\ x_n & x_1 & x_2 & \cdots & x_{n-1} \\ x_{n-1} & x_n & x_1 & \cdots & x_{n-2} \\ \vdots & \vdots & \vdots & & \vdots \\ x_2 & x_3 & x_4 & \cdots & x_1 \end{bmatrix} \tag{3-40}$$

$$\boldsymbol{P}=\begin{bmatrix} 0 & 0 & 0 & \cdots & 1 \\ 1 & 0 & 0 & \cdots & 0 \\ 0 & 1 & 0 & \cdots & 0 \\ \vdots & \vdots & \vdots & & \vdots \\ 0 & 0 & \cdots & 1 & 0 \end{bmatrix} \tag{3-41}$$

2)核函数

设 $x, x' \in R_n, \Phi(x) \in R$ 是非线性函数，即 $R^n \rightarrow R^m (m \geqslant n)$，核函数可以表示为 $k(x, x') \leqslant \varphi(x), \varphi(x') \geqslant \varphi(x)^{\mathrm{T}} \varphi(x')$，其中 $k(x, x^2)$ 为核函数，$\langle \cdot, \cdot \rangle$ 为向量内积。

核函数将低维特征空间中的目标映射到高维特征空间中，减少了运算量。同时，由模式识别理论可知，当数据在低维空间当中线性不可分时，无法用一个分类平面进行划分，此时可以通过非线性变化把数据从低维空间映射到高维空间中，然后数据就能够用线性的数据超平面进行划分了(图 3-3)。

3)相关滤波器

在得到正负训练样本之后，使用得到的训练样本对所要训练的模型进行训练。模型训练的目的为将设定的误差函数最小化，从而使得模型参数达到区域固定，学习到一个比较好的分类器对模型进行分类。

最小化误差函数为

$$w^* = \arg\min_{w} \sum_{i,j} \| \Phi(x_{i,j}) \cdot w - y_{i,j} \|_2^2 + \lambda \| w \|_2^2 \tag{3-42}$$

λ 为正则化参数，主要作用是防止过拟合；Φ 为上述将目标特征从低维空间映射到高维空间中的核函数。同时，把计算从时域转换到频域，使用快速傅立叶变换加快计算速度。目标最小化为

$$w^* = \alpha(i, j) \Phi(x_{i,j}) \tag{3-43}$$

$$A = F(\alpha) = \frac{F(y)}{F(\Phi(x)' \cdot \Phi(x)) + \lambda} \tag{3-44}$$

得到训练的固定参数之后，在跟踪的过程中，通过计算公式：

$$\hat{y} = F^{-1}(A \otimes F(\Phi(z) \cdot \Phi(\hat{x}))) \tag{3-45}$$

能够直接得到对应帧的置信图。在置信图中，置信值最大的位置即为当前帧中目标所在的位置。

2.卷积神经网络

卷积神经网络(Krizhevsky et al.,2017)的起源是多层感知机，是在对猫视觉皮层的研究时发现的。每个细胞能够感受比较大的一片区域，这片区域称作感受野(receptive field)。多个细胞单元格作为输入，能够很好地提取到目标的图像信息特征。随着卷积神经网络的快速发展以及各个模型的不断提出，卷积神经网络在计算机视觉以及语音识别等领域得到了广泛的应用。卷积神经网络主要的特点是局部连接、权值共享和池化操作。

1)局部连接

在卷积神经网络的计算过程中，局部连接的主要目的是找到相邻两层神经元之间的

关系(图 3-10),第 m 层的神经元主要接受来自第 $m-1$ 层的部分神经元的输入,同一层神经元之间无连接操作。

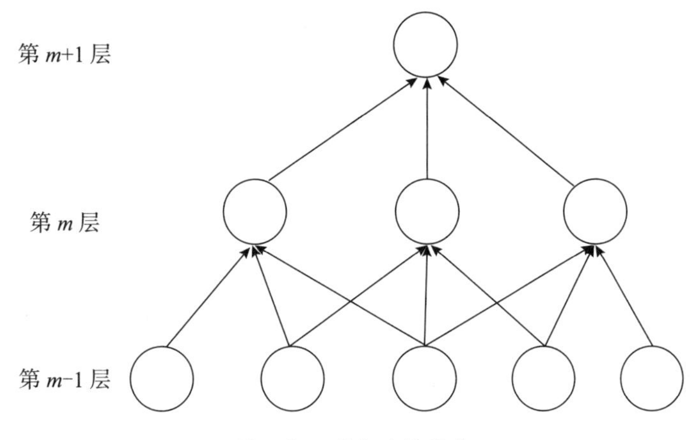

图 3-10　局部连接结构

如图 3-10 所示,第 $m-1$ 层为输入层。第 m 层的感受野为 3,接受来自下一层的输入,即$m-1$层连续 3 个相邻的神经元。整个神经网络中的机制是一样的,第 $m+1$ 层接受来自第 m 层的神经元的结果,此时第 $m+1$ 层相对于 m 层来说感受野还是 3,但是相对于输入层第 $m-1$ 层来说感受野为 5。由此可见,当层数增加时,上层的神经元能够有更大的感受野,可以提取更多的图像信息。

2)权值共享

卷积神经网络的另外一个特点就是权值共享,由局部连接可以知道,在每一层中,如果连接参数的权值不一样,那么随着神经网络层数的增加,参数也会增加。所以,在卷积神经网络当中,使用权值共享机制来降低参数量,在同一层中,所有的卷积核共享同一个参数,使用同一个学习到的卷积参数对整层神经元进行学习,这样随着神经网络层数的增加,参数不会因变得过多而无法存储(图 3-11)。

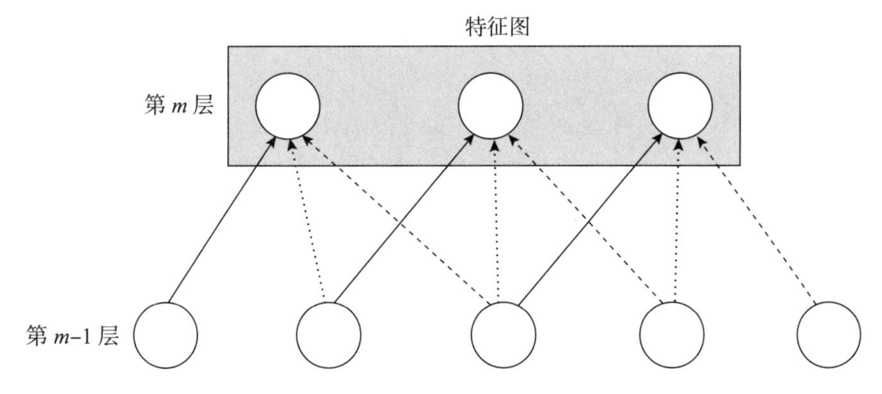

图 3-11　权值共享

图 3-11 是一个简单的示意图。图中第 m 层有 3 个神经元，第 $m-1$ 层有 5 个神经元。为了展示得更为形象，图中使用不同箭头进行表示。在计算当中，m_1 所使用的参数的权重与 m_2 和 m_3 一样，这样能够减少数据的存储，即权值共享。在同一层中，所有神经元的计算都使用一样的参数。在图 3-11 中，相同箭头代表共享同一个参数，这样在计算的时候只需要计算 3 个参数而不是 9 个参数，大大减少了计算量，减小了存储数据的空间，加快了算法的计算速度。

3)池化操作

由于计算的图像大小不同，在计算的过程中需要对图像进行池化操作，使用得较多的方式有两种：最大池化和平均池化。最大池化是指根据设定的池化核的大小，在当前区域内取最大值作为当前区域的池化输出结果。平均池化是指计算出当前区域内所有值的均值作为当前位置的结果。池化操作能够很有效地减小特征图的大小，加快模型的训练，同时能够使得模型更加鲁棒。

一般情况下，一个完整的卷积神经网络由卷积层、池化层以及全连接层共同组成。这种结构能够使得神经网络对图像或者文本结构的数据进行很好的特征提取，同时卷积神经网络可以用标准的反向传播算法（Ma et al.，2015）训练优化。经过科研人员几十年的探索和尝试，一系列性能好、运行速度快的卷积神经网络模型出现。

3.强化学习

强化学习主要的理论依据来源于马尔科夫决策过程。一个有限的马尔科夫决策过程由一个四元组$\{S,A,R,P\}$构成。S 表示状态空间；A 表示动作集合；R 表示奖励值；P 表示策略，即每一次选择什么样的动作的依据。在马尔科夫决策过程中，给定任何一个状态 $s \in S$ 和动作 $a \in A$，此时都会以某个一定的概率转移到下一个状态 s'，同时会得到环境状态给出的奖励值。

强化学习的核心思想是通过试错机制学习一个好的策略模型，用来指导智能体在不同的状态条件下做出对应的动作，以便获得最大的奖励值。图 3-12 所示为强化学习的一个简单示意图。

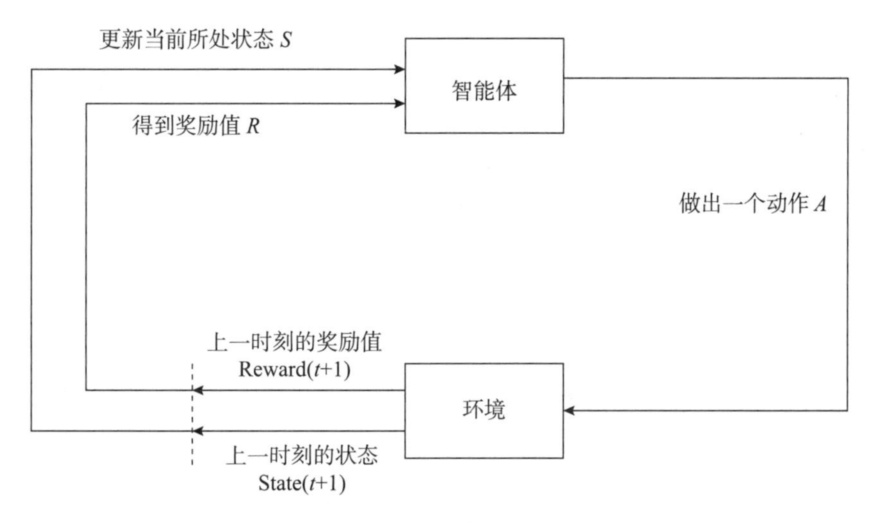

图 3-12　强化学习示意图

如图 3-12 所示，在每一个时刻，智能体从环境当中都可得到一个输入状态。同时，智能体能够根据得到的环境状态 S 选择一个对应的动作 A。在智能体做出动作之后，环境会根据智能体所给的动作给出自己的评判，给当前动作一个奖励值 R，然后继续进入下一个状态，依次循环直到结束。在每一个时刻和状态下，智能体都可以选择一个动作，选择的依据就是策略 P。

强化学习主要是通过策略奖励机制，给代理（agent）一个动作指导，同时在 agent 做出当前动作之后给出一个评判奖励机制。agent 会根据当前所得到的奖励对自己所要做的动作进行修正，以便能够获得更多的奖励，强化学习的目的就是获取最大的奖励值。

$$a_t^* = \arg\max_a Q^\pi(s_t, a) \tag{3-46}$$

$$Q^\pi(s_t, a_t) = R(s_t) + \gamma \max_{a_{t+1}} Q^\pi(s_{t+1}, a_{t+1}) \tag{3-47}$$

其中，a_t^* 表示在当前状态 s_t 下所选择的奖励值最大的动作；Q^π 表示当前状态 s_t 下选择动作a_t 的奖励值函数；$R(s_t)$表示在状态 s_t 下选择动作a_t 的瞬时奖励。

3.3.3 融合分层卷积特征和尺度自适应的核相关滤波器的目标跟踪算法

随着深度学习的成功发展及应用，预训练好的模型可以对目标进行特征提取和表达，能够解决跟踪过程中特征对目标表达能力不足以及跟踪过程中尺度变化的问题。跟踪就是在第一帧当中给出目标的初始位置，由于比较可靠的信息极少，要训练的大型网络模型难以达到收敛效果，所以基于深度学习特征提取的方法都是在现有的大型数据集上进行离线预训练，以得到一个效果比较好的模型。随后，在跟踪过程中固定模型的参数。这样仅仅使用模型提取特征,不反向更新参数,也能达到很好的效果。本节使用融合分层卷积特征和尺度自适应的核相关滤波器的目标跟踪算法,在预训练好的模型上提取目标特征,在跟踪过程中解决目标尺度问题。

1.基于融合分层卷积特征的深度学习模型对特征的提取

深度学习算法是现有的能够简单有效地提取目标丰富特征的一种特征提取方法,为实际应用提供了很好的理论依据和实验验证。

如图 3-13 所示,在第一帧中,给出目标在初始帧中的位置(本节中使用的深度模型是在 ImageNet 数据集上训练好的 VGG-19 模型)。对当前帧中目标在不同层的特征进行提取,即分别在 5 个卷积层(卷积层 1-2,卷积层 2-2,卷积层 3-4,卷积层 4-4,卷积层 5-4)上提取目标的特征信息作为模型所要使用的深度学习特征。为了解决在得到的置信图中边界不连续的问题,使用余弦窗处理卷积特征通道,并分别在 5 个不同卷积层得到特征。由于所得到的不同层的特征图大小不一致,因此需要使用双线性内插值算法将所有特征图缩放到统一的大小。在得到每一层大小相同的缩放特征之后,根据相关滤波的算法公式学习得到不同层对应的相关滤波模板。在接下来的跟踪过程中,对不同卷积层提取到的特征和不同层学习到的滤波模板做相关操作,获得对应的置信图。最后叠加所有的置信图,找出最终得到的置信图中最大值的位置,即为目标所在的位置。

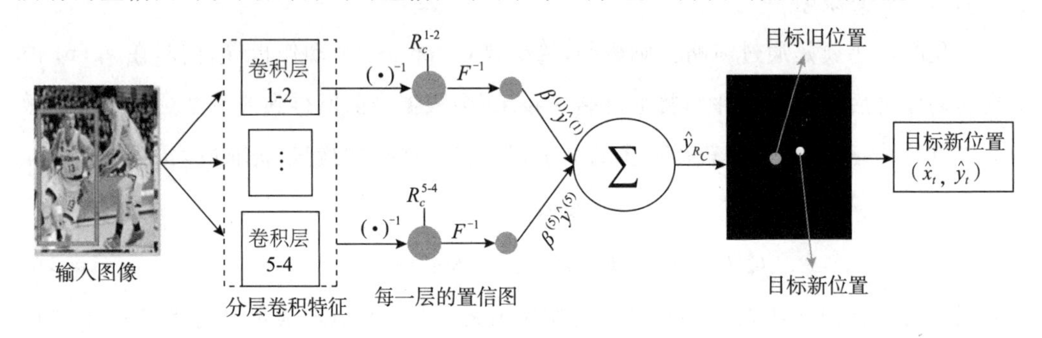

图 3-13　本节算法对位置的预测流程图

2.针对跟踪过程中存在的尺度变化问题进行解决

1)跟踪过程中的尺度问题

在现实场景中,目标距离摄像机的距离、目标的运动以及目标在图像中的大小都会不断发生变化。原有的相关滤波跟踪算法在跟踪的过程中始终保持目标模板的大小不变,而当目标发生变化时,跟踪器仍然使用固定大小的模板对目标进行跟踪,此时就会发生跟踪器的“漂移”,导致跟踪的目标丢失。

2)尺度池对尺度的解决

如图 3-14 所示,针对尺度的变化,估计出目标在跟踪过程中的最佳尺度S_k。首先使用预先设定的尺度池中的尺度，将从每一帧中裁剪出来的图像块做不同程度的缩放处理，再针对对应层和相关滤波模板做相关操作，得到当前尺度的响应图。然后找出当前响应图中的最大值（即为当前帧中目标的位置所在），再与经过的所有不同大小的尺度下得到的最大响应值（即图中的最大回复值）做一个对比，最终得到的最大响应值所对应的尺度就是当前帧中目标所对应的最佳尺度 S。最后使用得到的最好的尺度对目标进行精细化搜索，找到目标的位置。

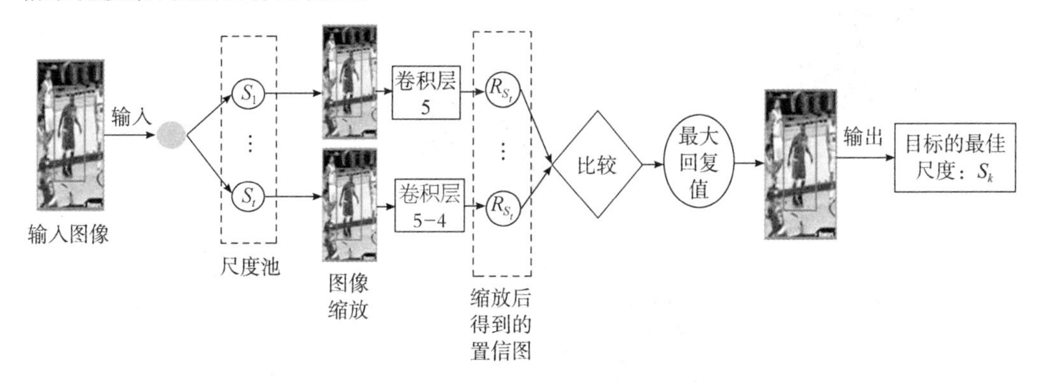

图 3-14　本节算法对目标尺度的预测流程图

3.跟踪算法的模型更新

在跟踪过程中，目标的表观模型和外界环境的不断变化导致目标本身的尺度和表观模型不断变化。因此，仅仅使用利用第一帧当中学习到的目标模板在整个跟踪过程中对目标进行跟踪这种策略不能很好地进行目标搜索，更不能适应目标的变化，需要在跟踪的过程中对目标模板进行更新。

在当前帧中，使用跟踪得到的位置信息(x,y)作为目标的位置，找到目标位置之后，使用相关滤波器的模板学习方法对当前帧的目标进行学习，得到当前帧中目标的模板信息。之后，把当前帧的模板信息和以前的模板信息进行融合，融合方式参考以下公式：

$$\hat{x}^t=(1-\eta)\hat{x}^{t-1}+\eta\hat{x}^t \tag{3-48}$$

得到的当前帧更新之后的模板信息，可应用到下一帧的跟踪过程当中。

4.跟踪算法总流程

本节主要描述融合分层卷积特征和尺度自适应的核相关滤波器的目标跟踪算法的总体流程和步骤。如图 3-15 所示，在每一帧中，基于上一帧（第一帧为已给出的初始位置）的位置信息，通过循环矩阵得到当前序列集的正负样本。使用该正负样本对相关滤波跟踪器进行训练，得到比较好的分类模型，然后将得到的样本通过预训练好的深度学习模型进行特征提取，找到每一个特征，学习不同层的滤波模板。在得到目标位置之后，根据上述所给的更新模型来更新目标模板。本节所提出的跟踪算法主要有两个创新点：

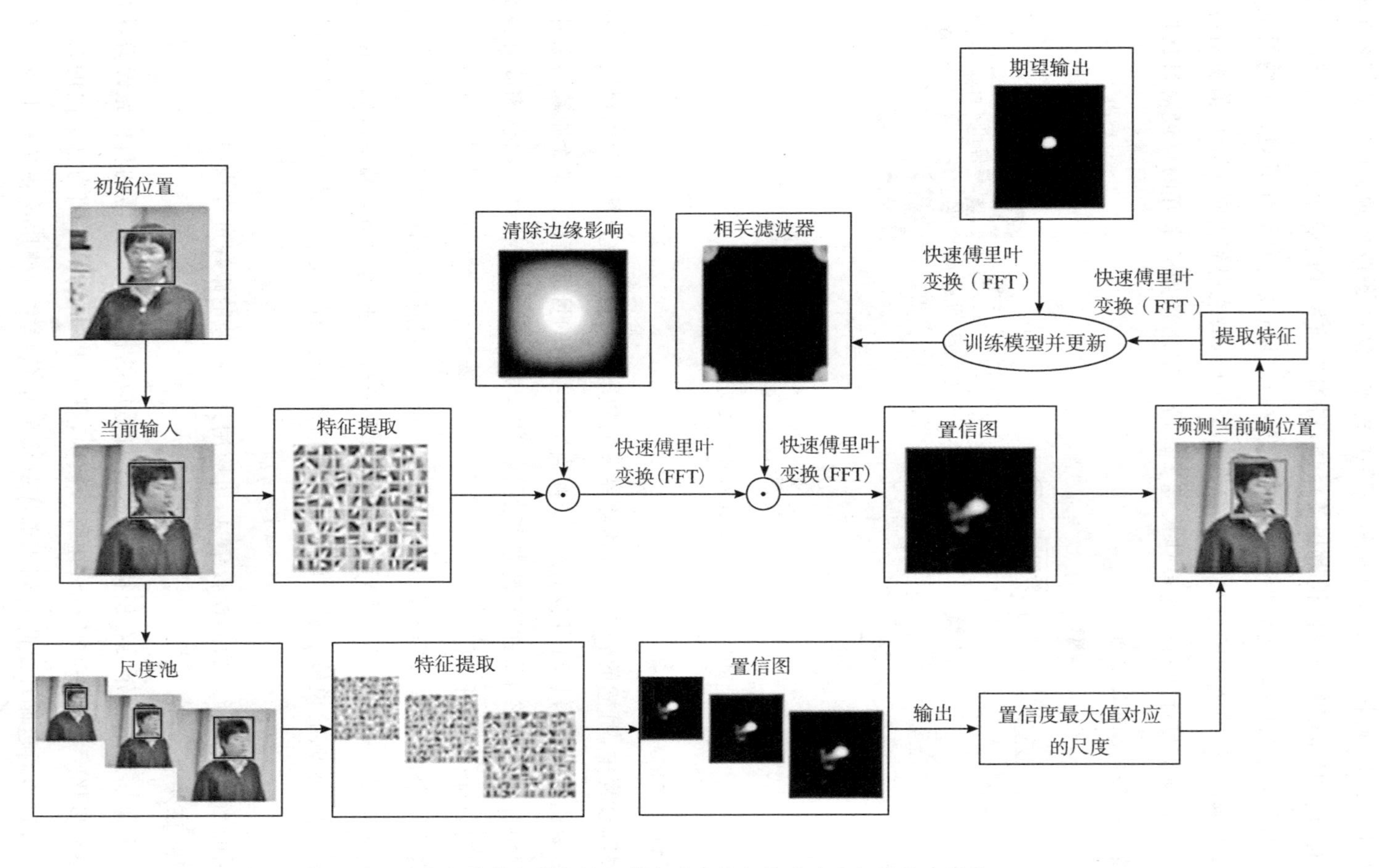

图 3-15 融合分层卷积特征的尺度自适应核相关滤波目标跟踪流程图

①使用预训练好的模型，提取不同层的特征，高层特征为比较精细的语义信息特征，低层特征为所要用到的图像信息特征，随后进行融合；②跟踪过程当中对尺度变化的处理，即使用设计的尺度池对每一帧当中目标尺度的变化做出处理，找到当前帧中最佳的尺度大小，对目标进行精确更新。同时，针对不同层的模型进行分别更新，以便学习到的模板能够适应当前跟踪目标的变化。

主要流程步骤：①在初始图像帧中，通过人工标注的方法，对第一帧中目标的位置和大小进行初始化设置，然后通过循环样本得到需要的正负样本。②对目标模板进行训练，得到训练好的模板，在接下来的帧中，使用训练好的模板，对于一个视频帧 t，首先基于上一帧跟踪到的目标位置，裁剪出要跟踪的目标区域（一般为给定标签的 1.5 倍大小），通过对应层的特征提取器得到对应的特征。③在对应层找到当前层的最佳尺度，使用特征和尺度对目标进行跟踪，得到每层对应的特征结果的响应图。置信图中最大值所在的位置，即为当前帧中目标所在的位置。④在整个视频序列集上进行循环，直到视频序列集结束。

融合分层卷积特征和尺度自适应的目标跟踪算法如下：

算法：融合分层卷积特征和尺度自适应的目标跟踪算法

输入：初始帧的目标状态 $Y_t=[y_1,\cdots,y_t]$

输出：预测当前帧的目标状态 λ

初始化：

①基于初始位置裁剪出目标搜索区域；

②使用循环矩阵采集正样本 $Y_t=[y_1,\cdots,y_t]$ 和负样本 $Y_t=[y_1,\cdots,y_t]$，然后训练相关滤波目标跟踪模板；

③得到对应层的模板

从第二帧直到视频最后一帧：

①基于上一帧跟踪到的位置找出当前帧搜索的范围；

②在每一个尺度池中找到最佳尺度，然后通过不同的特征层，得到对应层的目标置信图；

③对得到的所有置信图进行叠加计算，找到置信图中最大值所在的位置，即为当前帧中目标所在的位置

更新：

①使用跟踪到的位置裁剪出目标，对目标进行学习，学习到当前帧的目标模板信息；

②使用上述公式进行模型更新

结束

3.3.4 融合多因子的核相关滤波器的目标跟踪算法

虽然基于相关滤波器的跟踪算法在精度和鲁棒性上已经取得了很大成就，但目前在仅仅使用固定尺度和单一滤波模板表示目标的问题上仍然需要研究人员深入研究，以进一步提高算法的性能。为了应对目标跟踪中的挑战，本节提出了一个新的算法。首先，采用多尺度搜索的方法，在每一帧中对目标进行不同程度的缩放，以适应目标尺度变化的情况。其次，利用一组滤波器模板，并在不同条件下进行选择和保存，以增强算法的鲁棒性和适应性，从而应对不同场景下的目标跟踪。最后，将 HOG 和颜色特征进行融合，获得更有效的特征表达，并利用学习到的滤波器模板对目标进行跟踪。这三个方法的综合应用，使得算法可以更准确地跟踪目标，并在复杂环境中取得更好的性能。因此，本节提出的算法能够很好地融合所提出的多个因子——多模板、多特征、多尺度，有效地预测目标的位置和尺度，而且能够有效地解决模型的漂移问题。其已经在 CVPR 2013 的标准数据集 OTB-50(Wu et al.,2015)中的 50 个序列集上进行了测试实验，能够在 90%的序列集中很好地跟踪目标，同时比现有的大多数算法的效果更好。

1.基本算法细节简介

本节算法主要基于核相关滤波器的目标跟踪算法来得到目标帧和模板之间的相似度，从而找到相似度最大的位置(即为跟踪目标位置)。本节先简单地回顾核相关滤波器(KCF)目标跟踪算法的内容。KCF 跟踪算法之所以获得越来越多的关注，是因为它具有较高的鲁棒性和精度。KCF 跟踪算法在 CVPR 2013 数据集上获得了比较好的结果，在 VOT 2014 竞赛中也获得了较好的成绩。与当前使用限制性训练样本的传统算法不同，KCF 跟踪算法主要用基于轮转矩阵的算法生成比较多的样本来训练模型。轮转矩阵操作不断地在目标周围转移来生成提取得到训练样本。

x 表示目标的基础样本，$\boldsymbol{P}$ 表示置换矩阵，一组可能的循环样本通过矩阵置换$\{\boldsymbol{P}^i x \mid i=\{0,\cdots,n-1\}\}$操作得到。很明显可以看出，在 2D 图像情况下，会有两种可能的变化(水平变化和垂直变化)。$\boldsymbol{X}$ 代表所有循环生成的样本的一个集合，也叫作数据矩阵。KCF 的训练目标就是学习得到一个滤波权重参数 w，使之处于计算得到的循环样本$\{x_i=\boldsymbol{P}^i x\}_{i=1}^{n}$的预测值和回归标签 $y_{i=1}^{n}$之间。计算公式如下：

$$\min_{w}\sum_{i}^{n}[f(w;\boldsymbol{P}^i x)-y_i]^2+\lambda\|w\|_2^2 \tag{3-49}$$

回归函数为 $f(w)=w^{\mathrm{T}}\varphi(x)$，$\varphi(x)$代表样本 x 在高维空间的一个映射。因此，式(3-49)可以重新写为

$$\min_{w}\|\Phi w-y\|_2^2+\lambda\|w\|_2^2 \tag{3-50}$$

Φ 包含所有的循环样本 x 在高维空间的映射。大多数有效求解上式的方法主要依赖映

射函数 $\varphi(x)$。

在线性映射[如 $\varphi(x)=x$ 和 $\Phi=X$]的情况下，通过计算可知 $\boldsymbol{w}=(X^{\mathrm{T}}X+\lambda I)^{-1}X^{\mathrm{T}}y$。实际上，式(3-50)能够有效解决对循环矩阵进行快速傅里叶变换的操作问题。等式的解能够通过以下公式计算：

$$\boldsymbol{w}^{*}=\frac{\hat{x}^{*}\otimes\hat{y}}{\hat{x}^{*}\otimes\hat{x}+\lambda}\tag{3-51}$$

其中，$\hat{x}$ 和 $\hat{x}^{*}$ 分别表示 x 的傅里叶变换和共轭变换。当多个样本在训练时，式(3-51)能够通过快速傅里叶变换得到：

$$\boldsymbol{w}^{*}=\frac{\sum_{j=1}^{m}\hat{x}_{j}^{*}\otimes\hat{y}}{\sum_{j=1}^{m}\hat{x}_{j}^{*}\otimes\hat{x}_{j}+\lambda}\tag{3-52}$$

相关置信图通过如下公式计算得到：

$$r=\boldsymbol{F}^{-1}(\alpha*\boldsymbol{F}(k))\tag{3-53}$$

在非线性映射的条件下，可以使用核分解方法计算权重，把当前问题转化到对偶空间进行计算，也可以转化为岭回归问题进行计算。用对偶解法计算核函数的解 $\alpha=(\boldsymbol{K}+\lambda\boldsymbol{I})^{-1}y$，$\boldsymbol{K}=\Phi_{x}\Phi_{x}{}^{\mathrm{T}}$ 是核矩阵。核矩阵能够计算所有循环样本。此外，如果当前核函数是循环的，则 $\boldsymbol{K}$ 也是循环矩阵。与此同时，我们通过计算离散傅立叶对角化变化，能够有效地计算当前对偶解 α：

$$\hat{\alpha}^{*}=\frac{\hat{y}}{\hat{k}^{xx}+\lambda}\tag{3-54}$$

其中，$\hat{k}^{xx}$ 表示通过傅立叶变化转换计算的核相关值，λ、$\hat{y}$ 分别表示滤波权重和回归目标的傅里叶变换。

当通过样本 x 计算得到最优解之后，之前基于 KCF 改进算法的权重更新变成了通过使用 $t-1$ 时刻的权重和当前 t 时刻的权重进行加权。通过这种方法，历史信息能够得到更新，并且能够很好地通过简单计算 $f(z;w)=w^{\mathrm{T}}\varphi(z)$ 的值得到下一帧当中目标的位置，z 是要计算的样本。如果这个计算是有效的，检测公式可以写为：$f(z;\alpha)=\alpha^{\mathrm{T}}\Phi_{\tilde{x}}\varphi(z)$。为了有效得到所有循环样本的置信值，滤波器的相关值通过 $\hat{f}(z;\alpha)=(\hat{k}^{\tilde{x}z}\otimes\hat{\alpha})$ 简单计算得到。

2.多模板融合

当前的基于 KCF 改进的算法虽然有了很大改进，但仍然没有一个算法能够满足当前生产生活的需求。如何设计出一个既能保证精度，速度又较快的核相关滤波器目标跟踪算法，仍然是一个比较困难的问题，原因是存在目标自身和外界因素引起的尺度变化、光照变化、干扰物遮挡以及场景复杂等问题。本节提出的算法其主要成就是构建了一个鲁棒的外观模型，能够通过有效且自适应的滤波器模板集。而当前设计的自适应的滤波器模板能够保存在不同场景和目标状态下，同时能很好地适应目标的变化。

如图 3-16 所示，在跟踪的过程中，首先，学习并保存一系列目标模板到前 K 帧中。通常情况下，设置 K 为 10。给定下一帧目标图像，通过滤波器模板集之后，能够得到和模板数量相同的置信图值。新的目标位置为通过计算得到的当前置信图中最大值的位置。基于得到的新的目标位置，可以学习得到一个新的滤波器模板。如果计算得到的模板和当前所保存的模板库中的模板属于不同类别的模板，就把当前模板保存到模板库中，替换模板库当中和当前计算得到的模板最相关的一个。与此同时，滤波器模板库能够有效地得到一系列目标外观变化。当遇到复杂的外观变化时，模板库能够通过已有的模板很好地进行匹配。图 3-17 动态地展示了模板库随时间变化发生的更新。需要注意的是，在图 3-16 和图 3-17 中使用了直观的模板。然而，在实际的实验中，计算时保存的是通过相关滤波器模板的值。随着目标的变化，首先要对所有模板库当中的模板进行匹配以得到相关置信值。然后，最大值在置信图中的位置即为当前目标的位置。

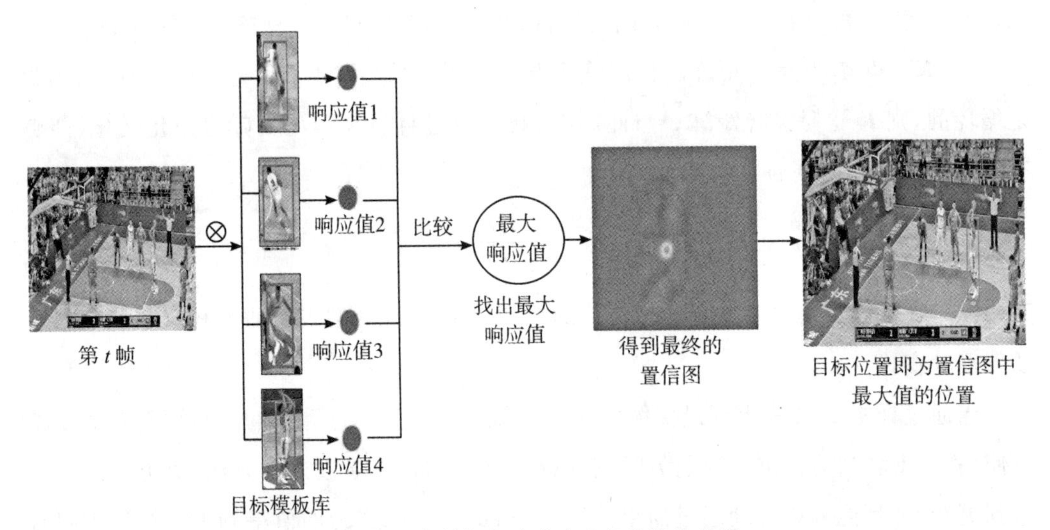

图 3-16　多模板相关滤波目标跟踪流程图

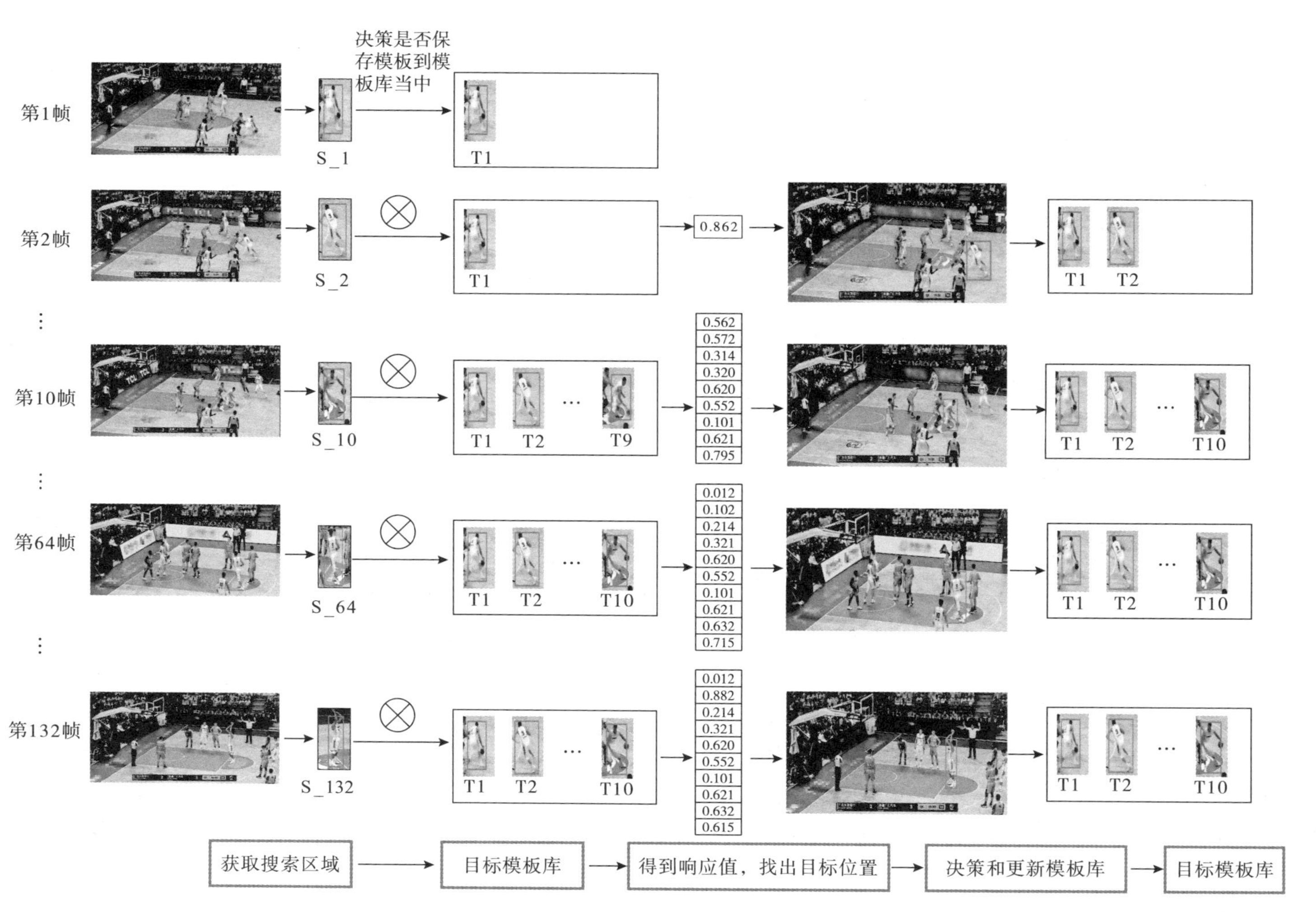

图 3-17 多模板更新过程

3.多尺度处理方法

本节介绍如何利用所提出的算法进行尺度处理。受 Danelljan 等在论文“用于实时视觉跟踪的自适应颜色属性”(“*Adaptive Color Attributes for Real-time Visual Tracking*”)中的研究工作的启发,本节使用一个简单但有效的方法处理在目标跟踪过程当中尺度的变化。特别地,s_t 和 $S=\{t_1,t_2,\cdots,t_k\}$分别代表目标的窗口大小和设定的尺度池的尺度大小。在初始时候,模板的尺度被固定为 $s_T=(s_x,s_y)$。之后,在给定的帧当中,使用双线性内插方法裁剪出 k 个样本模板,尺度的大小是在尺度池中选取的。最佳的尺度通过式(3-55)计算得到:

$$S=\arg\max_{s}\boldsymbol{F}^{-1}(\hat{f}(z^{t_i})) \tag{3-55}$$

式中,z^{t_i} 表示大小为 $t_i s_t$ 的样本块。对于每一个模板,使用计算得到的滤波器参数计算得到响应置信图的值。最大化操作用来找到得到的置信图中最大值的位置,即目标位置,当前最大值所对应目标的尺度值即为所计算得到的最佳尺度值。

4.多特征融合算法

在本节提出的算法中,用一个计算速度快、效果比较好的融合特征提取算法去提取目标的特征,可以提升算法整体跟踪效果和鲁棒性。在本节中,将方向梯度直方图(HOG)特征和颜色命名特征进行融合。

HOG 为方向梯度直方图,是现有的最流行并且有效的特征提取方法。该方法计算速度快、效果好。HOG 首先用计算图像中的方向梯度信息来表示图像的特征,之后使用梯度融合的方式计算每一个图像块当中的梯度值,在本算法中本节使用 31 个梯度方向,计算出当前图像中 31 个梯度方向的值来表示目标。

和彩色空间特征不一样,颜色命名特征使用用人为语言命名的颜色特征空间来描述颜色。由于颜色命名特征和人们所认识的颜色特征基本一致,所以颜色命名特征引起了广大研究人员的注意,特别是在目标检测和目标识别领域。在本算法中,本节使用从彩色通道转换过来且用 11 个维度表示的颜色命名特征。

方向梯度直方图能够有效地提取图像的方向特征,颜色命名方法能够很好地提取图像特征,但是对光照比较敏感。因此,本节使用两者融合的算法,这样能够实现两者的优势互补,使设计的特征提取器能够很好地适应目标的变化。

5.跟踪算法的更新

在跟踪过程中,目标的外观是不断变化的。由于目标自身和外界因素的影响,目标的变化会比较明显。与此同时,一个目标模板不能很好地处理目标外观的变化。基于实际观察,目标外观可能在时间上是相关的和循环的,所以将学习得到的多个模板组成模板库。

当前模板库为$M_t=\{B_{1,t},B_{2,t},\cdots,B_{k,t}\}$,$k\leqslant K$ 且 K 是一个预设的值。在第 t 帧跟

踪结果有效的情况下，使用当前帧跟踪得到的结果学习一个当前帧的滤波模板。之后，用新得到的滤波模板和模板库中的模板进行比较，再使用当前的模板更新模板库当中的模板。当前新得到的模板和模板库中每个模板的相似度为 $s_{l,t}$。

按照以下规则进行模板更新：当相似度 $s_{l,t}$ 小于所设定的阈值 $T_1(0.3)$ 或者大于阈值 $T_2(0.9)$ 时，算法认为跟踪的结果不可靠，此时不对模板库当中的模板进行更新；当相似度 $s_{l,t}$ 大于 T_1 但小于 T_2，并且 $k<K$ 时，新学习到的模板可添加到模板库中；当相似度 $s_{l,t}$ 大于 T_1 但小于 T_2，并且 $k=K$ 时，新得到的模板可用来更新模板库中的模板，此时使用新学习到的模板替换模板库中和新模板相似度最大的一个模板。然后使用当前模板更新其他的模板[$\alpha_t=(1-\gamma)\alpha_t+\gamma\alpha_m$，$\gamma$ 表示学习率]，以便模板能够适应当前目标的变化。

6.跟踪算法总体流程

融合多因子的核相关滤波器的目标跟踪算法的总体流程表示如下。

首先，在初始帧中，预先设定所需要的阈值和学习率等参数。在跟踪过程中，初始化模板库为空，当模板库中的模板数小于预设的模板库数量的最大值时，每得到一个新的模板就添加到模板库中。当模板库中的模板数量达到最大值时，判断每一帧中学习到的滤波器模板和模板库中的模板之间的相似度。当相似度在设置的阈值区间之内时，用新学习到的滤波器模板替换模板库中原有学习到的最相似的一个滤波器模板，同时使用新得到的模板更新所有模板以适应目标的变化。

算法：融合多因子的核相关滤波器的目标跟踪算法

输入：目标状态 P_0 和初始帧，初始的相关滤波模板 $M_t=\{B_{1,t},B_{2,t},\cdots,B_{k,t}\}$，$t=1$

输出：当前帧预测的目标状态 $p_t=\{x_t,y_t\}$

初始化：

①设置好预设的参数 K、T_1、T_2 和 γ，分别代表最大的模板数量、阈值和学习率；

②设置基本的KCF模板 $M_t=\{B_{1,t},B_{2,t},\cdots,B_{k,t}\}$，对于感兴趣的目标，$t=1$，$k=1$

从第二帧直到视频最后一帧：

①根据跟踪结果 t 生成当前目标块 x_t^*；

②基于生成的目标块 x_t^* 学习得到一个新的滤波器模板 α_m；

③检查当前图像块和现有模板库中存在的 k 个模板 $M_t=\{B_{1,t},B_{2,t},\cdots,B_{k,t}\}$；

④找出当前学习到的滤波器模板 α_m 和模板库当中最相关的模板

判断：

①如果 $s_{l,t}<T_1$ 或者 $s_{l,t}>T_2$，不对当前模板进行更新；

---

②如果 $T_1 < s_{l,t} < T_2$，并且 $k < K$，把新学习到的模板加入模板库中；

③如果 $T_1 < s_{l,t} < T_2$，并且 $k = K$，更新当前模板，替换掉模板库中和学习到的滤波器模板最相似的一个模板

结束

尽管本节提出的融合多因子的核相关滤波器的目标跟踪器取得了较好的效果（与经典的跟踪器相比效果更明显），但目标跟踪器对复杂环境的处理不够完美，对于完全丢失的目标没有办法重新找回并很好地跟踪。

存在的问题：使用的特征还是基于手工设计的特征，虽然较当前一些跟踪器效果更好，但是与深度学习算法的跟踪器相比依然没有太大优势，仍需进一步提升。当前跟踪算法的速度仍然没有达到实时性的要求，这也是未来需要改进的一个方向。

未来研究方向主要有两个：①设计更多的特征融合方式，考虑现在的特征提取问题，找出更好的融合特征；②针对速度问题，可以考虑减少尺度池的数量和模板数量，找出更好的匹配算法、更精确的模板数量和尺度数量，提高运算速度。

3.3.5 基于强化学习由粗到细搜索的分层目标跟踪算法

现在通用的跟踪算法模型包括三部分：运动模型、目标表观模型和更新策略。然而，现在大多数效果比较好的跟踪器主要侧重于构建完美的表观模型和更新策略，并不注重使用运动模型信息。而运动往往能够给跟踪提供方向性的指导，这个特点能够给跟踪算法带来很好的效果提升。为了解决这个问题，本节提出了一个基于强化学习由粗到细搜索的分层目标跟踪算法，该算法自主学习如何移动跟踪器的方向、基于数据驱动的动态搜索和如何由粗到细进行跟踪结果的验证。

1.该算法使用强化学习设计的运动模型

如图 3-18 所示，强化学习运动模型主要包括动作空间、状态空间、奖励函数。

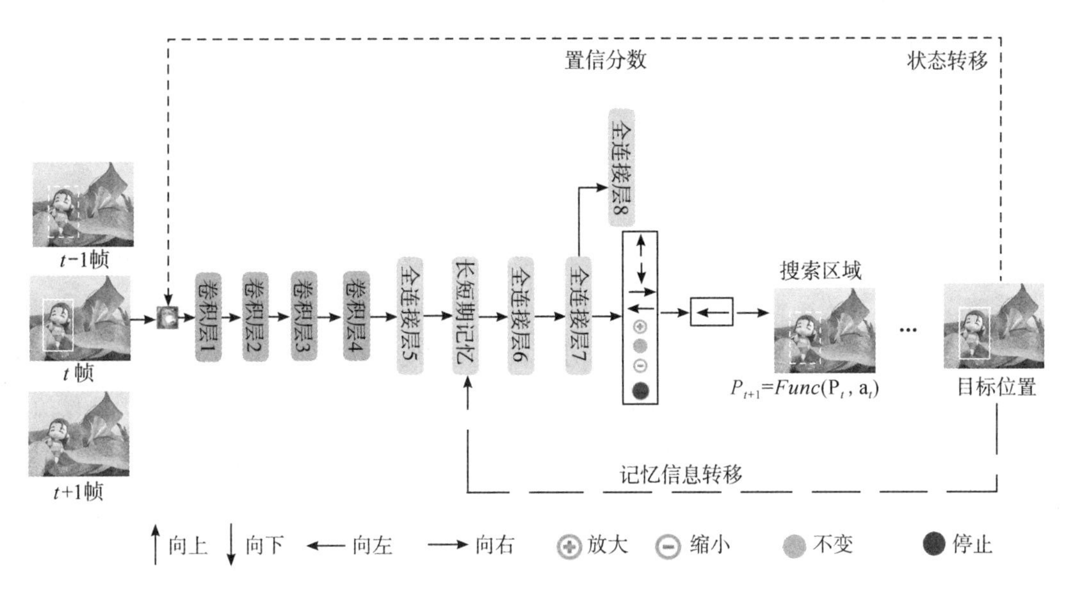

图 3-18　强化学习算法流程图

1)动作空间

如图 3-18 所示,在动作集合 A 当中设置了 8 种类型的动作。两个垂直方向移动的动作(向上、向下),两个水平方向移动的动作(向左、向右),三个尺度缩放动作(放大、缩小、不变),还有一个停止动作用于终止本次搜索。每一个动作都使用一个 8 维的 0-1 向量,当该动作被选中时对应的值为 1,其他的为 0。经过实验测试,设置每一次动作移动的步长为图像长度的 0.2 倍。

2)状态空间

在跟踪的过程中,状态空间为 s,即在每一帧中对所输入的图像进行裁剪得到的图像块。此图像块基于上一帧跟踪到的目标位置为中心进行裁剪得到。然后把裁剪得到的图像块进行缩放,直到符合网络所要求的尺寸大小为止。

3)奖励函数

奖励函数反映的是在状态 s 下做出动作 a 之后对跟踪效果的评判标准。在本节中,本书采用了计算简单、速度快并且验证有效的奖励值设置方法评价跟踪效果。采用真实目标位置和跟踪得到的目标位置之间的交叉面积表示奖励值,其中 $IoU=\dfrac{area(o_t \cap g)}{area(o_t \cup g)}$,计算得到交叉面积之后,通过式(3-56)得到奖励值 R:

$$R=\begin{cases}+IoU, IoU \geqslant p \\ -IoU, IoU < p\end{cases} \tag{3-56}$$

式中,p 表示交叉面积的阈值;正负号表示给当前动作做出的评价。当跟踪效果较好时,给予正的奖励值,以激励模型更好地跟踪目标;当跟踪效果不好时,给予一个负的奖励值

(惩罚),让模型知道跟踪错误,需要修正自己的方向,从而更好地跟踪目标。

2.重检测算法

在现有的算法中,目标跟踪并不能保证每一帧都能跟踪得很好,总会出现跟踪丢失的情况。所以,需要找到一种比较好的方法以避免跟踪丢失情况的出现。

在本节中,本书提出了一种比较好的重检测算法,以应对跟踪目标丢失的情况。在跟踪的过程中,算法会根据跟踪得到的结果计算当前跟踪的置信度,并将在每一帧当中计算得到的置信度值与所预设的值进行对比。当置信度值在所预设的区间范围内时,便可以认为跟踪是比较可靠的。此时,按照跟踪正确继续跟踪,当置信度值超出所预设的区间范围时,在上一帧目标位置周围使用高斯采样算法进行采样,找出 200 个候选目标框,使用采样得到的候选目标位置通过跟踪网络计算得到对应的置信度值,找出当前候选样本中置信度值最大的一个作为当前帧的目标跟踪结果。

3.基于强化学习由粗到细搜索的分层目标跟踪算法的总体流程

图 3-19 所示为本节提出的算法的总体跟踪流程图。在初始帧中,给出目标的初始位置;在第二帧中,基于第一帧中跟踪到的位置裁剪出当前帧中的图像块,使用当前裁剪出来的图像块通过学习得到的强化学习网络,找出在当前帧中目标所在的大致范围。之后使用在第一帧中学习得到的相关滤波器跟踪算法在搜索范围内进行精细化搜索,找出在搜索范围之内要跟踪的目标的精确位置。基于此,计算当前跟踪的置信度值并与预设的阈值区间进行对比。如果不在当前所设置的阈值区间范围内,那么基于上一帧的位置使用高斯采样算法在上一帧目标位置周围采集 200 个样本,通过网络计算对应的置信度值,找出当前置信度值最大的一个作为当前帧中所跟踪的目标的位置。

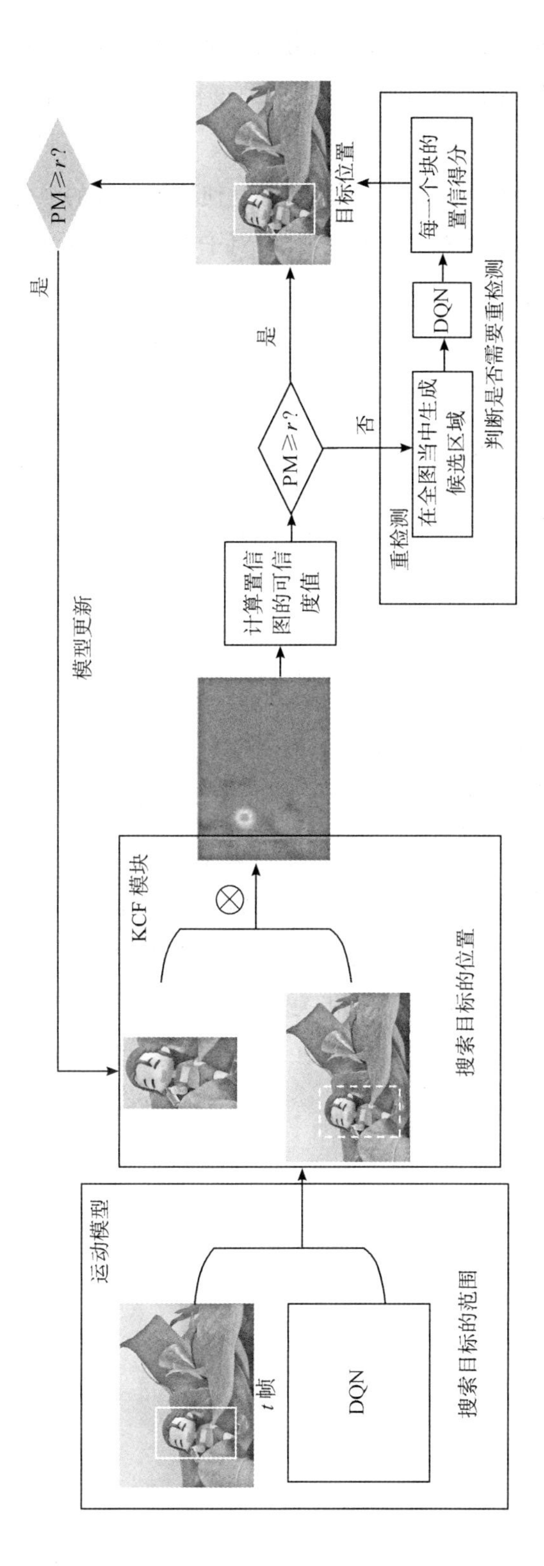

图 3-19　总体跟踪流程图

尽管本节提出的由粗到细精细化搜索的分层强化学习目标跟踪算法的效果比较好，且也比其他算法有更好的结果，但目标跟踪器的速度依然比较慢，距离达到实时的目标还有一定差距。

存在的问题：使用的特征为深度学习特征，并且使用训练好的强化学习做策略指导，这些工作比较耗时，很难达到跟踪的实时性要求；对于发生严重形变（如物体的非刚性形变）、位置变化过快等情况，效果不好。

在之后的研究中，为了解决存在的问题，应进行以下两个方面的尝试：①通过算法优化，提升模型的运算速度，争取达到实时性要求；②针对严重变形问题，可以考虑使用基于变形模板或轮廓跟踪的方法。

3.4 本章小结

首先，本章针对目标在长时间跟踪过程中存在的物体遮挡、相似物体干扰和从视野消失等问题，基于相关滤波器，提出了基于似物性采样和核化相关滤波器的目标跟踪算法、基于核相关滤波器和深度强化学习的目标跟踪算法。基于似物性采样和核化相关滤波器的目标跟踪算法利用层次结构来丰富目标表观模型，并用似物性采样方法替代传统的滑动窗检测方法，将跟踪任务分解成跟踪和检测两个模块。

其次，本章在相关滤波和深度学习的基础上，重点关注跟踪算法的鲁棒性与实时性要求、目标特征表达的效率等问题并展开相关的研究工作，提出了背景感知相关滤波器和孪生网络自适应协作的目标跟踪算法，该算法利用跟踪机制不同的目标跟踪算法，即相关滤波器和全卷积孪生网络的互补优势，缓解自身在跟踪过程中存在的不足，从而构建一个鲁棒的目标跟踪算法。该算法在目标跟踪标准数据集上进行了大量对比实验，验证了算法的有效性。

第4章

基于深度学习的目标跟踪

本章主要介绍当前作者团队在基于深度学习的单目标跟踪算法方面的研究工作，其中主要介绍了几种用于解决目标跟踪过程中不同难点问题的目标跟踪算法，包括基于卷积神经网络和嵌套网络的目标跟踪算法，基于元学习和遮挡处理的目标跟踪算法，以及基于转换器的目标跟踪算法。

4.1 基于深度学习的目标跟踪概述

随着大数据时代的到来，深度学习技术在图像分类、图像识别、目标检测等诸多方面取得了巨大成功。同时，研究人员发现深度学习技术同样适用于目标跟踪领域。2013年，Wang在小规模数据集上离线训练了一个多层栈式自编码模型，然后用第一帧图像来微调模型，提取候选区域的特征进行分类，达到了跟踪目的。此后，根据计算机视觉领域中不同任务的需求，各式各样的深度神经网络涌现出来，而基于不同类型神经网络的跟踪算法为解决跟踪过程中遇到的问题提供了新思路。

研究表明，鲁棒的特征表达对于提高跟踪性能具有很大影响。而深度卷积神经网络(CNN)通过自学习提取的卷积特征具有旋转不变性和平移不变性，同时还能保证局部区域的空间结构与相邻像素间的关联性。这些特性使得卷积神经网络受到了研究人员的重点关注，一大批基于卷积神经网络的跟踪模型被构建出来。例如，Danelljan、Ma等分别对不同层卷积特征的不同属性做了研究(Danelljan et al.,2019),认为不同层卷积特征对跟踪性能具有不同影响,浅层特征具有丰富的空间信息,高层特征具有重要的语义信息;Hong 将预训练好的卷积神经网络组合成在线支持向量机(SVM)来分类显著性热度图,取得了良好的跟踪性能;Qi 通过分层卷积特征学习多个相关滤波器,然后用在线自适应 Hedged 算法集成多个结果来提高跟踪器的鲁棒性;Wang 通过序贯学习的方法来训练卷积网络,解决了跟踪过程中训练样本少的问题;Nam 利用多分支特定域的训练方法训练深度卷积神经网络得到共享特征,并以此来识别特定域中的目标。

虽然深度卷积网络能够抽取更鲁棒的特征来提高跟踪器的性能,但是部分学者认为跟踪问题始终是一个在时间序列上建模的问题。事实上基于卷积神经网络的跟踪模型并没有考虑历史帧信息的相关性,同时也无法兼顾像素点之间的空间关联性。因此,具有历史信息记忆功能的递归神经网络(RNN)引起了研究人员的注意。例如,Kahou 等利用 RNN 的网络特点训练了一个注意力(attention)机制来学习历史帧的关联性,从而预测当前帧的目标区域;Ondruska 等利用 RNN 学习目标在历史帧上的概率分布来预测当前帧的目标区域概率分布,其本质上也利用了注意力机制的原理;Ning 等设计了一个递归卷积网络模型,结合 YOLO 检测器获得目标大致所在的区域,通过在目标区域获得的特征信息利用 RNN 直接回归目标在当前帧中的位置。另外一些学者认为,图像中相邻像素之间的关联性对于特征的学习具有一定影响,并且这种关联性完全可以用 RNN 来建模,这样可以更好地获取像素之间的依赖关系,更深层次地学习到图像的空间结构信息。例如,Cui 等用 RNN 来对跟踪区域中的空间结构关系建模,并作为一个正则化项引入相关滤波器的学习中,以预测一个可信区域;Fan 等结合多方向 RNN 和跳跃连接(skip connection)策略来丰富卷积特征的空间信息,提高分类器的判别能力。

上述基于卷积神经网络和递归神经网络的跟踪器虽然在精度上有很大提升,但由于大部分有在线更新过程,所以在速度上稍显不足。因此,为了让跟踪器同时满足鲁棒性和实时性的跟踪要求,基于端到端的深度孪生网络的跟踪模型于 2016 年开始进入研究人员的视野。研究表明,跟踪过程本质上是一个对比与验证的过程,而通过训练一个端到端的孪生网络来判别样本对的相似度可以极大地提升跟踪速度。例如,Tao 等采用多示例思想,离线训练好一个端到端的孪生网络模型,在每一帧的候选图像块中验证与第一帧目标图像块最相似的图像块作为目标区域;Held 等提出使用回归网络的通用对象跟踪模型(generic object tracking using regression networks,GOTURN)并联合使用静态图片数据集和动态视频序列训练一个能够直接预测目标位置和尺度的高速跟踪模型,虽然其速度很快,但在精度上还有待改进(Held et al.,2016);Bertinetto 等提出利用一个全卷积结构的孪生网络(SiamFC)来学习相关滤波器机制,直接回归出目标区域的响应图,但只利用第一帧信息作为目标模板;Zhu 在孪生网络训练过程中加入了历史帧之间的光流信息来提高特征表达能力,同时加入了时空注意力机制来进行精确的定位;用于视觉跟踪的卷积残差学习模型(convolutional residual learning for visual tracking,CREST)使用残差网络结构来改进传统的孪生网络结构,以提高特征抽取能力,尽管模型精度很高,但由于更新频繁而不实时;Guo 在原始的 SiamFC 上做了改进,提出用 DSiam 动态学习连续帧中目标模板的外观变化,同时对搜索模型进行了背景抑制,取得了良好的性能。

虽然深度学习技术在计算机视觉中不断有新的突破,但应用到目标跟踪领域中还不够成熟。跟踪场景不断变化等各种挑战,使深度学习技术给目标跟踪领域提供了一个全新的研究角度,但其还有很大的发展空间。随着研究的深入,更多优良的跟踪算法将会出现,更多复杂的场景将会被使用。此外,自 2017 年以来,Transformer(Ashish et al.,2017)这种基于注意力的编码器-解码器模型,已经彻底改变了自然语言处理(NLP)领域,并取得了巨大成功。由于视觉转换器(vision transformer,ViT)的开创性工作,基于注意力的架构在各种计算机视觉任务中显示出强大的能力,从图像域到视频域都取得了良好的效果。ViT 开创了 Transformer 在 CV 领域的广泛应用,具有具竞争力的建模能力,与现代卷积神经网络(CNN)相比,ViT 在多个基准测试中取得了令人印象深刻的性能改进。基于 ViT 的目标跟踪器也取得了非常大的成功,如 TransT、STARK、MixFormer、SwimTrack 和 OSTrack 等。下面将介绍作者团队在基于深度学习的目标跟踪方面的研究工作和成果。

4.2 基于卷积神经网络和嵌套网络的目标跟踪算法研究

4.2.1 基于卷积神经网络的目标跟踪算法

1.引言

卷积神经网络作为深度学习的一种方法在很多领域都有着出色的表现,如语音分析和图像识别。在卷积神经网络中,可以使用超完备的滤波器来提取各种潜在的特征。比如,想要提取某个特征,就使用足够多的滤波器把所有可能的特征提取出来,这样能够覆盖实际需要提取的特征。

本节首先探索如何通过卷积神经网络学习一个数据驱动的目标表观模型,采用图像原始像素作为卷积神经网络的输入,监督学习的训练样本由计算每个候选样本的似然估计得到。其次,探索如何有效地将基于卷积神经网络的目标表观模型与粒子滤波框架结合起来。

2.基于卷积神经网络的目标表观模型建模

卷积神经网络提供了一种层次模型，可以直接通过图像原始像素学习特征。本算法在目标跟踪任务上训练卷积神经网络。网络的整体结构如图 4-1 所示，将图像输入两阶段的卷积神经网络，每个阶段包括一个卷积层、一个非线性变换层和一个最大值下采样层。

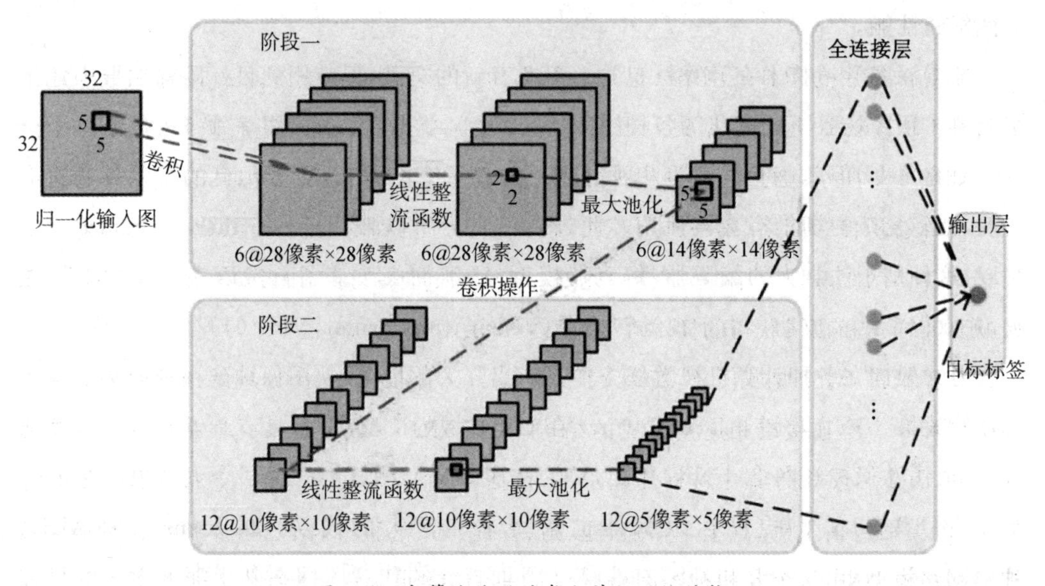

图 4-1　本算法使用的卷积神经网络结构

具体来讲，在第一阶段将一个经过预处理的大小为 32 像素×32 像素的黑白图像输入一个由 6 个大小为 5 像素×5 像素的滤波器组成的卷积层，再将得到的 6 个大小为 28 像素×28 像素的特征图输入一个非线性变换层，对于全部特征图的每个像素点，非线性变换层由如下变换得到：

$$relu(x)=\max(0,x) \tag{4-1}$$

然后将得到的 6 个特征图输入一个最大值下采样层。最大值下采样层取每个 2 像素×2 像素的空间邻域内的最大值。相比 sigmoid 和 tanh 函数，ReLU 函数可以有效地解决梯度弥散问题。最大值下采样层使得卷积神经网络对图像微小的平移具有一定的鲁棒性。当将其应用到目标跟踪时，可使网络对由目标位置不精确带来的跟踪错误问题更鲁棒。

第二阶段的实现与第一阶段类似，首先将第一阶段的输出做卷积运算，卷积层由 12 个大小为 5 像素×5 像素的滤波器组成，其次将得到的 12 个大小为 10 像素×10 像素的特征图输入 ReLU 函数，再对每个 2 像素×2 像素的区域做最大值下采样。将下采样后的特征图变换为向量的形式，每个结点被看作高维特征中的一维。经过两阶段的卷积运算、ReLU 变换和最大值下采样，该网络便可以提取出较高级的特征。

在本节中，目标跟踪被看成一种在线迁移学习过程。因为卷积神经网络可以出色地自动学习到深度层次特征，所以采用卷积神经网络来构建目标表观模型。这种方法的核心思想：卷积神经网络的底层特征更多的是局部特征，局部特征有助于将目标从背景中分离出来，但是难以处理目标外表的剧烈变化，而卷积神经网络深层获取的是更加抽象的语义信息。语义信息对目标的表观变化具有一定的鲁棒性，可以在一定程度上减少“漂移”的影响。

本算法使用卷积神经网络中间层特征作为一种通用的高级图像表示，这种特征可以通过在 CIFAR-10 通用数据集上预训练得到，然后在跟踪任务上进行微调。

如图 4-2 所示，通过迁移卷积神经网络特征学习目标表观模型时，首先在源域任务中预训练卷积神经网络(第一排)；其次，将由预训练得到的卷积神经网络中间层和参数迁移到具体的跟踪任务中(第二排)；此外，为了解决漂移问题，作者探索出了一种使用初始帧真实样本和在线获得的样本有效更新目标表观模型的方法。

具体来讲，对于源域任务，使用 CIFAR-10 自然图像数据集预训练由两个卷积神经网络层和一个全连接层相连接组成的结构。CIFAR-10 数据集是一个在从网络收集到的 8000 万个自然图像集中被标注的子集，包括 10 个类别共 60000 张灰度图像。数据集的 10 个类别包括飞机、汽车、鸟、猫、鹿、狗、青蛙、马、轮船和卡车。在本算法设计的卷积神经网络模型中，每个卷积神经网络层包括一个卷积层、一个非线性变换层和一个下采样层。输出层的大小为 10，与数据集的类别相同。预训练时，学习速度设置为0.01，每训练 500 张图像时将学习速度下降 10%，训练到 300 轮时停止训练。

在源域任务上预训练之后，将如图 4-2 所示的 c1、ReL1、p1、c2、ReL2、p2 和 FC3 层的参数迁移到跟踪任务中。之后移除输出层的 10 个结点，添加由一个结点构成的输出层。最后使用跟踪任务中的训练集对新设计的卷积神经网络进行再训练。在线训练阶段，因为模型已经被训练，所以学习速度可设置得稍快，这里将学习速度设置为 0.1。该简单却有效的迁移方法使得基于卷积神经网络的跟踪器能够很好地应对训练中域改变的问题。

3.基于粒子滤波和卷积神经网络的目标跟踪算法

本节基于前面所描述的目标表观模型建立跟踪方法，探索如何有效地将基于卷积神经网络的目标表观模型与粒子滤波框架结合起来。从统计的角度看，粒子滤波通过顺序蒙特卡洛重要性抽样方法实现了递归的贝叶斯滤波方法。粒子滤波的主要思想是用一系列随机粒子表示后验概率，粒子滤波主要由两个部分组成。

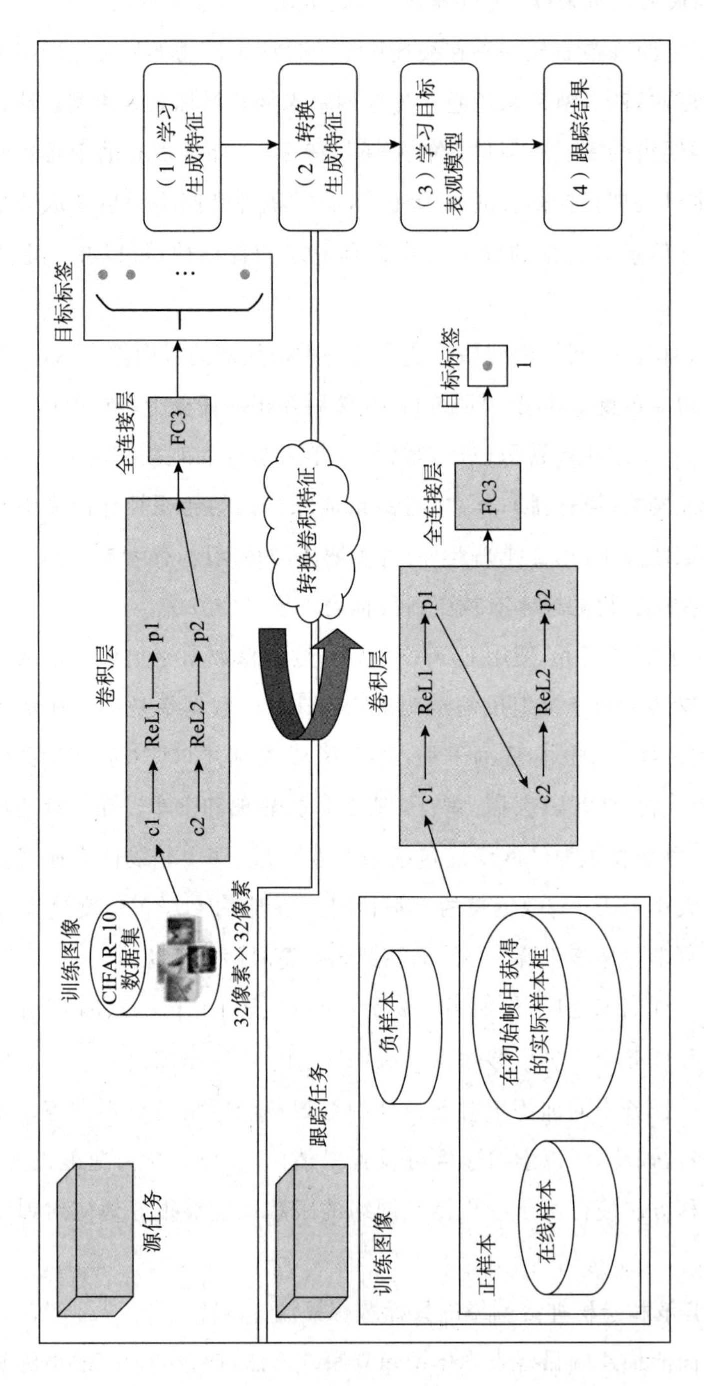

图 4-2 在线迁移学习过程

①动态模型：基于之前的粒子生成候选样本。

②观测模型：计算候选样本和目标表观模型的相似度。

给出在 t 时刻的全部观测 $\boldsymbol{y}_{1:t}=[y_1,\cdots,y_t]$，基于粒子滤波的目标跟踪系统的目的是估计目标的一个后验密度 $p(x_t\mid \boldsymbol{y}_{1:t})$。基于贝叶斯理论，后验密度可以被重新推导为

$$p(x_t\mid \boldsymbol{y}_{1:t})\propto p(\boldsymbol{y}_t\mid x_t)\int p(x_t\mid x_{t-1})p(x_{t-1}\mid \boldsymbol{y}_{1:t-1})\mathrm{d}x_{t-1} \tag{4-2}$$

其中，$p(x_t\mid x_{t-1})$ 和 $p(\boldsymbol{y}_t\mid x_t)$ 分别表示动态模型和观测模型。在粒子滤波中，由蒙特卡洛抽样计算积分。也就是说，后验密度 $p(x_t\mid y_{1:t})$ 是被一系列带有相应权值的样本（粒子）$\{x_t^i\}_{i=1}^{N_t}$ 近似的。

最终，t 时刻的优化目标状态 x_t^* 可以由如下最大后验概率得到：

$$x_t^*=\arg\max_{x_t} p(x_t\mid \boldsymbol{y}_{1:t})=x_t^i=\arg\max_{x_t^i} w_t^i \tag{4-3}$$

为了提高计算的效率，本算法选择只跟踪目标的位置和大小。让 $x_t=(p_t^x,p_t^y,w_t,h_t)$ 表示目标状态，p_t^x、p_t^y、w_t、h_t 分别表示目标的水平坐标、垂直坐标、宽度和长度。连续两帧的动态模型假设服从高斯分布：

$$p(x_t\mid x_{t-1})=N(x_t;x_{t-1},\boldsymbol{\Sigma}) \tag{4-4}$$

其中，$\boldsymbol{\Sigma}$ 表示对角协方差矩阵，对角元素是每个参数对应的方差。对于状态 x_t，有一个 32 像素×32 像素大小的图像块与之对应。似然函数 $p(\boldsymbol{y}_t\mid x_t)$ 的计算由基于卷积神经网络的表观模型得到。如果 d_t 为基于卷积神经网络的表观模型的输出层结果，则似然函数可以这样计算：

$$p(\boldsymbol{y}_t\mid x_t)=\exp(d_t) \tag{4-5}$$

为了获取表观的变化，卷积神经网络的表观模型会不断更新，似然函数也需要随着时间而不断适应。但是，表观适应方法的主要缺点是对“漂移”问题很敏感。例如，可能逐渐地适应非物体。同样，为了减少“漂移”的影响，算法使用了第一帧标注好的目标真实表观信息和在线得到的图像观测值。特别地，假设在第一帧得到的正样本为 $s_1^+=\{x_{1,i}^+\}_{i=1}^{N_1^+}$，在线得到的最近几帧样本为 $s_{ot}^+=\{x_{t-i}^+\}_{i=1}^{T_t}$，在当前第 t 帧得到的正样本和负样本分别表示为 $s_t^+=\{x_{t,i}^+\}_{i=1}^{N_t^+}$ 和 $s_t^-=\{x_{t,i}^-\}_{i=1}^{N_t^-}$。在当前第 t 帧，如果后验密度的最优目标状态 $p(x_t^*\mid \boldsymbol{y}_{1:t})$ 小于预先设定好的阈值 T_2 或者大于预先设定好的阈值 T_3，则不更新基于卷积神经网络的表观模型。否则基于 s_1^+、s_{ot}^+、s_t^+ 和 s_t^-，更新目标表观模型。

这个启发式方法的核心思想：如果似然值小于预先设定好的阈值 T_2，则认为当前的跟踪结果可能是不可靠的，因此不更新目标表观模型；如果似然值大于预先设定好的阈值 T_3，则认为跟踪结果是很可靠的，所以应当相信跟踪结果而不更新目标表观模型。否则，应该更新目标表观模型来逐步获取目标表观的变化。

4.跟踪算法流程

基于卷积神经网络的目标跟踪算法的具体流程如下。在初始化阶段，首先使用

CIFAR-10 数据集离线预训练一个卷积神经网络模型，然后在第一帧收集正负样本并使用正负样本微调网络，之后初始化粒子集合并设定最大缓冲池大小 T_1 和似然阈值 T_2。对于从第二帧开始的每一帧，首先由后验概率 $p(x_t \mid x_{t-1}^i)$ 生成粒子 x_t^i，然后粒子权重由 $w_t^i = w_{t-1}^i p(y_t \mid x_t^i)$ 更新，并确定目标最优状态 x_t^* 作为具有最大权重的粒子，之后归一化权重并计算权重的协方差。如果这些变量超出了阈值，则令 $\beta_j \sim \{w_t^i\}_{i=1}^{N_1}$，并用 $\{x_t^i, w_1^i\}_{i=1}^{N_1}$ 替换 $\{x_t^{\beta_j}, 1/N_1\}_{j=1}^{N_1}$。在更新阶段，如果最优目标状态的后验密度 $p(x_t^* \mid y_{1:t})$ 在 $[T_2, T_3]$，那么选取该时刻的正负样本并更新在线正样本集合；如果正样本集合的大小大于阈值 T_1，那么去除集合的顶端元素使集合大小保持在 T_1，最后基于更新后的正样本集合和该时刻的负样本更新基于卷积神经网络的表观模型。

算法：基于卷积神经网络的目标跟踪算法

初始化：

(1)在 CIFAR-10 数据集上预训练一个卷积神经网络模型；

(2)在第一帧获取目标的真实标注；

(3)收集正样本 $s_t^+ = \{x_{t,i}^+\}_{i=1}^{N_t^+}$，负样本 $s_t^- = \{x_{t,i}^-\}_{i=1}^{N_t^-}$，裁剪出相应的图像块；

(4)调整每个正负样本图像块的大小为 32 像素×32 像素；

(5)基于 s_1^+ 和 s_1^- 对预训练后的基于卷积神经网络的表观模型进行微调；

(6)在 $t=1$ 时刻初始化粒子集合 $\{x_1^i, w_1^i\}_{i=1}^{N_1}$，其中 $w_1^i = 1/N_1, i=1,\cdots,N_1$；

(7)对于在线正样本 s_{ot}^+，设定最大缓冲池大小 T_1；

(8)设定似然阈值 T_2

for $t=2$：视频最后一帧

(1)预测：for $i=1,\cdots,N_1$，生成 $x_t^i \sim p(x_t \mid x_{t-1}^i)$；

(2)似然估计：for $i=1,\cdots,N_1$，使 $w_t^i = w_{t-1}^i p(y_t \mid x_t^i)$；

(3)确定目标最优状态 x_t^* 作为具有最大权重的粒子；

(4)重采样：归一化权重，并计算归一化权重的协方差，如果这些变量超出了阈值，令 $\beta_j \sim \{w_t^i\}_{i=1}^{N_1}$，并用 $\{x_t^i, w_1^i\}_{i=1}^{N_1}$ 替换 $\{x_t^{\beta_j}, 1/N_1\}_{j=1}^{N_1}$；

(5)更新：如果最优目标状态的后验密度 $p(x_t^* \mid y_{1:t})$ 在 $[T_2, T_3]$，那么

①在 t 时刻选取正样本 $s_t^+ = \{x_{t,i}^+\}_{i=1}^{N_t^+}$ 和负样本 $s_t^- = \{x_{t,i}^-\}_{i=1}^{N_t^-}$；

②更新在线正样本集合 $s_{ot}^+ = s_{ot}^+ \cup s_t^+$；

③如果集合 s_{ot}^+ 的大小大于 T_1，去除 s_{ot}^+ 顶端元素而保留最近的 T_1 个元素；

④更新最终正样本集合 $s^+ = s_1^+ \cup s_{ot}^+$；

⑤基于 s^+ 和 s_t^- 更新基于卷积神经网络的表观模型

结束

4.2.2 基于嵌套网络的目标跟踪算法

1.引言

嵌套网络可以被看作卷积神经网络的一种改进。嵌套网络能够提高模型在感受野中对局部块的辨别能力,其在视觉识别中已经取得了良好的分类性能。嵌套网络参数个数仅仅是 AlexNet 网络参数个数的十分之一,但在 CIFAR-10 和 CIFAR-100 等数据集的分类结果中却能取得比 AlexNet 网络更好的成绩。嵌套网络模型利用原始图像像素,用训练样本有监督地对每个候选样本产生一个似然估计。本节将介绍如何使用嵌套网络模型学习一种数据驱动的目标表观模型。

2.基于嵌套网络的目标表观模型建模

相比传统的卷积神经网络,嵌套网络在感受野内部使用更复杂的结构建立微型神经网络。因为多层感知器是一个更有效的非线性函数逼近器,所以多层感知器被用来实例化微型神经网络。嵌套网络可以被看成在每个卷积的局部感受野中还包含了一个微型的多层网络,而在卷积神经网络的卷积层中,局部感受野的运算只是一个单层的神经网络。与卷积神经网络算法类似,通过滑动微型网络,嵌套网络将生成的特征图传入下一层。嵌套网络可以通过堆叠多个上述结构(称为 mlpconv 层)与一个全局均值下采样层实现。

嵌套网络使用全局均值下采样的方法替代传统卷积神经网络中的全连接层。传统的卷积神经网络卷积运算一般出现在低层网络。对于分类问题,最后一个卷积层的特征图经过向量化后与全连接层连接,之后连接一个 softmax 逻辑回归分类层。这种网络结构,使得卷积层和传统的神经网络层连接在一起,可以把卷积层看作特征提取器,然后再将得到的特征用传统的神经网络进行分类。然而,全连接层因为参数个数太多,往往容易出现过拟合的现象,导致网络的泛化能力稍显不足。于是,Hinton 采用了丢弃部分网络结点的方法来提高网络的泛化能力,但是一个卷积神经网络模型的大部分参数都被全连接层占用,全连接层参数过多的问题仍然没有得到解决。与传统的全连接层不同,全局均值下采样方法对每张完整特征图进行全局均值下采样,这样每张特征图都可以得到一个输出。全局均值下采样方法中没有参数,可以大大减小网络,从而避免出现过拟合的现象。全局均值下采样还有一个特点,即每张特征图相当于一个输出特征,这个特征表示了输出类的特征。基于此,在设计网络的时候,最后一层的特征图个数需要与类别数目相同。

嵌套网络模型如图 4-3 所示。在实现中,第一个 mlpconv 层的输入为经过预处理的大小为 32 像素×32 像素的三通道图像像素,并将其传递至尺寸为 5 像素×5 像素的滤波器。mlpconv 层的特征图计算如下:

$$f_{i,j,k_1}^1 = relu({w_{k_1}^1}^{\mathrm{T}} x_{i,j} + b_{k_1})$$

$$\vdots$$

$$f_{i,j,k_n}^n = relu({w_{k_n}^n}^{\mathrm{T}} x_{i,j} + b_{k_n}) \tag{4-6}$$

其中，$relu(x) = \max(0, x)$表示一个 ReLU 非线性变换；n 表示感受野内部多层感知器的层数；(i, j)表示特征图中的像素索引；$x_{i,j}$ 表示输入图像块的中心位置在(i, j)；k 表示在特征图中通道的索引号；w 和 b 分别表示权重和偏置。

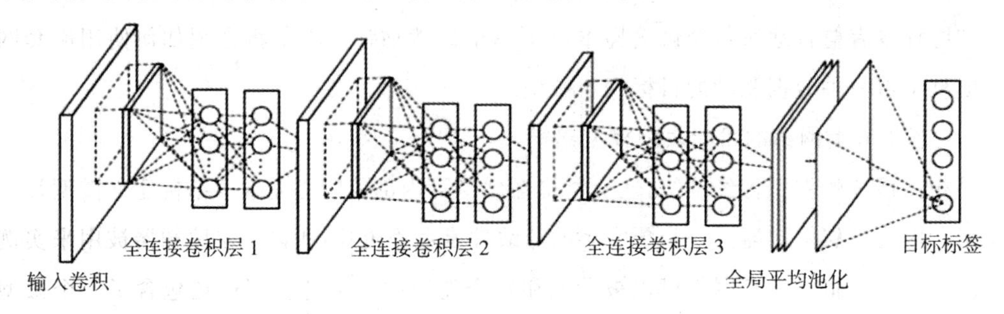

图 4-3　本算法使用的嵌套网络结构

与之对应的是，下一个 mlpconv 层以上一个 mlpconv 层的输出作为输入。最终，嵌套网络的整体结构由很多个 mlpconv 层堆叠而成，而结构的最顶部为全局平均下采样层。经过以上三个 mlpconv 层，嵌套网络便可以提取更高层次的特征。

本节将目标跟踪看成一种在线迁移学习过程。因为嵌套网络可以出色地自动学习到深度层次特征，所以采用嵌套网络来构建目标表观模型。这种方法的核心思想：嵌套网络的底层特征更多的是局部特征，局部特征可以帮助目标从背景中分离出来，但是难以处理目标外表的剧烈变化。而嵌套网络顶层获取的是语义信息，语义信息对目标的表观变化具有一定的鲁棒性，所以使用嵌套网络中间层特征作为一种通用的高级图像表示。这种特征可以通过在一个通用数据集(CIFAR-10)上预训练得到，然后在跟踪任务上进行微调。

如图 4-4 所示，图中第一排为在源域任务中预训练嵌套网络，第二排为将由预训练得到的嵌套网络中间层和参数迁移到具体的跟踪任务中。为了解决漂移问题，作者团队探索出了一种使用初始帧真实样本和在线获得的样本有效更新目标表观模型的方法。具体来讲，在源域任务中使用 CIFAR-10 自然图像数据集，预训练由三个 mlpconv 层和一个全局均值下采样层组成的结构。在本节设计的嵌套网络模型中，输出层的大小为 10，与数据集的类别相同。由于嵌套网络比卷积神经网络更复杂，模型也更难训练，所以在预训练时，将学习速度设置为 0.005，每训练 500 张图像时将学习速度下降 10%，训练到 400 轮时停止训练。

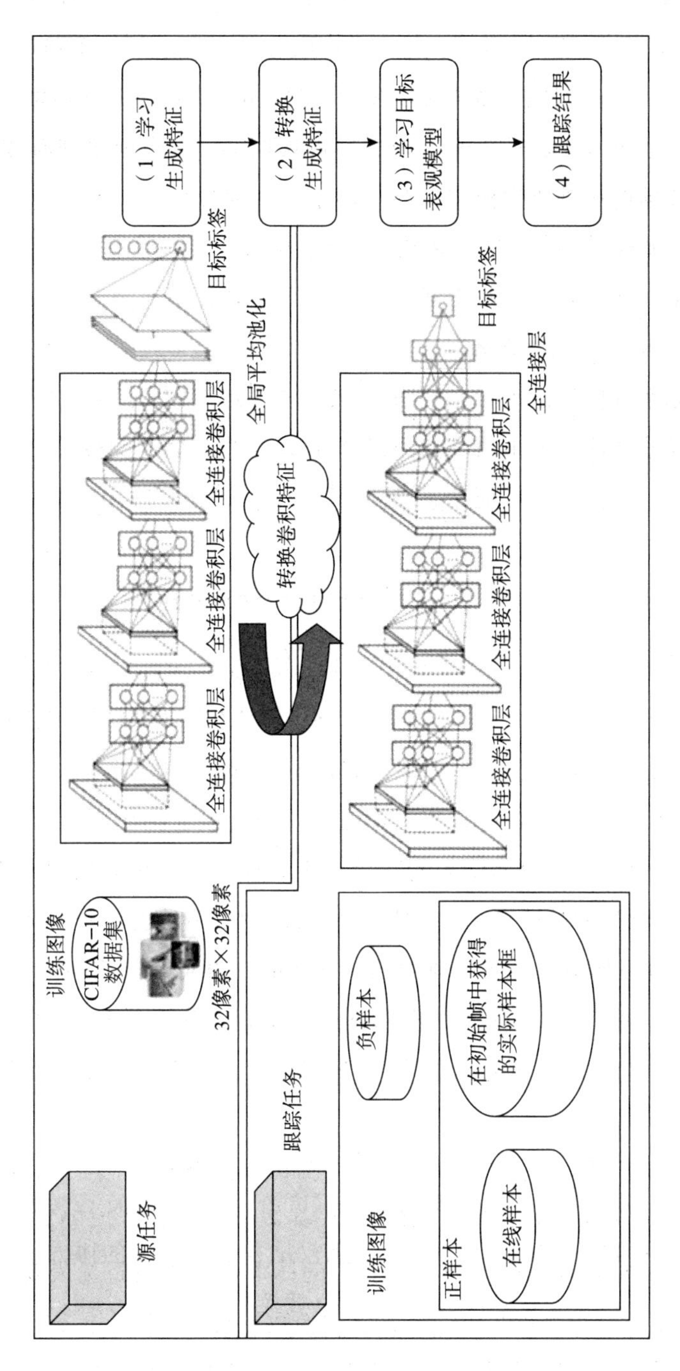

图 4-4 在线迁移学习过程

在源域任务之后,3 个 mlpconv 层的参数被迁移至跟踪任务中并保持不变。之后移除输出层的 10 个结点,添加一个由 64 个结点构成的全连接层和一个输出层。最终,经过预训练的 3 个 mlpconv 层的参数固定不变,通过使用跟踪任务中的训练集对新添加的全连接层和输出层的参数重新训练来学习目标表观模型。这个简单却有效的迁移方法使设计的跟踪器能够解决训练中域改变的问题。

3.基于粒子滤波和嵌套网络的目标跟踪算法

本节主要探索如何有效地将基于嵌套网络的目标表观模型与粒子滤波框架结合起来。粒子滤波方法被广泛应用到视觉目标跟踪领域,其通过顺序蒙特卡洛重要性抽样方法来估计一个动态系统中的潜在状态变量。粒子滤波的核心思想是用一系列随机粒子表示后验概率。粒子滤波主要由两个部分组成,即动态模型和观测模型。其中动态模型基于之前的粒子生成候选样本,而观测模型用来计算候选样本和目标表观模型的相似度。

假设 x_t 和 y_t 分别为 t 时刻的潜在状态和观测变量。目标跟踪相当于如何在 t 时刻基于之前的观测找出一个最可能的状态的问题,用公式表示为

$$x_t = \arg\max p(x_t \mid y_{1:t-1}) = \arg\max \int p(x_t \mid x_{t-1}) p(x_{t-1} \mid y_{1:t-1}) \mathrm{d}x_{t-1} \tag{4-7}$$

当一个新的观测 y_t 到来时,状态变量的后验分布基于贝叶斯理论可以更新为

$$p(x_t \mid y_{1:t}) = \frac{p(y_t \mid x_t) p(x_t \mid y_{1:t-1})}{p(y_t \mid y_{1:t-1})} \tag{4-8}$$

在粒子滤波中,后验概率 $p(x_t \mid y_{1:t})$ 的计算是被一系列带有相应权值 $\{w_t^i\}_{i=1}^{n}$ 的样本(粒子) $\{x_t^i\}_{i=1}^{N_1}$ 近似,权值 $\{w_t^i\}_{i=1}^{n}$ 的和为 1。粒子由分布 $q(x_t \mid x_{1:t-1}, y_{1:t})$ 抽样得到,权重的更新用如下公式表示:

$$w_t^i = w_{t-1}^i \cdot \frac{p(y_t \mid x_t^i) p(x_t^i \mid x_{t-1}^i)}{q(x_t \mid x_{1:t-1}, y_{1:t})} \tag{4-9}$$

分布 $q(x_t \mid x_{1:t-1}, y_{1:t})$ 通常被简化为一阶马尔科夫过程 $p(x_t \mid x_{t-1})$。$p(x_t \mid x_{t-1})$ 是动态模型,即状态的变换独立于观测。然后,权值由 $w_t^i = w_{t-1}^i p(y_t \mid x_t^i)$ 更新,在每个更新步骤后权值的和可能不为 1。之后,归一化权重并计算权重的协方差,如果这些变量超出了阈值,则令 $\beta_j \sim \{w_t^i\}_{i=1}^{N_1}$ 并用 $\{x_t^i, w_1^i\}_{i=1}^{N_1}$ 替换 $\{x_t^{\beta_j}, 1/N_1\}_{j=1}^{N_1}$。

对于本算法,从简单性和计算效率方面考虑,选择只跟踪目标的位置和大小。让 $x_t = (p_t^x, p_t^y, w_t, h_t)$ 表示目标状态,p_t^x、p_t^y、w_t、h_t 分别表示目标的水平坐标、垂直坐标、宽度和长度。连续两帧的动态模型假设服从高斯分布。对于状态 x_t,有一个对应的大小为 32 像素×32 像素的图像块。似然函数 $p(y_t \mid x_t)$ 可以表示为

$$p(y_t \mid x_t) = \exp(d_t) \tag{4-10}$$

其中，d_t 表示基于嵌套网络的表观模型的输出层结果。嵌套网络的表观模型会不断更新，从而获取表观的变化，似然函数也需要随时间而不断适应。为了避免漂移问题，本算法使用了第一帧标注好的目标真实表观信息和在线得到的图像观测值。特别地，假设在第一帧得到的正样本为 $s_1^+=\{x_{1,i}^+\}_{i=1}^{N_1^+}$，在线得到的最近几帧的样本为 $s_{ot}^+=\{x_{t-i}^+\}_{i=1}^{T_1}$，在当前第 t 帧得到的正样本和负样本分别表示为 $s_t^+=\{x_{t,i}^+\}_{i=1}^{N_t^+}$ 和 $s_t^-=\{x_{t,i}^-\}_{i=1}^{N_t^-}$。在当前第 t 帧，如果后验密度的最优目标状态 $p(x_t^* \mid y_{1:t})$ 小于预先设定好的阈值 T_2 或者大于预先设定好的阈值 T_3，则不更新基于嵌套网络的表观模型。否则要基于 s_1^+、s_{ot}^+、s_t^+ 和 s_t^-，更新目标表观模型。

这个启发式方法的核心思想：如果似然值小于预先设定好的阈值 T_2，则认为当前的跟踪结果可能是不可靠的，因此不更新目标表观模型；如果似然值大于预先设定好的阈值 T_3，则认为跟踪结果是很可靠的，应当相信跟踪结果而不更新目标表观模型。否则，应该更新目标表观模型来逐步获取目标表观的变化。

4.跟踪算法流程

基于嵌套网络的目标跟踪算法的流程如下。在初始化阶段，首先使用 CIFAR-10 数据集离线预训练一个嵌套网络模型，然后在第一帧获取目标的真实标注并收集正负样本，之后初始化粒子集合并设定在线正样本的最大缓冲池大小 T_1 和似然阈值 T_2。在跟踪过程中，对于从第二帧开始的每一帧，首先由后验概率 $p(x_t \mid x_{t-1}^i)$ 生成粒子，然后权值由 $w_t^i=w_{t-1}^i p(y_t \mid x_t^i)$ 更新，确定目标最优状态 x_t^* 作为具有最大权重的粒子，对权重进行归一化处理并计算权重的协方差。如果这些变量超出了阈值，则令$\beta_j \sim \{w_t^i\}_{i=1}^{N_1}$，并用$\{x_1^i, w_1^i\}_{i=1}^{N_1}$替换$\{x_t^{\beta_j}, 1/N_1\}_{j=1}^{N_1}$。此时如果最优目标状态的后验密度$p(x_t^* \mid y_{1:t})$在$[T_2, T_3]$，那么选取此时刻的正负样本并更新在线正样本集合。如果在线正样本集合 s_{ot}^+ 的大小大于阈值 T_1，则去除 s_{ot}^+ 顶端元素而保留最近的 T_1 个元素，由 $s^+=s_1^+ \cup s_{ot}^+$ 更新最终的正样本集合，最后基于更新后的正样本集合和该时刻的负样本更新基于嵌套网络的表观模型。

算法:基于嵌套网络的目标跟踪算法

初始化:

(1)在 CIFAR-10 数据集上预训练一个嵌套网络模型;

(2)在第一帧获取目标的真实标注;

(3)收集正样本 $s_1^+=\{x_{1,i}^+\}_{i=1}^{N_1^+}$,负样本 $s_1^-=\{x_{1,i}^-\}_{i=1}^{N_1^-}$,裁剪出相应的图像块;

(4)调整每个正负样本图像块的大小为 32 像素×32 像素;

(5)基于 s_1^+ 和 s_1^- 预训练后的基于嵌套网络的表观模型进行微调;

(6)在 $t=1$ 时刻初始化粒子集合$\{x_1^i,w_1^i\}_{i=1}^{N_1}$,其中 $w_1^i=1/N_1,i=1,\cdots,N_1$;

(7)对于在线正样本 s_{ot}^+,设定最大缓冲池大小 T_1;

(8)设定似然阈值 T_2

for $t=2$:视频最后一帧

(1)预测:for $i=1,\cdots,N_1$,生成 $x_t^i \sim p(x_t \mid x_{t-1}^i)$;

(2)似然估计:for $i=1,\cdots,N_1$,使 $w_t^i=w_{t-1}^i p(y_t \mid x_t^i)$;

(3)确定目标最优状态 x_t^* 作为具有最大权重的粒子;

(4)重采样:归一化权重并计算归一化权重的协方差,如果这些变量超出了阈值,令$\beta_j \sim \{w_t^i\}_{i=1}^{N_1}$,并用$\{x_t^i,w_1^i\}_{i=1}^{N_1}$替换$\{x_t^{\beta_j},1/N_1\}_{j=1}^{N_1}$;

(5)更新:如果目标状态的后验密度 $p(x_t^* \mid y_{1:t})$在$[T_2,T_3]$,那么

①在 t 时刻选取正样本 $s_t^+=\{x_{t,i}^+\}_{i=1}^{N_t^+}$和负样本 $s_t^-=\{x_{t,i}^-\}_{i=1}^{N_t^-}$;

②更新在线正样本集合 $s_{ot}^+=s_{ot}^+ \cup s_t^+$;

③如果集合 s_{ot}^+的大小大于 T_1,去除 s_{ot}^+顶端元素而保留最近的 T_1 个元素;

④更新最终正样本集合 $s^+=s_1^+ \cup s_{ot}^+$;

⑤基于 s^+和 s_t^- 更新基于嵌套网络的表观模型

结束

4.3 基于元学习和遮挡处理的目标跟踪算法研究

4.3.1 引言

作为计算机视觉的基本组成部分,视觉目标跟踪(尤其是长时目标跟踪)因其较高的实用价值而备受关注,如在计算机交互、自动驾驶、视频监控等方面。然而,尽管取得了较大进展,长时目标跟踪领域仍然面临很多挑战,如外观变化、光照变化和遮挡等因素的影响。

众所周知，遮挡是随着目标的运动而随机发生的，具有不可预测性。现有的长时跟踪器研究中大部分工作是改进短时跟踪器的性能、选择合适的全局重检测策略、在短时跟踪器和全局重检测之间选择合适的切换时机。“精读-略读”长时跟踪（SPLT）模型（Yan et al.，2019）使用一个新的“Skimming-Perusal”跟踪框架进行长时跟踪。“Skimming”模块用密集的滑动窗口来定位最有可能包含目标的区域，从而加速重检测的过程。“Perusal”模块包含一个高效的边界框回归和一个目标验证器。其中边界框回归用来生成一系列目标候选框，目标验证器根据置信度得分选择最优目标框。而具有元更新的高性能长期跟踪（LTMU）模型（Dai et al.，2020）则主要是为了解决长时目标跟踪更新不准确的问题，其基于一个元更新器（meta-updater），通过结合相关线索来确定跟踪器在当前是否应该更新。GlobalTrack 为长时跟踪算法提供了一个全局搜索策略。虽然上述跟踪方法取得了良好的效果，使长时跟踪领域向前迈出了一大步，但这些方法对遮挡问题的关注较少。由于遮挡物在外观和形状上存在严重的变化，跟踪器可能会积累遮挡产生的错误信息，这将极大影响对视觉目标的跟踪性能。如图 4-5 所示，通过实验分析验证，目前的长时跟踪算法在遮挡情形下的效果不显著。当然，也有一些方法可以用于对遮挡问题进行改进，但只是简单地通过损失设计、结构化稀疏表示学习或者新的训练策略。例如，Gay-Bellile 等提出使用强化学习生成遮挡样本来训练跟踪器。然而，生成的样本数量有限，与实际遮挡场景存在很大的差异。总之，这些方法只解决了部分临时遮挡的问题，或只降低了遮挡带来的部分影响，而没有检测出每帧遮挡物的位置信息。计算机视觉领域的大量研究证明，组合模型能够对部分遮挡的二维模式进行鲁棒分类。Kortylewski 等提出的合成卷积神经网络则利用组合模型的生成性，将组合模型与深度卷积神经网络（deep convolutional neural networks，DCNN）集成到一个统一的深层模型中，对部分遮挡进行定位。参考该研究，本节尝试将遮挡检测方法应用于视觉目标跟踪中，以实现遮挡定位。具体来讲，本节将组合模型和深度卷积神经网络集成到一个对部分遮挡具有鲁棒性的统一深度模型中，结合使用本节创建的数据集，设计一种新的遮挡感知表示学习算法，通过一个通用且有效的局部遮挡检测模块，准确地定位遮挡物的位置，从而提高视觉长时目标跟踪算法的性能。

本节主要实现的效果如下。

（1）提出一个新的遮挡感知表示学习框架，并将其用于处理部分遮挡。设计的框架由局部遮挡检测模块（LODM）和特征重建模块两部分组成，这两部分可以学习无遮挡表示，并在跟踪遮挡场景下提高性能。作为一个独立的框架，它不仅具有输入和输出简单的特点，而且可以较容易地插入长时跟踪算法。

（2）提出的 LODM 可以应用于许多场合，包含局部跟踪器和结果验证阶段，可以有效地改善目标特征。因此,在线更新阶段,本跟踪器可以有效地获得鲁棒特征,缓解次优更新,从而提高最终评估的准确性。

(3)在长时跟踪基准 LaSOT、VOT2018LT、VOT2019LT、TLP 下对所提出的方法进行广泛的评估,跟踪结果验证了模型的有效性。

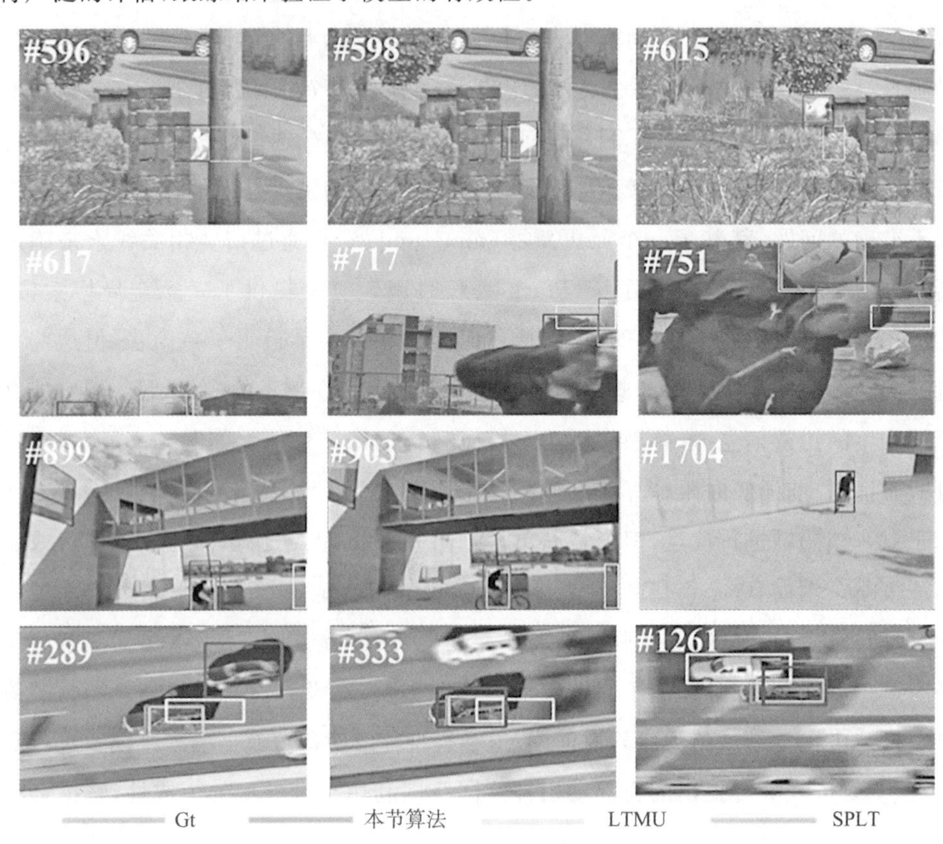

图 4-5　在具有遮挡挑战的视频序列下的跟踪结果比较图

4.3.2 跟踪算法流程

本节介绍基于遮挡检测的长时目标跟踪器算法的总体流程。具体来讲,本节提出了一种新的基于遮挡器的表征学习框架。首先,设计了一个有效的局部遮挡检测模块(LODM)来定位遮挡。在这个模块中,通过聚类方法预先构建目标的一般知识。具体来讲,本节收集了常见类别的对象数据集,并通过将它们进行分类获取这些类别的一般知识。本节 LODM 的工作任务是区分非目标部分(或称遮挡物),并通过二元掩模对其进行定位。然后,利用特征重建模块指导遮挡感知表征学习。在这个模块中,只需丢弃损坏的特征元素,通过生成的掩码进行特征重建。此外,改进后的特征不仅可以用来确定模板的更新时机,还可以使结果验证更加准确。

如图 4-6 所示，定位遮挡物跟踪框架(LOTracker)由三部分组成，分别是预测局部跟踪结果的局部跟踪器、局部遮挡检测模块和特征重建模块。其中，局部遮挡检测模块由分类模块和掩码生成模块组成。

跟踪器的具体工作流程如下：首先，在前 k(在本节的实验中取 k 为 5)帧中，根据局部跟踪器的跟踪结果在原图上进行裁剪，将裁剪后的图片作为分类模块的输入，并使用前 k 帧中最频繁出现的类别结果作为最终分类结果。如果预测的类别结果在本节创建的数据集的类别列表中并且局部跟踪器的结果是需要更新的，则在当前帧中使用局部遮挡检测模块，否则跳过该模块。图 4-6 中的情况一和情况二分别表示更新判断结果为真和为假的状态，若执行情况二，本节使用局部遮挡检测模块生成的遮挡物来改善特征学习、在线更新和结果验证阶段，其中特征掩码(FM *)包含了生成掩码和重建特征的过程，同时也被用于验证阶段，以获得最终结果。

4.3.3 通用知识获取模块

类别信息对于局部遮挡检测模块至关重要。然而，视觉目标跟踪任务仅提供第一帧的位置信息，而没有特定的类别概念。因此，本节为分类模块建立了一个新的、丰富的数据集，以获取特定的类别信息，并利用聚类策略获取不同类别的一般知识。下面，本节详细描述额外数据集和聚类策略。

1.额外数据集

由于局部遮挡检测模块的需要，本节基于目标跟踪任务建立了自己的数据集，下面重点介绍数据集的类别选择和数据来源。

1)类别选择

本节采用分层设计策略来构建训练数据集，其中策略类别可分为五大类，即动物类、背景类、其他类、人类和车辆类。其中，其他类是为了进一步解决训练数据与测试数据不平衡的问题而设计的。本节的其他类可以包含不可预测的数据，这可以防止它被归类到其他特定类别。然后，为上述四个类别(背景类除外)设计相应的子类别。动物类包括 30 个子类别(熊、鸟、骆驼、猫、牛、螃蟹、狗、大象、鱼、狐狸、青蛙、大猩猩、马、袋鼠、豹、狮子、蜥蜴、猴子、老鼠、猪、兔子、乌贼、羊、蛇、蜘蛛、松鼠、老虎、乌龟、斑马、其他)；其他类包括 15 个子类别(球、板、书、瓶子、硬币、杯子、电风扇、旗帜、吉他、风筝、刀、牌照、麦克风、雨伞、其他)；人类包括 4 个子类别(脸、手、人、其他)；车辆类包括 9 个子类别(飞机、自行车、船、公共汽车、小汽车、摩托车、火车、卡车、其他)。在每个子类别中，本节采用与大类相同的思想，在每个主要子类别中添加其他类，使特定类别包含不可预测的类别。

2)数据来源

本节从三个方面丰富新的数据集：首先，整理和总结现有的数据集[Coco(Lin et

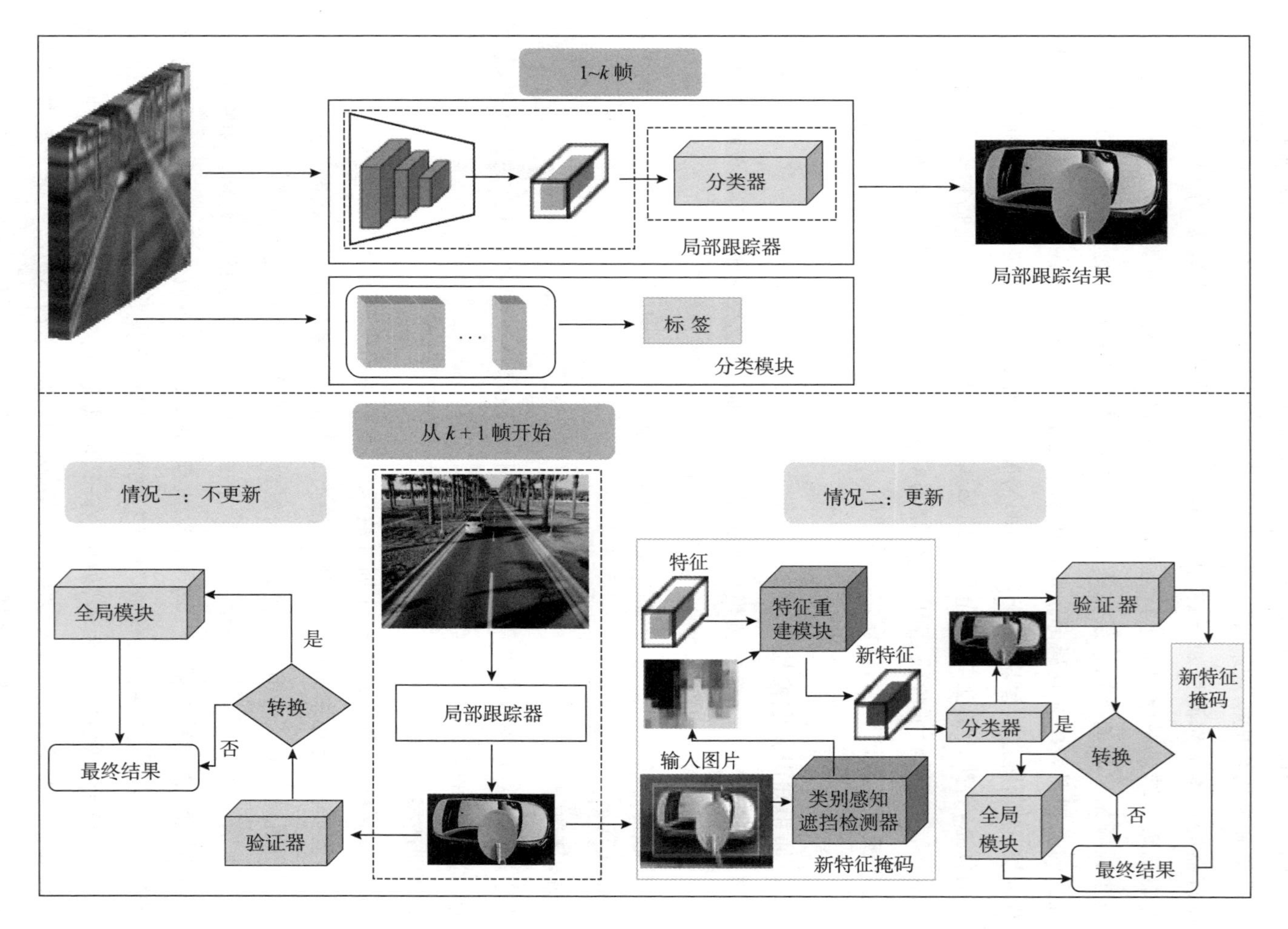

图 4-6　基于遮挡检测的长时目标跟踪器算法流程图

al.,2014)、Got-10k(Huang et al.,2019)的训练部分、LaSOT(Fan et al.,2019)和ImageNet-VID],以选择相对有用的图片裁剪后添加进新的数据集中;其次,使用爬虫技术挖取需要的图片集,进一步完善数据集,使其更加全面;最后,在长时数据集的启发下,使用无人机捕捉一些具有遥远视角和小目标的图片。通过以上三个方面最终收集到一个干净有效的训练数据集,用于分类模块和遮挡检测模块的训练。

2.聚类策略

许多高质量的研究表明,组合模型可以迫使特征被激活,从而将不同的类别进行分离,因此可以在特征激活角度去考虑生成不同类别的目标。当给定已知类别的一般知识时,组合模型对遮挡物或者干扰物很敏感。受此启发,聚类策略的目的是采用组合模型来找出潜在目标区域中的非目标部分。具体来说,本节使用聚类策略来获得不同类别的一般知识。通过详细分析发现,聚类算法中太多的聚类中心会使聚类混杂,导致聚类的效果不佳。为了避免这种情况,本节在自己创建的数据集上训练不同类别的聚类模型,该数据集使用分层思想设计,即将目标分为五大类:动物类、背景类、人物类、车辆类和其他类,每个大类包含各自的子类,同时训练了五个聚类模型对应的类别。通过精细化设计,本节的聚类模型在各自的类别中表现良好。

4.3.4 局部遮挡检测模块

本节设计的局部遮挡检测模块主要由分类模块和掩码生成模块组成,下面详细介绍这两个模块的细节原理。

1.分类模块

类别信息对于本节提到的掩码生成模块至关重要。然而,视觉目标跟踪任务只提供第一帧的目标框,没有给出特定的类别信息。而本研究工作将利用 Addernet 强大的分类能力和速度快的优势,来作为整个模型的辅助分类器。由于跟踪任务的类别是多样化的,本节使用多级策略来实现分类任务,这可以提高设计的掩码生成模块的聚类精度。如图 4-7 左侧所示,通过分类网络预测目标的主要类别,用于选择子分类模型和相应的遮挡检测模型。由于图空间的限制,本节使用缩略词表示特定信息。其中缩略词的具体含义如下:A 表示动物;B 表示背景;V 表示车辆;P 表示人;E 表示其他;AR 表示飞机;BI 表示自行车;BO 表示船;BU 表示公共汽车;C 表示小汽车;M 表示摩托车;TRA 表示火车;TUR 表示卡车;VE 表示车辆类其他。

2.掩码生成模块

本节将系统地介绍基于 Kortylewski 等提出的合成卷积神经网络的掩码生成模块。首先,介绍组合模型的原理。其次,针对目标跟踪任务提出对组合模型的改进方案,主要从三个方面进行改进:多级分类模型、类别感知的遮挡检测模型和输入图片选择。本研究提高了局部遮挡检测算法的泛化能力,通过三方面的改进实现了更精确的遮挡检测。前面已经提到了多级分类思想,因此下面重点介绍其他两个方面的改进。

(1)组合模型的很多研究工作表明,组合模型对不同的类别可以激活不同的特征。如图 4-7 右侧所示,vMF(vonmises-fisher)核表示目标对象特征向量的聚类结果,y 表示目标对象的类别数量,K 表示混合成分的数量,遮挡核是遮挡模型的参数。本节尝试将几种遮挡模型混合,包括白色遮挡、噪声遮挡和一般遮挡。类混合物A_y 表示混合模型在特征图 F 的每个位置 s 上的参数,M 表示组合模型混合物的数量。生成掩码的过程:首先,将裁剪后的图像输入深度卷积神经网络中,得到特征映射 F;其次,使用 vMF 核 $\{\mu_k\}$和非线性 vMF 激活函数 $N(\cdot)$来获得 vMF 最大似然值 L;再次,通过遮挡核 $\{\beta_k\}$计算遮挡可能性 O,通过混合模型 $\{A_y^M\}$ 计算混合可能性 $\{E_y^M\}$;最后将 O 和

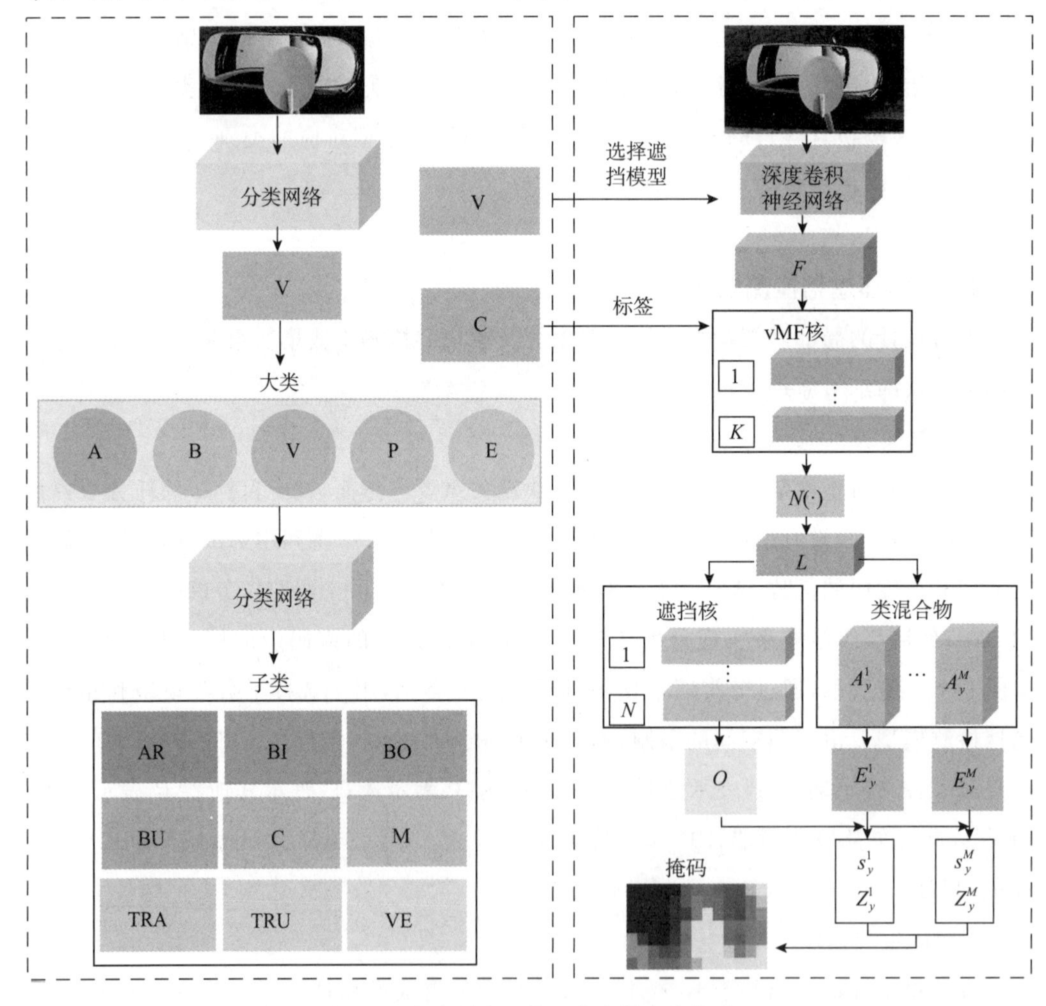

图 4-7　分类模块和掩码生成模块结构图

$\{E_y^M\}$结合起来计算遮挡掩码Z_y。同时，通过使用自己创建的数据集和类别设置对训练数据进行聚类来初始化组合模型。在这种方法中，vMF 聚类生成的目标模型可以通过遮挡模型得到增强。因此，本节可以得到图像中每个位置的掩码，无论是目标对象还是遮挡物。

(2)类别感知的遮挡检测聚类算法中聚类中心过多会使聚类混杂，导致聚类效果较差。因此，本节将目标分为五大类：动物类、背景类、人类、车辆类和其他类，并分别训练四个类别（背景类除外）对应的遮挡模型。本节的遮挡检测模块需要根据目标类别信息进行选择。图 4-7 是很具代表性的掩码生成模块结构图。图的左侧通过分类模型得到主要类别和子类别，这不仅给出了一个合适的遮挡模型，也为生成掩码提供了类别标签；图的右侧展示的是在接收图左侧的遮挡模型选择结果和标签后，单个帧中检测局部遮挡的过程。

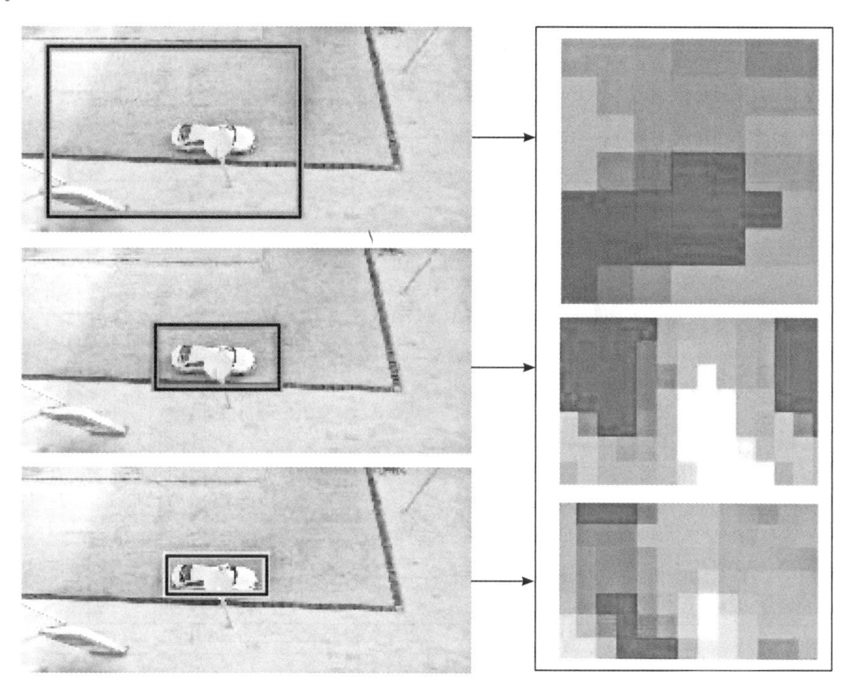

图 4-8　不同输入图像的遮挡检测模块及其相应的特征映射

如图 4-8 所示，原始图片上的三个检测框（由上至下）分别表示搜索图片、裁剪大小略大于跟踪结果的图片和根据跟踪结果裁剪的图片。

(3)当输入图像以原始图像或搜索区域输入时，遮挡掩码的高响应值集中在背景域，忽略目标对象的遮挡部分。当跟踪结果直接作为输入时，在跟踪结果没有遮挡或冗余背景的情况下，一些有效特征可能被误判为遮挡物。通过分析，本书选择比跟踪结果框稍大的区域作为输入是最合适的。使用式(4-11)进行具体的裁剪，其中 L 代表宽度或者高度，P 代表根据宽度或高度扩大的范围。如图 4-8 所示，在使用这种输入图像设计时，可以更有效地将注意力集中在目标的遮挡部分。

$$P=\begin{cases}L/2, & L\leqslant 50\\ L/5, & 50<L<100\\ L/10, & L\geqslant 100\end{cases}\tag{4-11}$$

4.3.5 特征重建模块

前面主要介绍了遮挡检测模块生成掩码的主要过程，通过掩码的使用，改进了特征学习、在线更新和结果验证阶段。本节主要阐述掩码的使用过程，即遮挡检测模块中掩码的主要用法。如图 4-9 所示，设计一个特征重建模块。首先，掩码中的值将被归一化，并用于生成权重矩阵，该矩阵中值大于阈值 β 的位置将被置为零。其次，将改进后的矩阵和特征映射相乘，以丢弃特征中的噪声干扰，得到净化后的特征。图的上方部分是生成的掩码转换成相应权重矩阵的过程；图的下方部分是掩码的具体使用过程，该部分反映了遮挡检测模块可以有效地定位遮挡物。

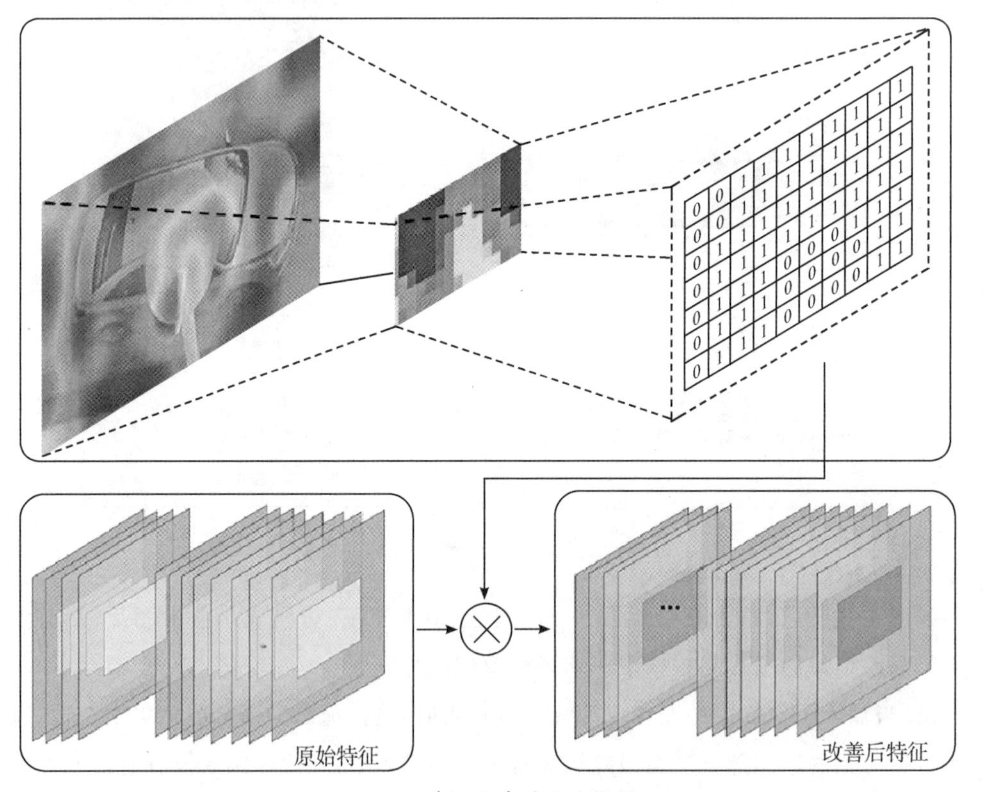

图 4-9　特征重建模块结构图

本节提出了一个新颖的局部遮挡检测模块和特征重建模块，以改进特征提取、在线更新和结果验证等阶段，从而减少遮挡问题带来的影响，而在长时跟踪基准数据集上的跟踪结果证明了本节的定位遮挡物跟踪框架的有效性和鲁棒性。在未来，本研究将考虑进一步提高所提出的局部遮挡检测模块的泛化能力并增加其应用场景。

4.4 基于 Transformer 的目标跟踪算法研究

4.4.1 基于自注意力机制的 Transformer

深度学习作为机器学习领域的一个重要分支，其主要思想是对图像数据进行表征学习，通过设计多层结构来学习不同级别的特征表示。深度学习的起源最早可以追溯到 1980 年，Fukushima 提出新认知机；Yann 和 LeCun 等于 1989 年提出卷积神经网络(CNN)，并开始将其应用于手写识别任务，随着对卷积神经网络的研究不断加深，出现了深度卷积神经网络(DCNN)；1997 年，Hochreiter 等提出了长短时记忆循环神经网络(LSTM)，这是一种特殊的循环神经网络(RNN)的变体；2006 年，深度信念网络(DBN)的出现掀起了一股深度学习的研究热潮；自 2012 年至今，出现了许多里程碑式的成果，如亚历克斯网络(AlexNet)(Krizhevsky et al.，2017)、视觉几何图形组网络(VGGNet)、深度残差网格(ResNet)(He et al.，2016)等，当前的深度学习技术借助其不可替代的优势，结合深度卷积神经网络模型，已经广泛应用于图像分类、目标检测和目标跟踪等多个领域。

在 LSTM 占优势的自然语言领域，基于 Transformer 的预训练语言模型已成为主流。与此同时，基于 Transformer 的各种变体应用于计算机视觉领域的研究也层出不穷。2020 年，谷歌团队提出 ViT，直接将 Transformer 应用于图像分类任务，取得了和卷积神经网络相媲美的效果。

谷歌团队于 2017 年提出 Transformer，其整个结构设计由注意力机制实现，是一个由编码器和解码器构成的模型结构。现在，Transformer 已然成为自然语言领域的重点模型。随后，众多研究学者尝试将其迁移到计算机视觉任务中。2018 年，图像转换器(image transformer)发布。此后出现了更多优秀的研究成果，例如，Carion 等(Carion et al.，2020)提出了基于转换器的目标检测网络(DETR)，首次将 Transformer 应用于目标检测领域；谷歌提出 ViT，完全用 Transformer 结构替代了传统卷积神经网络。此外，在目标跟踪领域也涌现了许多性能优异的跟踪器，例如，基于转换器的目标跟踪器(TransT)设计了一个基于自注意力的特征融合模块，通过使用注意力机制在模板图像与搜索图像特征之间进行有效组合；学习时空变换器的目标跟踪器(STARK)模型结合 Transformer 学习了更加丰富的时空联合信息，取得了优良的跟踪效果。

总体而言，Transformer 结构突破了循环神经网络（RNN）由于本身的序列依赖结构而不能并行计算的劣势，也克服了卷积神经网络（CNN）无法捕获远距离特征的不足，其不仅在自然语言领域具有里程碑意义，还在计算机视觉任务中开始崭露头角，被寄予了厚望。

1.背景介绍和相关用途

以人类为例，其在捕获信息时会先有一个宏观概念，然后再投入更多注意力进行深入思考。Bengio 团队借鉴此类独特的生理机制，于 2014 年率先提出注意力机制。而自注意力机制在注意力机制的基础上进行了改进，本质上是一类特殊的注意力机制，其更关注所应用的组件内部的联系。之后，谷歌团队于 2017 年在发表的“注意力是你所需要的”（“*Attention Is All You Need*”）中提出 Transformer，抛弃了传统的 CNN 和 RNN，网络结构由自注意力机制实现，是基于编码器和解码器的模型结构。自此，Transformer 模型开始逐渐在自然语言领域盛行。

传统的 RNN 或者 LSTM 算法模型是按顺序计算的，这限制了模型的并行计算能力。Transformer 解决了上述问题，在自然语言领域中表现出极好的效果。不仅如此，随着研究的深入，出现了很多 Transformer 变体。相较于 CNN 而言，其具有捕获长距离依赖的能力，不仅广泛应用于机器翻译、文本识别任务，还应用于计算机视觉任务。

2.整体架构和细节原理

图 4-10 展示了 Transformer 的整体架构，具体可以分为四个模块：输入模块、编码器模块、解码器模块和输出模块。最基础的 Transformer 结构包含 6 层编码器和 6 层解码器，本节将详细阐述其中的原理。

1）输入模块

图 4-10 中左下区域展示的是输入模块，其包含输入数据和输入数据嵌入以及它们对应的位置编码。其中，嵌入层的作用是将输入数据转换为向量，用向量的高维空间捕获输入数据之间的相关性。由于 Transformer 抛弃了 RNN 的结构，无法通过递归推测输入数据中目标的位置含义，因此引入位置编码器给输入数据每个数据进行位置编码，使其具备相应的位置信息。

2）编码器模块

图 4-10 中的左上区域表示编码器模块，其主要目的是对输入数据进行特征提取。图中的 N 代表编码器层数，一般设为 6。每个编码器层由两个子模块构成，即多头注意力层与前馈网络层，且每个模块包含残差连接和规范化层。其中，使用残差连接是为了防止梯度消失。

式（4-12）代表自注意力的工作机制，其中 Q（查询）、K（键值）、V（值）分别由输入向

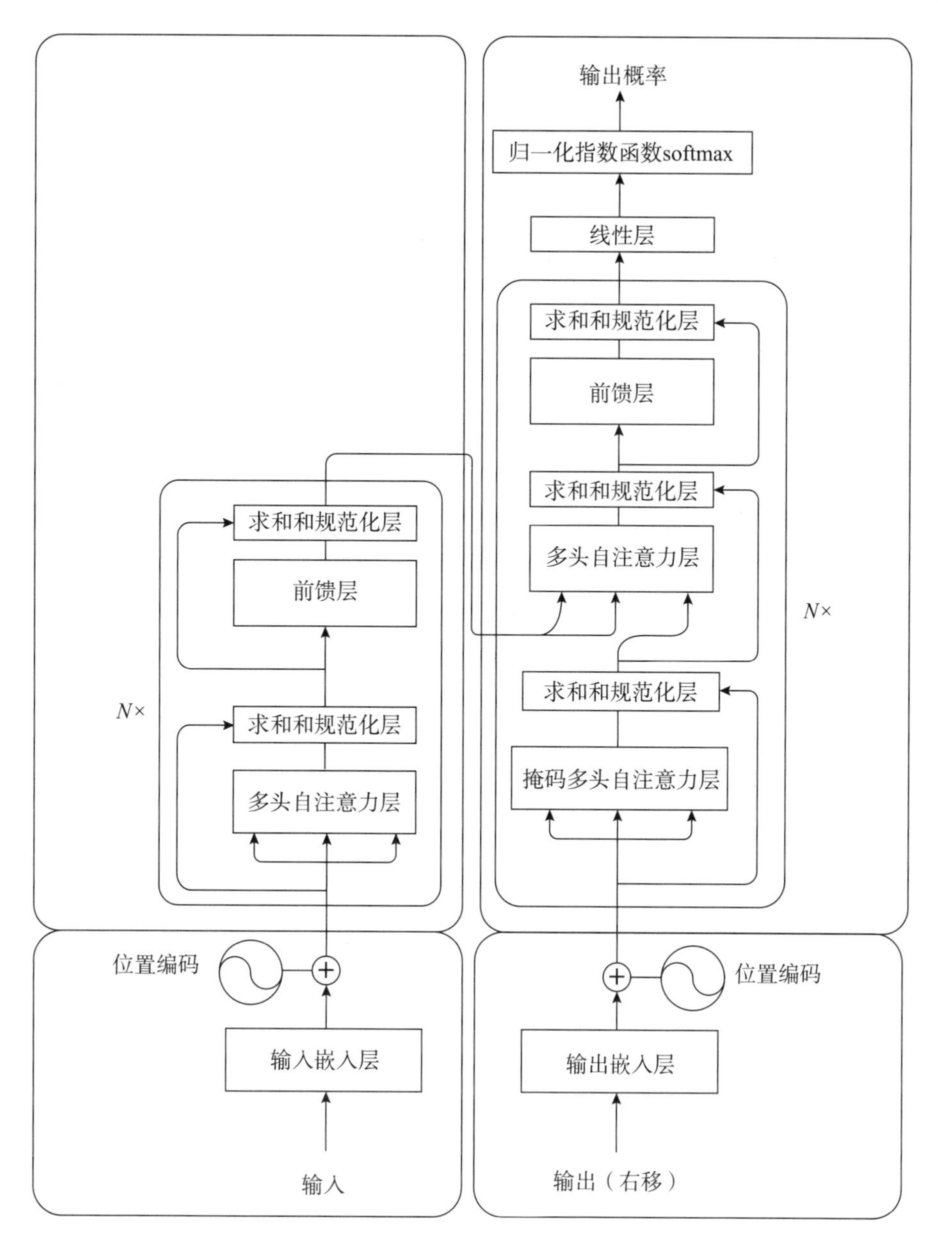

图 4-10　Transformer 整体框架图

量乘以三个不同的权重矩阵得到，根据查询和键值的相似度匹配值，最终得到输入向量的评价分数 Z，将 Z 输入前馈网络进行式(4-13)的运算。该网络包含两层激活函数，第一层为 ReLU，第二层为线性激活。多头注意力层包含多个（通常为 8 个）自注意力机制，这能使其关注到不同位置的信息，且多个权重矩阵可以使输入数据投射到多个子空间。

$$Attention(Q,K,V)=softmax\left(\frac{QK^{\mathrm{T}}}{\sqrt{d_k}}\right)V \tag{4-12}$$

$$FFN(Z)=\max(0, ZW_1+b_1)W_2+b_2 \tag{4-13}$$

3)解码器模块

图 4-10 中的右上区域代表解码器模块，每个解码器层根据给定的输入数据向目标设定方向进行特征提取操作。解码器包含三个子模块，即掩码多头注意力层、多头注意力层和前馈网络层，每个模块都具有规范化层和残差连接。解码器的第一个多头注意力层包含掩码操作，在自然语言领域，这不仅可以防止泄露当前文本之后的信息，还可以针对长度不一的序列进行补全；第二个多头注意力层的输入与编码器不同，其 K 和 V 来自编码器的输出，Q 来自解码器前一模块的输出。

4)输出模块

图 4-10 中的右下区域为输出模块，其包含一个线性层和一个 softmax 层。其中，线性层由全连接网络构成，其目的是将解码器最后的输出投射到更高维度；softmax 层使最后一维向量中的分数转移到 0～1 的概率值域内，并使它们的和为 1。模块最终选择概率最大值对应的目标作为最终输出结果。

4.4.2 基于局部与全局自适应切换的长时目标跟踪算法

1.引言

本节结合注意力机制，以基于局部与全局自适应切换的长时目标跟踪算法为例，介绍注意力机制在目标跟踪领域的实际运用。

目标跟踪技术作为自动驾驶、智能机器人、智能视频监控等视觉领域的基础性技术，受到众多研究学者广泛、深入的研究，并且取得了很多优秀的研究成果。以往的学术研究及视频目标跟踪大赛更关注在秒级到分钟级的短时跟踪场景中，算法的准确性和鲁棒性。然而，在现实生活场景中，分钟级别甚至小时级别的长时视觉目标跟踪更贴近现实视频监控、人机交互的需求，是目前甚至未来研究的重点方向。尽管基于深度学习的长时目标跟踪算法仍处于发展阶段，在精度和鲁棒性方面都有待提高，但是开展长时目标跟踪领域的研究，对实际场景应用具有重大意义。

与传统的短时目标跟踪算法相比，目前主流的长时目标跟踪任务基本采用结合短时单目标跟踪器和全局重检测策略的方式，这不仅要求短时单目标跟踪算法具备优良的局部跟踪性能，也要求检测器具备全图范围精确搜索的能力。更关键的在于如何准确地预测局部跟踪器和全局检测器的切换时机，即判定目标的存在情况。鉴于目前兼顾速度和精度的优秀短时目标跟踪算法层出不穷，本节主要从全局检测器和更新时机两方面展开研究。

在全局检测器方面，传统的目标检测器依赖于类别信息，其主要的任务是进行给定图像的目标位置定位和类别确定。在基于重检测的跟踪算法中，尽管检测框架相对于跟踪框架重新进行了设计调整，以顺利服务于目标跟踪任务，然而全局检测器的性能和速度依旧是影响目标跟踪整体性能和速度的关键要素。在更新时机方面，如何在短时局部跟踪器和全局重检测器之间有效切换是长时目标跟踪问题的关键环节。目前主流的算法大多将短时局部跟踪器的输出结果作为监督信息，从而进一步判断目标消失与否。例如，2018 年视觉目标跟踪大赛长时跟踪赛道（简称 VOT 2018LT）的冠军基于 MobileNet 的检测跟踪算法（MBMD）添加了一个在线更新的分类器进行局部与全局的切换。然而，利用短时跟踪器的输出结果进行自我评价并不完全可靠，尤其在长时跟踪数据集频繁出现目标消失和再现的情况下，跟踪器不可避免地会积累噪声干扰信息。LTMU 通过利用循环神经网络整合多个线索来寻找更新的时机。然而，离线训练一个三阶段级联的长短时记忆模型并非易事。

基于此，针对全局重检测速度慢、准确性低的问题，本节采用轻量级的基础检测模型，提升检测分支的推理速度。一方面，Zhang et al.（2021）在文献中验证了动态卷积核在跟踪任务上的有效性。为此，本节在检测模型中融入目标信息，使全局检测器更具针对性。另一方面，对于相似物场景，传统的长时目标跟踪算法的全局搜索分支会出现跟踪漂移。受多目标跟踪算法启发，本节在单目标跟踪基础上融入目标联系策略，通过目标 ID 维系目标轨迹，由此更能有效区分目标和干扰物。而 Transformer 在跟踪领域的应用表现出色，有效解决了切换网络训练难、稳定性差的问题。因此，本节设计了一种基于 Transformer 的自适应切换网络来进行更新时机判断。

本节主要实现的效果如下。

（1）为了提升全局检测器速度和精度，本节采用动态卷积核融合目标信息的轻量化检测模型，并在其后加入目标联系策略，通过维系不同目标之间的轨迹信息来解决相似物干扰导致的跟踪“漂移”问题。

（2）本节设计了一个基于 Transformer 结构的自适应切换网络，通过编码器和解码器整合多个线索信息，通过自适应学习的方式实现局部跟踪器和全局检测器之间准确的切换。

（3）通过改进现有的长时跟踪算法中两个比较突出的问题，本节在长时跟踪基准数据集 LaSOT、VOT 2018LT 以及 VOT 2019LT 上对所提出的算法进行了广泛的评估，评估结果验证了所提出的算法的有效性。

2.长时目标跟踪流程

如图 4-11 所示,基于局部与全局自适应切换的长时目标跟踪算法主要由三部分组成:局部跟踪器、全局重检测器和目标联系策略。在测试过程中,局部跟踪器将裁剪后的局部搜索区域作为输入,然后输出跟踪结果,该跟踪结果经过一个分类器的评价得到相应的分数。如果分数小于预先设定的阈值,就进行持续的局部跟踪;反之,启动全局检测器进行全图搜索,并将找到的目标输送给局部跟踪器作为当前帧的结果。在启动下一帧前,收集局部跟踪器得到的相关信息,并将其输入自适应切换网络进行更新时机判断。

在本框架中,局部跟踪器采用带有在线更新功能的短时跟踪算法 DiMP(Bhat et al.,2019)。跟踪算法 Siamfcpp(Xu et al.,2020)在传统 SiamFC 的基础上引入了分类回归分支,本节将其作为分类器,用于评价局部跟踪结果的可靠性。与此同时,全局重检测框架采用融合动态卷积核的轻量化检测模型,结合目标联系策略进一步提升全图搜索目标的能力。下面重点介绍结合目标联系策略的全局重检测框架以及基于 Transformer 的自适应切换网络实现过程。

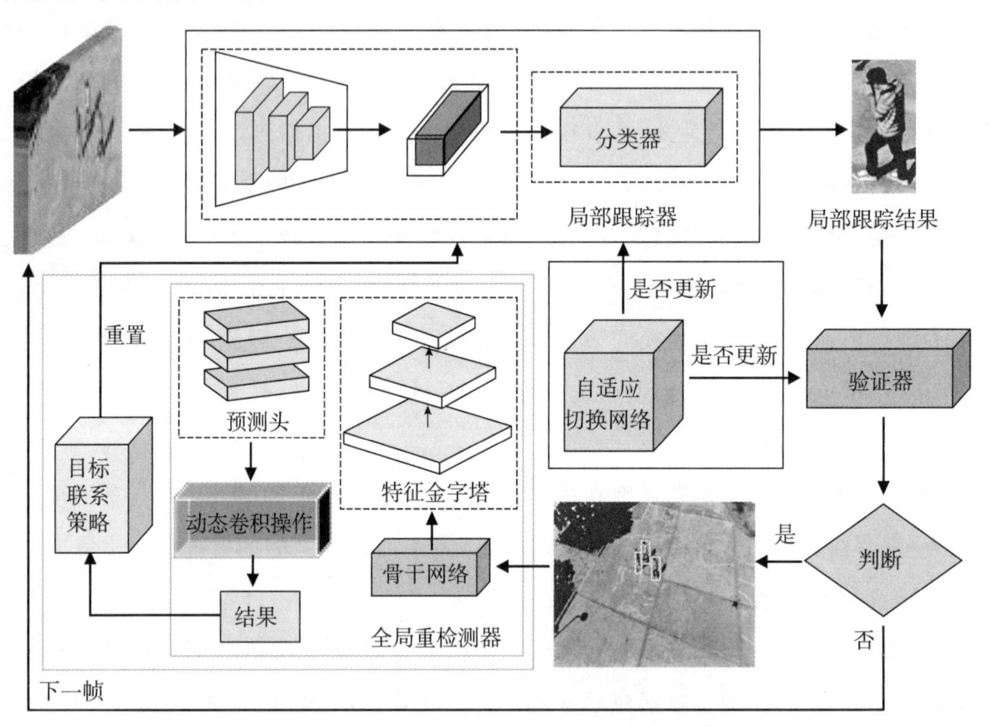

图 4-11　基于局部与全局自适应切换的长时目标跟踪算法结构示意图

3.结合目标联系策略的全局重检测框架

主流的长时目标跟踪算法主要包含一个性能优良的短时跟踪器和一个基于全图搜索的重检测策略。本节为了进一步提升重检测器的精度和速度,采用轻量化的检测模型,并添加目标联系策略来维系目标的运动轨迹。

4.轻量化检测框架

在上述短时跟踪器的基础上加入全局重检测器，一方面是为了缩短重检测的时间，从而加速跟踪的推理过程；另一方面是为了进一步发挥检测器全图搜索的能力，避免出现背景混杂场景下难以区分目标和非目标部分的情况。全局检测模型使用基于动态卷积操作的轻量化网络，其基础检测模型（Tian et al.,2020）为一个单阶段的基于全卷积的检测网络（FCOS），骨干网络是 DLA-34，模型颈部采用的特征金字塔多层特征 P3、P4、P5 对应的步长分别为 8、16、32。借助动态卷积核的优势，在检测网络基础上融入目标信息，使检测过程更为关注目标对象。

全局检测器的总体结构如图 4-12 所示，包含权重共享的全卷积网络、控制器和分类回归等关键部分。在模板分支，先采用一种高效的特征对齐方式来剪裁目标的特征，然后使用控制器结合裁剪之后的特征得到动态卷积核参数；在搜索分支，按照现代检测方法的堆叠设计，将动态卷积参数信息嵌入特定的层中来净化目标特征。

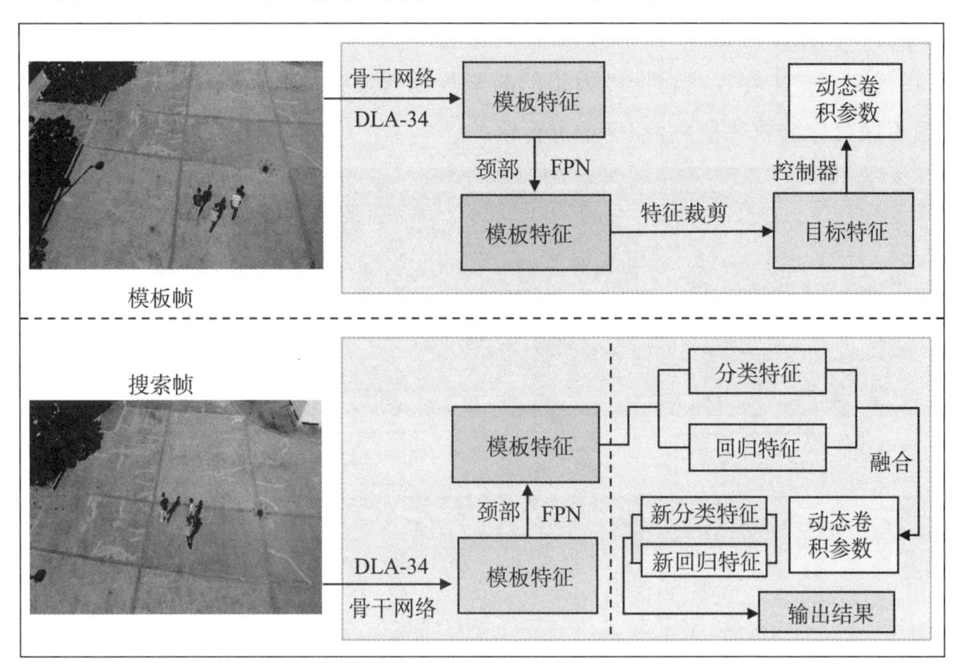

图 4-12　融合动态卷积的轻量化全局检测器结构示意图

（1）控制器。首先将经过骨干网络以及颈部操作出来的特征进行裁剪，其次用 1×1 标准卷积来调整各个特征通道[式(4-14)]，使之适应动态卷积参数的维度[式(4-15)]，最后经过全局平均池化操作生成最终特征。

$$\begin{cases} C^{g} = \sum_{i=1}^{m} cPN(conv_{\text{cls}}^{i}) + \sum_{j=1}^{n} cPN(conv_{\text{reg}}^{j}) \\ PN(conv_{\text{cls}}^{i}) = (C^{i} \times K_{w}^{i} \times K_{h}^{i} + 1) \times C^{i+1} \end{cases} \tag{4-14}$$

$$PN(conv_{\text{reg}}^{j}) = (C^{j} \times K_{w}^{j} \times K_{h}^{j} + 1) \times C^{j+1} \tag{4-15}$$

其中，m 和 n 分别对应分类和回归，表示特征金字塔层的特征层数（1～6）；PN 表示动态卷积参数的数量，如第 i 层的分类分支，权重参数由输入特征图的通道数 C^i、卷积核宽 K_w^j、卷积核高 K_h^i 和卷积核数量 C^{i+1} 的乘积决定。

（2）检测头。该全局检测器的检测头除了用于分类、回归、中心点预测，还用于动态卷积。每个检测头包含三个组件：四个卷积核、用于减少通道数的卷积层和预测分支。检测网络设计简单和模型参数简化，使得检测模块的推理速度得以保证。

5.目标联系策略

多目标跟踪任务旨在预测视频中目标物体的边界框和目标标记号（ID），不同目标物体由不同的 ID 唯一标识。基于此，本节尝试将多目标跟踪中的目标联系策略加入长时单目标跟踪中，试图用不同的目标标记号来维护单目标视频中目标和相似物的轨迹。与多目标跟踪算法不同，单目标跟踪任务只需持续稳定地跟踪一个目标。然而，对于短时跟踪器与全局重检测器相结合的长时目标跟踪算法而言，即使融入了动态卷积的重检测器，在进行全图搜索时仍不可避免地会受到相似物干扰。如图 4-13 所示，通过实验验证发现，在视频图像中存在与目标极为相似的干扰物情况下，加入目标联系策略后可以通过维系不同目标的轨迹信息，准确地进行跟踪。

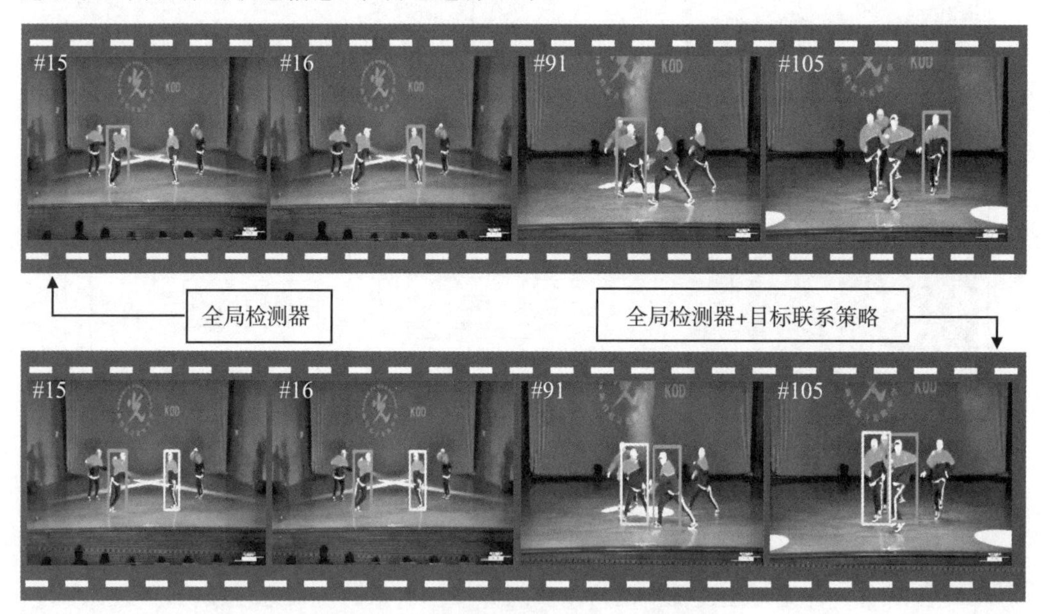

图 4-13　长时跟踪数据集上效果对比图

下面先介绍所采用的目标联系策略的理论概念，再详细阐述将目标联系策略融入长时单目标跟踪算法中的具体改进。

1）理论概念

传统目标联系策略通过关联置信度的分数高于给定阈值的检测框得到相应的 ID。然而，当视频图像中某些帧的目标被遮挡或者出现形变时，检测框的分数普遍较低，直接丢弃这些检测框会导致真实目标丢失。ByteTrack 保留每个检测框，将高分检测框与低分检测框分开处理，并将两者关联起来(Zhang et al.，2022)。对低分检测框而言，比较其与跟踪轨迹之间的相似性，从中挖掘出真实目标，过滤掉背景信息，在减少漏检的同时保持目标轨迹的连续性。

算法：目标联系策略的训练算法

输入：视频序列 V；目标检测器 Det；卡尔曼滤波器 KF；检测分数阈值 T_{high}、T_{low}；跟踪分数阈值∈

输出：视频跟踪轨迹 T

初始化：$T \leftarrow 0$

对于 V 中的每一帧 f_k，循环执行以下步骤：

　　/* 预测检测框和分数，按照给定阈值分为高分框、低分框，并进行关联 */

　　$D_k \leftarrow Det(f_k)$　　　# f_k 经过网络 Det 之后赋值给 D_k

　　$D_{high} \leftarrow 0$　　　# D_{high} 赋值为 0

　　$D_{low} \leftarrow 0$　　　# D_{low} 赋值为 0

　　对于 D_k 中的每个 d，循环执行以下步骤：

　　如果 $d.score > T_{high}$，则 $D_{high} \leftarrow D_{high} \cup \{d\}$

　　否则如果 $d.score > T_{low}$，则 $D_{low} \leftarrow D_{low} \cup \{d\}$

　　/* 使用卡尔曼滤波器预测各个 *Tracks* 的新位置 */

　　对于轨迹 T 中的每个 t，循环执行以下步骤：

　　　　$t \leftarrow KF(t)$　　　# t 经过卡尔曼滤波器 KF 后更新回 t

　　/* 第一次关联 */

　　使用 IoU 距离匹配方法关联 T 和 D_{high}

　　$D_{remain} \leftarrow D_{high}$ 中目标框保留

　　$T_{remain} \leftarrow T$ 中跟踪轨迹保留

　　/* 第二次关联 */

　　使用 IoU 距离匹配方法关联 T_{remain} 和 D_{low}

　　$T_{re\text{-}remain} \leftarrow$ 保留 T_{remain} 中的跟踪轨迹

　　/* 删除不匹配的跟踪轨迹 */

　　$T \leftarrow T \backslash T_{re\text{-}remain}$

　　/* 初始化新的跟踪轨迹 */

　　对于 D_{remain} 中的每个 d，循环执行以下步骤：

　　如果 $d.score >$ 阈值∈ 则将 d 加入 T 中

　　返回结果 T

结束

该策略的具体流程如下。首先,按照检测框置信度分数的高低,基于给定的阈值,将其分为高分检测框和低分检测框。紧接着进行第一次关联,将高分检测框和之前的跟踪轨迹相匹配。然后进行第二次关联,将低分检测框与第一次关联中没有匹配上高分检测框的跟踪轨迹相匹配。最后将第二次关联中没有匹配上的跟踪轨迹放在 T_lost 池中,30 帧内若再次出现就进行匹配,否则删除。而针对第一次关联中没有被跟踪轨迹匹配且分数足够高的检测框,为它新建立一个跟踪轨迹,以便后续帧进行维护。

2)具体改进

在全局重检测器后面添加目标联系策略,进而提升重检测器的精度。为了使多目标跟踪算法里的目标联系策略更适配本节的跟踪框架,本节做了如下两方面的改进。

(1)在高低分检测框阈值设定方面,ByteTrack 采用手工设置的固定参数。在本节的跟踪框架中,由于不同跟踪数据集序列场景差异较大以及不同序列的检测分数不尽相同,固定的阈值不能完全发挥目标联系作用,为此本节设计了自适应阈值选择的方式。

(2)在初始化方面,本节的跟踪框架只有在局部跟踪结果不可靠时才会启动全局重检测策略,因此目标联系策略的初始化依据全局重检测器的启动时机,如果是连续帧则只初始化一次,否则将重新初始化。

6.基于 Transformer 的自适应切换网络

长时目标跟踪框架大多采用局部跟踪和全局重检测相结合的方式。起初,利用短时跟踪算法在局部搜索区域中精准地跟踪目标对象。若目标丢失,则启动重检测器全图搜索目标位置。当重新检测到目标时,则切回局部跟踪模式。因此,如何在“局部跟踪器”与“全局重检测器”之间进行有效切换是长时跟踪领域的核心问题。为此,本节提出基于 Transformer 的自适应切换网络,通过编码器和解码器的设计融合多个线索信息以决定切换时机。下面先介绍多线索信息挖掘的细节,再阐述自适应切换网络设计的概念原理,最后介绍训练该自适应切换网络的过程。

1)多线索信息挖掘

大多数算法将局部跟踪器预测的置信度分数作为参考进行衡量,本节为精准地实现局部与全局的切换,采用多线索信息挖掘的思想。如图 4-14 所示,由于在线局部跟踪器进行局部跟踪时会输出相应的目标跟踪响应图,而跟踪响应图的最大值以及响应图周围的分布反映了当前预测的目标候选框与真实目标框(gt)的可信程度,因此本节将跟踪响应图作为评判切换时机的一个重要依据。此外,局部跟踪算法最终得到的目标候选框不仅能反映目标的位置信息,还可将对应的目标图像与模板帧裁剪后的图像进行相似性匹配。本节将候选框与相似性匹配分数作为其他两个关键的线索信息。与此同时,为了保持跟踪轨迹的连续性,本节将通过收集多帧的上述信息来获取帧与帧之间的时序线索。

图 4-14　多线索信息挖掘结构示意图

2)自适应切换网络学习

如图 4-15 中左侧所示,本节利用基于 Transformer 的结构进行自适应的时机切换。首先,对目标跟踪响应图使用全卷积网络,得到一个参考特征。其次,将最终候选框与目标模板进行相似性匹配,并将得到的匹配值作为外观线索。此外,跟踪响应图的最大值可以用于判别目标与背景,本节将其当作判别线索。结果候选框包含目标物体的空间位置信息,本节将其作为几何线索。本节收集多帧历史信息($T=20$),将上述线索信息连接起来并展开,作为基于 Transformer 结构的输入。同时通过编码器模块捕获输入的所有信息之间的特征依赖,并且通过全局上下文信息来提取这些线索的有用特征。紧接着将特征输入解码器模块进行特征筛选,最终通过一个全连接层返回目标进行目标是否丢失的二值判断。其中,Transformer 的编码器和解码器结构包含多头注意力机制和前向反馈网络,多头注意力机制的具体流程如图 4-15 中右侧所示。

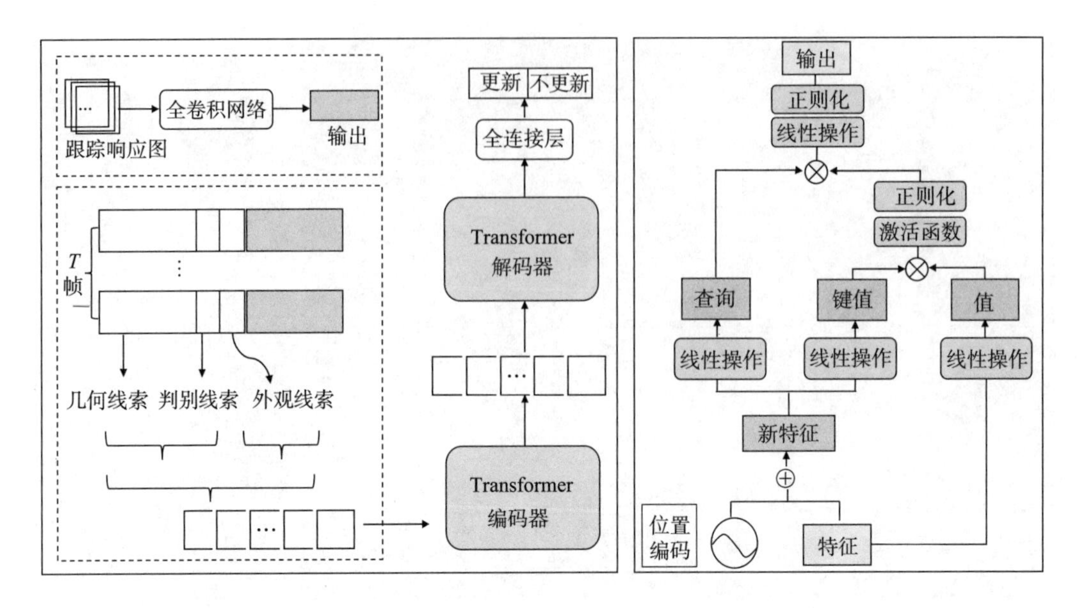

图 4-15　基于 Transformer 的自适应网络总体结构图(左)以及 Transformer 内部结构图(右)

3)训练数据创建及模型训练

为了更好地训练图 4-15 中所设计的网络模型,本节获取相应的训练数据,采用不同的训练数据集运行短时跟踪器,存下相应的跟踪结果,并将其拆分为相应的片段 $y=\left(\left(Y_t^v\Big|_{t=t_s}^{t_v}\right)\Big|_{v=1}^{V}\right)$。其中 v 表示视频数据索引号,V 表示训练集序列数量,t_v 表示第 v 个视频总的帧数,t_s 表示一定的时间间隔。每个时间片段的 Y_t^v 包含目标候选框、目标响应图、响应图最大值、当前第 t 帧的图像和模板图像。通过交并比准则获取 Y_t^v 的标签,如式(4-16)所示,b_t^v 表示第 v 个视频在第 t 帧的输出框,g_t^v 表示模板框。本节将预测目标框与模板框的重叠率为 50%以上的情况视为目标成功被定位,设置标签为 1,为正样本;如果目标不在模板框内,设置标签为 0,为负样本。

$$l(Y_t^v)=\begin{cases}1, IoU(b_t^v, g_t^v)>0.5\\0, IoU(b_t^v, g_t^v)=0\end{cases} \tag{4-16}$$

为了使基于 Transformer 的自适应切换网络更好地融入短时跟踪器与全局重检测结合的框架中,本节采用迭代训练的方式,该网络训练的主要过程如下。其中,$Local\_T$、$Transformer(Local_T)$分别表示局部跟踪器和带有局部跟踪器的自适应切换网络,K 代表最大迭代次数。

算法:基于 Transformer 的自适应切换网络训练算法

---

k 从 0 开始,每次加 1 直到 $k-1$ 为止,对每个 k,重复运行以下操作:

　　执行$\{Local_T, Transformer^k(Local_T)\}$,并记录跟踪结果

　　收集训练样本和标签$Y_t^v, l(Y_t^v)$

　　训练自适应切换网络$Transformer^{k+1}(Local_T)$

结束

7.实验

本节首先描述基于局部与全局自适应切换机制的长时目标跟踪算法的具体实验设置。其次,在公开的长时目标跟踪数据集上,将提出的跟踪器与目前主流的长时跟踪算法进行对比实验。最后对所设计的跟踪算法中的关键组件进行消融实验,以验证各个部件的有效性。

本节提出的基于局部与全局自适应切换机制的长时目标跟踪算法采用深度学习框架 PyTorch 和 TensorFlow 来实现,硬件设施的配置为 Inter i3 CPU(24G RAM),显卡为 NVIDIA GTX2080Ti GPU(11G)。

8.跟踪器算法性能评估

本节在 3 个长时目标跟踪基准数据集上,将提出的跟踪器与一些性能优良的主流跟踪器进行比较。

1)LaSOT 数据集

大规模、高质量的单目标跟踪数据集 LaSOT 包含 1400 个视频以及超过 352 万帧的手工标注图片,平均视频长度为 2512 帧,最短的视频包含 1000 帧,最长的视频则包含 11397 帧。如图 4-16 所示,将本节所提出的跟踪器与先进的跟踪算法进行定量对比。本节提出的跟踪器在 LaSOT 上的成功率和精度都达到了先进水平。

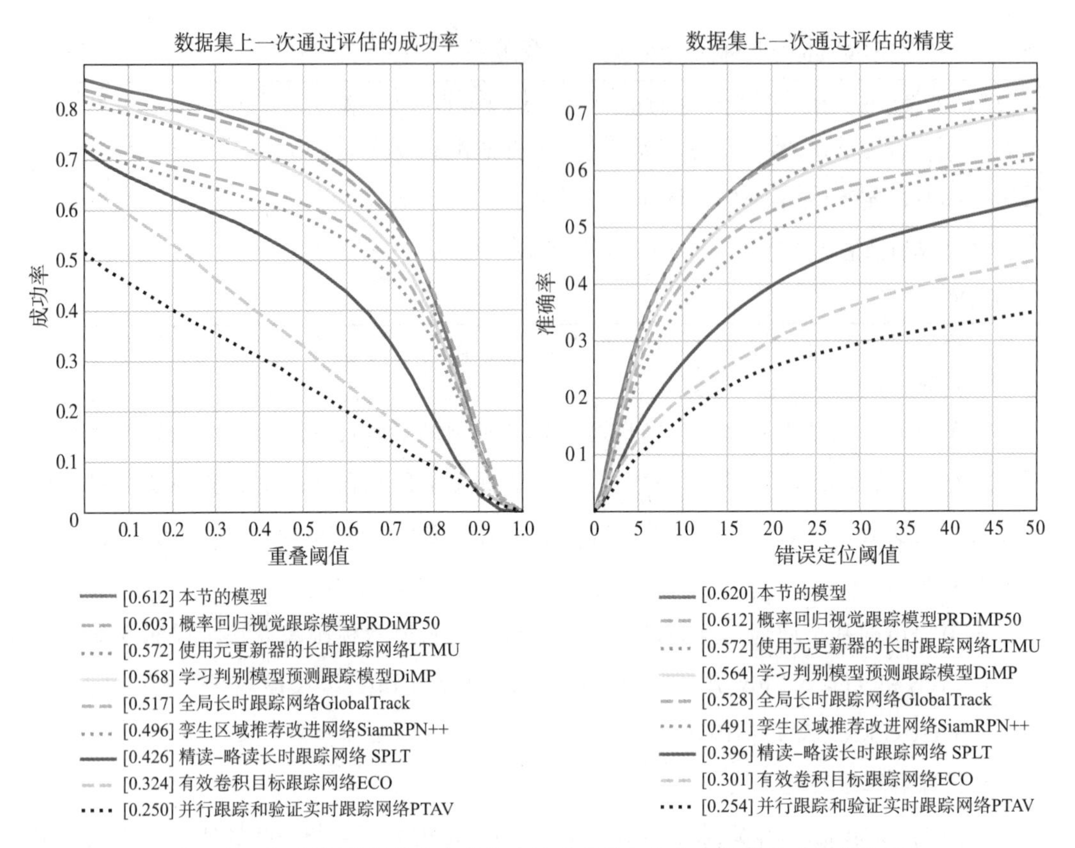

图 4-16　LaSOT 数据集上本节提出的跟踪器与其他先进算法对比结果图

2）VOT 2018LT 和 VOT 2019LT 数据集

2018 年视觉目标跟踪挑战赛中引入了长时跟踪任务，VOT 2018LT 数据集用于在此任务中评价不同长时跟踪器的性能，其由 35 个序列组成，序列包含 146817 帧，且单个序列平均包含 12 次长时目标消失，每次消失持续 10 帧。表 4-1 总结了本节的跟踪器与目前主流的跟踪器的对比结果，可见本节的跟踪器在召回率和综合评价指标上均有提升。

表 4-1　跟踪器在 VOT 2018LT 数据集上的跟踪结果

跟踪器	*F* 分数	精确度	召回率
本节的跟踪器	**0.693**	**0.708**	**0.678**
LTMU	0.690	0.710	0.672
DMTracker	0.683	0.687	0.655
SiamRPN++	0.629	0.649	0.609
SPLT	0.616	0.633	0.600
MBMD	0.610	0.634	0.588
DaSiam_LT	0.607	0.627	0.588
MMLT	0.546	0.574	0.521
LTSINT	0.536	0.566	0.510

VOT 2019LT 数据集在 VOT 2018LT 的基础上额外添加了 15 个具备更多难点挑战的序列，总共包含 50 个序列视频，共有 215294 帧。其中，每段视频平均包含 10 个长时目标消失情况。表 4-2 展示了本节的跟踪器与 10 个先进的长时跟踪器的对比结果。

表 4-2　跟踪器在 VOT 2019LT 数据集上的跟踪结果

跟踪器	*F* 分数	精确度	召回率
本节的跟踪器	**0.701**	**0.720**	**0.683**
LTMU	0.697	0.721	0.674
LT_DSE	0.695	0.715	0.677
DMTracker	0.687	0.690	0.662
SiamDW_LT	0.665	0.697	0.636
mbdet	0.567	0.609	0.530
SiamRPNsLT	0.556	0.749	0.443
Siamfcos_LT	0.520	0.493	0.549
CooSiam	0.508	0.482	0.537
ASINT	0.505	0.517	0.494
FuCoLoT	0.411	0.507	0.346

9.消融实验

本节通过对目前基于深度学习的系列长时目标跟踪算法进行深入分析，结合目标跟踪领域有关速度要求以及相似物干扰等难点问题，提出了联合目标联系策略的全局重检测框架和基于 Transformer 的自适应切换网络。为了进一步确定每个模块在跟踪框架中的有效性，设计了如表 4-3 所示的消融实验。表格的第一行代表一个基线模型，包含传统的长时目标跟踪框架，即局部跟踪器和全局重检测器，其在 LaSOT 数据集上的曲线下面积(area under curve，AUC)为 0.572。第二行中采用了融合动态卷积的轻量化检测模型，其在速度和精度两方面都有明显提升，在 LaSOT 上提升了 1.2 个百分点。为了进一步提升在相似物干扰挑战下算法的性能，第三行中借鉴多目标跟踪领域的思想，融入了目标联系策略，有效地维持了目标的运动轨迹，性能提升 0.9 个百分点，证明了该模型的有效性。各组件性能固然重要，但更关键的在于如何高效地结合这些组件，使其发挥最大效用。因此，本节设计了第四行基于 Transformer 的自适应切换网络，其在数据集 LaSOT 上的 AUC 得分为 0.612。

表 4-3　在 LaSOT 数据集上的消融实验分析

	全局检测模块	目标联系策略	自适应切换网络	LaSOT AUC
1				0.572
2	√			0.584
3	√	√		0.593
4	√	√	√	0.612

4.5 本章小结

本章主要介绍作者团队在研究基于深度学习的目标跟踪方面所开展的工作和取得的成果。深度学习技术将计算机视觉领域的研究推上了一个新的高度，同时也在目标跟踪研究中获得了快速发展。但是针对目前大部分深度模型的跟踪算法来说，想通过深度网络模型构建一个实时且鲁棒的跟踪器，仍然还有很多问题亟待解决，其主要的问题如下。

(1)在数据集方面：缺乏足够多样化的训练数据集。由于深度网络模型参数空间较大，优化起来困难，如果训练数据不完备的话，模型能够适用的场景则很少。

(2)在特征提取方面：目前大部分深度模型的跟踪器在类间物体判别上能够取得很好的效果，但类内物体的判别对它是一个巨大挑战。类间物体所提取的深度特征具有明显的区分性，而对于比较细致的类内物体特征，需要通过优化网络模型的结构来提取。另外，如何充分利用跟踪过程中的历史时序信息和空间结构信息来提高对目标的特征表达能力，是值得思考的一个问题。

(3)在模型更新方面：模型在线更新过程中容易获得带噪声的新训练样本，而带噪声的样本会降低模型的稳定性。同时，模型更新的频率会影响跟踪速度，如何在实时性和鲁棒性上达到平衡仍然任重道远。

综上所述，尽管深度学习技术在目标跟踪领域取得了很大成功，但是跟踪场景复杂多变，还有很多关键问题没有得到解决，研究空间仍然很大。未来的研究可以从以下几个方面展开：首先，构建一个容量大、丰富多样的标准数据集。标准数据集的作用对于深度学习技术的发展不言而喻。其次，以深度学习技术为基础，探索如何有效地结合迁移学习、序贯学习、集成学习等传统方法来构建一个集成式的深度网络模型进行表观建模。

另外，在运动搜索方面可以结合目标检测相关技术对丢失目标进行重检测，减低模型漂移风险。再次，在模型更新方面，如何确定模型更新的频率，以及如何对更新模型时用到的新的训练样本进行提纯都是研究的重点。最后，在算法的优化上可以有效压缩参数空间，或者训练完全端到端的模型，以达到实时性要求。

第 5 章

多目标跟踪

本章主要介绍多目标跟踪研究，包括多目标跟踪研究概述、基于深度卷积神经网络的多行人目标跟踪算法研究和交叉口实现稳健快速的多车辆目标跟踪算法研究，涉及基于深度对齐网络的外观模型，关联损失矩阵的构建，遮挡及运动估计，以及基于检测、跟踪和轨迹建模的集成解决方案，为后续开发基于单一浮动摄像机的多路口车辆转弯计数综合系统提供了理论和方法基础（图 5-1）。

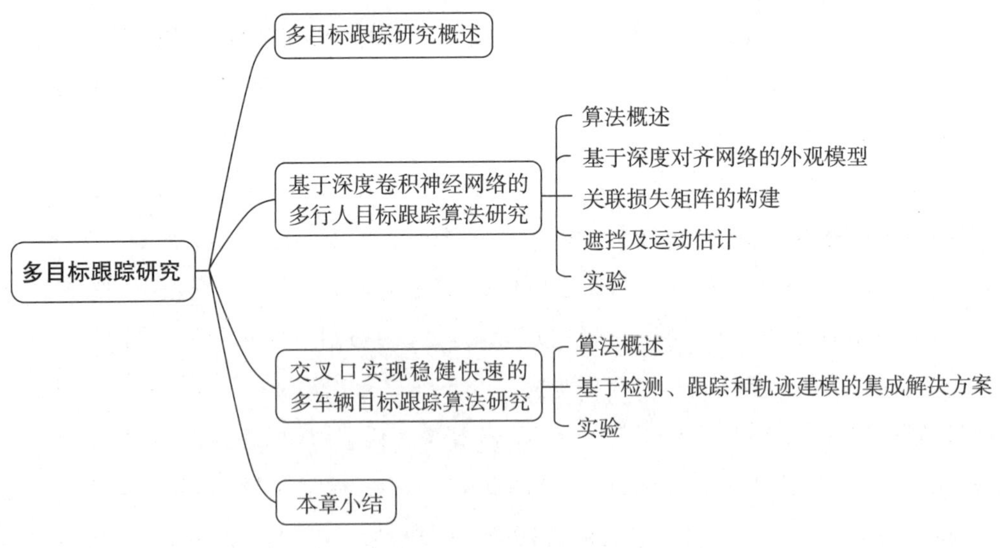

图 5-1　章节内容思维导图

5.1 多目标跟踪研究概述

5.1.1 多目标跟踪的定义

多目标跟踪是被广泛研究的一种方法，其目标是将被检测物体跨视频帧关联起来，获得其整个运动轨迹。跟踪的对象可以是任意的，如行人、车辆、运动员、动物甚至细胞等。多目标跟踪在计算机视觉中扮演着重要角色，在许多领域中有着广泛应用，如交通流分析、人类行为预测和姿态估计、自动驾驶辅助、水下动物数量估计等。本节主要针对对行人、车辆的跟踪进行相应的分析以及算法研究。

5.1.2 多行人、多车辆目标跟踪的挑战

多行人目标跟踪和多车辆目标跟踪所面对的挑战几乎没有太大的差异，因此对多行人目标跟踪所面对的挑战进行分析的方式，与多车辆目标跟踪是通用的，本节只对多行人目标跟踪面对的挑战进行详细分析。

随着自动行人检测算法的发展，基于检测的跟踪(tracking-by-detection)模式成为多行人目标跟踪领域中常见的设计模式。下面从五个方面对多行人目标跟踪领域中的主要难点进行阐述。

1.行人目标的表观变化

由于行人目标具有非刚性的特点，并且在具体的跟踪场景中，行人目标处于不断移动的状态，因此，在不同的视频帧当中捕捉到的同一个行人目标的表观常常会发生剧烈的变化。一方面，行人目标自身剧烈的表观变化会对多行人目标跟踪系统中表观建模的过程造成影响，而行人目标的表观建模需要确保这些表观变化具有一定的鲁棒性。另一方面，由于行人目标之间以及行人目标与背景之间存在相似度高的问题，依靠简单的表观建模策略容易造成对相似行人目标的区分度不足。当相似的行人目标发生频繁交互时，常常会导致跟踪的多个行人目标的身份标签发生变化，即 ID switch。因此，在多行人目标跟踪系统中，对行人目标的表观建模既需要考虑单个行人目标的表观变化，又需要考虑行人目标之间存在相似表观的情况。

2.遮挡问题

在多行人目标跟踪的应用场景中，随着行人目标或摄像头的移动，常常出现行人目标被遮挡的情况。常见的遮挡类型有三种，即被场景中的物体遮挡、被场景中的其他行人目标遮挡和被自身的某一部分遮挡。发生遮挡之后，基于 tracking-by-detection 模式的多行人目标跟踪系统中的自动行人目标检测器会出现对行人目标漏检或者只检测到

行人目标的一部分的情况。当出现漏检时，会导致行人目标在视频序列中的某一段轨迹丢失或者目标的唯一身份标签发生改变；而当检测到的行人目标不完整时，由于检测器会将目标缺失的部分估计出来，因此会导致出现不必要的背景信息的干扰，随着跟踪的继续，进而出现跟踪丢失的情况。

3.行人目标数量的不确定性

行人目标数量的不确定性也是制约多行人目标跟踪系统性能的一大因素。造成行人目标数量不确定的原因是跟踪场景中不断有新的行人目标不定期进入，同时原先已经在跟踪场景中的行人目标也在陆续离开。因此，在跟踪过程中，行人目标数量可能增加或减少，也可能不变。针对这些情况，需要设计有效的方式来对视频帧序列中行人目标的数量进行实时调整，并且对暂时离开场景的行人目标进行处理，当离开跟踪场景的行人目标再次出现时，可以继续关联上。

4.背景的复杂性

多行人目标跟踪系统的应用场景存在多样化、复杂化的特点。在复杂的跟踪场景中，摄像头所采集到的图像不仅包含行人，还包含复杂的背景，这些复杂背景造成的影响将导致多行人目标跟踪系统性能下降。背景的复杂性具体表现在：随着光照条件的变化，摄像头所采集的视频中背景颜色也发生着相应的变化；在复杂背景下行人目标的表观存在不确定性，当这种不确定性在行人目标不断移动且目标数量发生变化的条件下持续一段时间后，将会导致多行人目标跟踪系统中背景模型产生不可逆的变化；在某些场景中，背景中某些物体与行人目标有着高度的相似性，这会使得对行人目标的跟踪变得困难，从而导致整个多行人目标跟踪系统的性能下降，此外背景中存在的阴影可以被认为是非运动目标区域，这些区域常常给行人目标检测带来困难，进而降低跟踪系统的性能。

5.实时性要求

不同于单目标跟踪技术，多行人目标跟踪要求对多个行人目标进行实时跟踪。在多行人目标跟踪的场景中往往有多个行人，这就要求在构建多行人目标跟踪系统时考虑降低计算复杂度。然而，除了实时性要求外，跟踪的精度同样也是用于衡量多行人目标跟踪系统性能的关键指标，精确地对每个行人目标进行跟踪一般需要建立在复杂运算的基础之上。但实时性与跟踪精度之间存在着一定的矛盾，因此一个鲁棒的多行人目标跟踪系统需要在实时性与跟踪精度之间做出权衡。

5.2 基于深度卷积神经网络的多行人目标跟踪算法研究

5.2.1 引言

多行人目标跟踪是多媒体分析及计算机视觉应用的重要组成部分，如多视频跟踪、智能监控系统以及自动驾驶技术。表观的突变性、姿态的多样性、频繁的交互性、要求的实时性、跟踪目标的不确定性、错误的目标检测结果、摄像头的运动和遮挡，使多行人目标跟踪的研究极具挑战性。为了应对这些挑战，研究人员提出了许多新颖的多行人目标跟踪算法，这些算法得以提出很大一部分归功于越来越多的多目标跟踪数据集的公开。此外，许多基于经典的 tracking-by-detection 模式的跟踪算法为新方法的提出打下了坚实的基础。DPM 目标检测算法以及基于深度卷积神经网络的目标检测算法的发展，给多行人目标跟踪带来了更可靠的目标检测结果，使多行人目标跟踪的效果得到一定的提升。然而，多数基于 tracking-by-detection 模式的跟踪算法直接使用由自动目标检测器提供的裁剪好的行人图像，并未考虑错误及不准确的目标检测结果带来的影响。错误及不准确的目标检测结果往往带有冗余背景或缺失目标的某一部分，这些由目标检测器引起的不对齐现象严重影响了多行人目标跟踪的效果。遮挡是多行人目标跟踪场景中的另一个严重问题，严重的遮挡会导致行人的表观特征信息变得不再可靠，因此当目标再次出现时往往会出现跟踪丢失的情况。

针对多行人目标跟踪存在的这些问题，本书提出了一个基于深度对齐网络及遮挡和运动估计的多行人跟踪算法。该算法通过一个行人对齐网络校正自动目标检测器检测出的不准确结果，行人对齐网络包含了一个能够自动学习对目标检测的结果进行空间变换的对齐模块。在训练的过程中，对齐网络利用深度卷积特征，以人体区域的响应度高于对背景的响应度来对相似的目标进行区分。受益于这种注意力机制，当一个检测出的行人目标图像经过对齐网络时，网络能够学习到重新校正过的对齐结果。因此，校正过的行人区域具有更高的判别力，也能够使跟踪更加连续。在该算法中，首先利用行人对齐网络输出的特征作为目标的表观线索来关联及重新匹配目标。其次，应用由粗到细的模式，结合空间信息、运动信息以及表观信息来构建更具分辨力的关联损失矩阵，以提供可靠的匹配依据来纠正在跟踪过程中出现的对检测结果不利的不稳定匹配。此外，借助运动估计推理和行人对齐网络提供的重新识别目标的能力，设计一个严格遵循规则的策略来应对跟踪过程中出现的遮挡情况。最后，利用设计简单又能快速输出关联结果的匈牙利算法来处理关联损失矩阵。这些方法使算法能够鲁棒地跟踪具有频繁遮挡及流动性大的行人目标场景(图 5-2)。综上，作者团队主要贡献包括以下几个方面。

(1)针对多行人目标跟踪提出了一个深度对齐网络,其核心是一个新颖且有效的对齐评估模块,将这一模块加入深度卷积神经网络可校正不准确的目标检测结果,如冗余背景以及目标部分缺失等。早前的多行人目标研究并未明确地引入自动学习空间变换的机制来校正不准确的目标检测结果。

(2)设计了一个由粗到细的策略来构造一个具有分辨力的关联损失矩阵,充分利用空间信息、运动信息以及表观信息,使提出的算法能够高效地解决存在模糊匹配关系的目标检测结果之间的关联匹配问题。

(3)提出了一种简单有效的方法,通过借助运动估计的方式来对目标的遮挡及重新匹配目标的问题进行处理。

图 5-2 基于深度对齐网络联合遮挡和运动估计的多行人跟踪算法在 MOT16(Milan,et al,2016)数据集的 MOT16-01 序列中的跟踪结果(该场景中有频繁的交互和遮挡)

5.2.2 算法概述

这一部分简单介绍所提出的基于深度对齐网络的多行人目标跟踪算法,并对遮挡和目标运动状态进行估计。基本的思路是通过构建一个具有分辨力的关联损失矩阵来处理在数据关联过程中存在的模糊匹配问题,其中关联损失矩阵包含了空间信息、运动信息以及基于深度对齐网络的表观信息。图 5-3 展示了所提出的多行人目标跟踪算法的工作流程。跟踪算法工作流程的细节部分描述如下。

第一步:目标检测及对齐。在第 t 帧,首先运行自动目标检测器来获取所有带有置信度分数的目标检测结果。其次,利用提出的深度对齐网络来对不准确的目标检测结果进行校正。同时,深度对齐网络对每一个对齐后的目标检测框提取深度的表观特征。

第二步:运动估计。基于 $t-1$ 帧及前序帧获得的目标轨迹信息,通过运动估计模型来预测每个目标在第 t 帧中的位置。若第 t 帧是跟踪序列的第一帧,算法将直接利用对齐后的目标检测结果来初始化目标的轨迹。

第三步:关联损失矩阵的构建。基于已经获得的每个目标的空间信息、运动信息和表观信息,设计一种由粗到细的模式来构建具有分辨力的关联损失矩阵。

第四步:应用数据关联。对得到的关联损失矩阵,利用简单但实时的匈牙利算法来进行数据关联。

第五步:模型的更新及遮挡的处理。经过数据关联的过程后,设计一个经由严格约束的方法来对遮挡及运动进行估计。首先,对成功关联的目标外观和运动信息进行更新。其次,对于在当前帧未成功关联的目标检测结果,先假设目标被遮挡或已经离开跟踪场景。此外,利用所提出的对齐网络获得的强有力的深度特征,在发生遮挡的目标再次出现时将其与之前的轨迹进行有效关联。

第六步:目标对象的有效管理。对于在当前帧未匹配任何存在的轨迹的目标检测结果,为目标生成新的轨迹。对于在一定的时间范围内未被关联的目标,其之前相应的轨迹应被删除,并且应从活跃轨迹集合中删除。

第七步:重复上述步骤直到最后一帧。

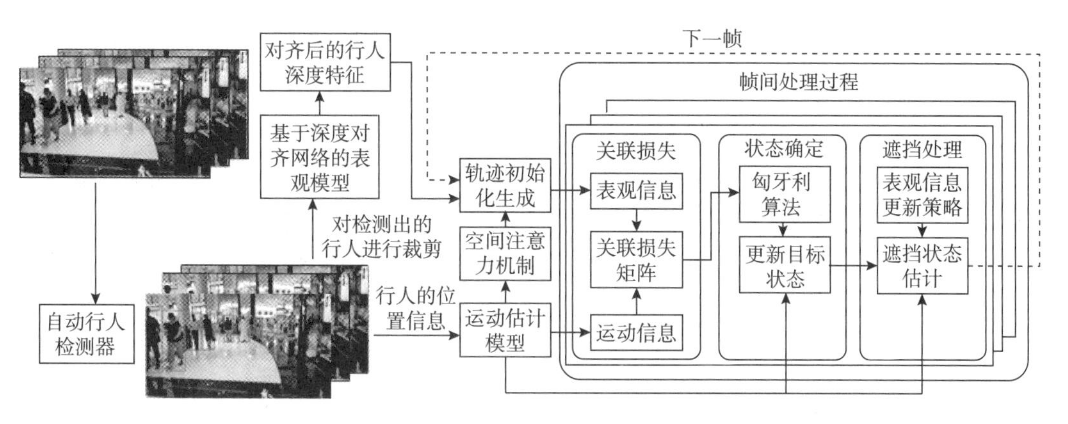

图 5-3　基于深度对齐网络联合遮挡和运动估计的多行人跟踪算法整体结构图

5.2.3 基于深度对齐网络的表观模型

由于遮挡、背景复杂、行人姿态的多样性以及光照变化等影响因素的存在,多行人跟踪算法中的自动行人检测器部分常常会生成不准确的检测结果,其中包含了冗余背景和目标部分缺失的情况。受上述因素的影响,已跟踪到的目标与待关联的行人检测结果的特征匹配往往出现错误。针对这一问题,本节将介绍一个深度对齐网络来校正不准确的目标检测结果,并构建目标的表观模型。受行人重识别领域中 Zheng et al.(2018)研究的启发,将一个对齐评估模块嵌入深度网络中,对不准确的目标检测结果进行对齐校正。

本节提出的深度对齐网络的具体结构如图 5-4 所示,其中包含了三个关键部分:基础网络、变换网络以及一个对齐评估模块。基础网络和变换网络都为分类网络,分别通过学习输入图像和校正对齐后特征图中的个体进行识别。通过使用仿射变换,对齐评估模块对输入图像或特征图进行校正对齐。仿射变换需要的参数借助基础网络中高层的卷积特征(如残差网络的第四个残差块)来获得。对于基础网络,本节采用的是 ResNet-50 模型(He et al.,2016)。ResNet-50 模型包含了五个残差块、一个均值池化层以及一个全连接层。ResNet-50 模型的具体结构及参数见表 5-1。具体的工作流程:给定一张自动目标检测器得到的原始检测结果图像,基础网络首先对检测结果图像的表观进行编码。然后,给以图像中目标有较高响应的第四个残差块输出特征图为对齐评估模块提供需要的信息。另外,变换网络与基础网络的结构相似,以对齐评估模块输出的对齐后的特征图为输入,变换网络可以实现对完成空间变换后的目标表观的建模。在具体的实现中,基础网络和变换网络的损失函数都为交叉熵损失函数。

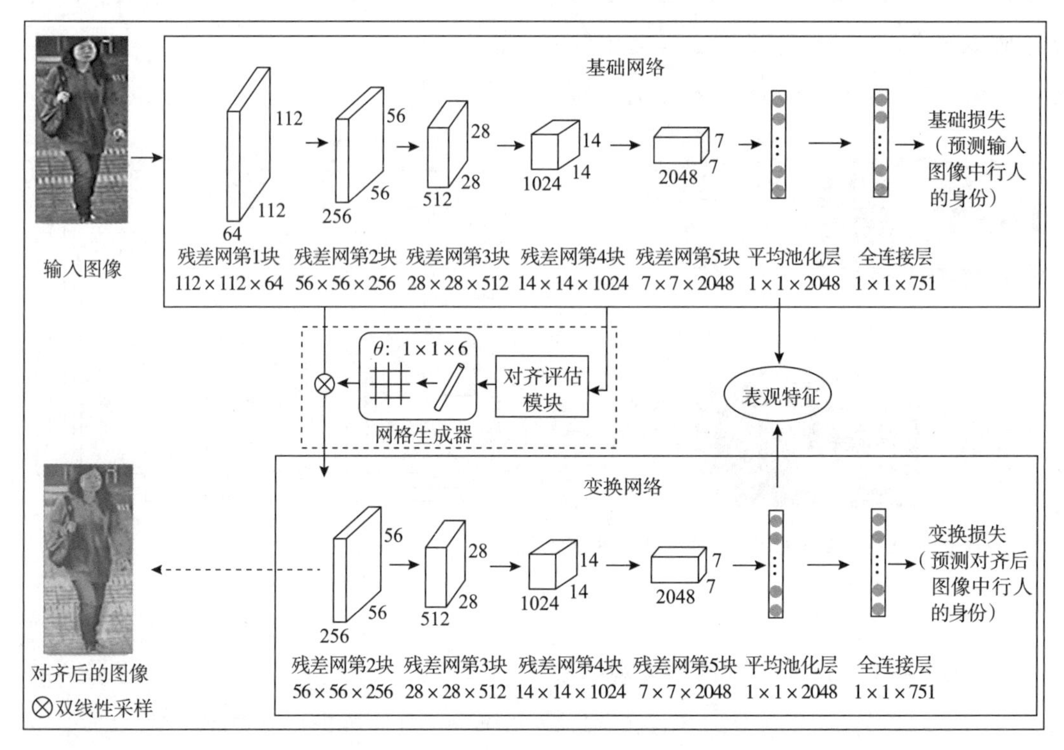

图 5-4　深度对齐网络模型的结构

它由三个部分组成:①用于估计输入图像中行人身份的基础网络;②用于估计对齐后图像中行人身份的变换网络;③对齐评估模块,用于通过仿射变换对齐输入图像。使用来自基础网络的高级卷积特征(即残差网络第 4 块的输出特征)来学习六个仿射变换参数。最后,将两个 1×1×2048 的全连接层的输出结合为 4096 维向量作为行人目标的表观特征

表 5-1　深度对齐网络中使用的 ResNet-50 模型的结构和参数

名称	核大小/步长	输出大小
残差网第 1 块	7×7/2	112×112×64
残差网第 2 块	1×1/1	56×56×256
残差网第 3 块	1×1/2	28×28×512
残差网第 4 块	1×1/2	14×14×1024
残差网第 5 块	1×1/2	7×7×2048
平均池化层	—	1×1×2048
全连接层	1×1/1	1×1×751

给定一张输入图像 $\boldsymbol{I}$，$\boldsymbol{I}$ 包含的目标属于类别 r 的概率可用公式表达为 $p(r \mid \boldsymbol{I})=\frac{\exp(s_r)}{\sum_{i=1}^{R}\exp(s_i)}$，其中 s 表示通过基础网络或变换网络得到的概率预测值。因此，基础网络和变换网络的损失函数可表示为

$$L_{\text{base}}=-\sum_{r=1}^{R}(q(r \mid \boldsymbol{I})\log(p(r \mid \boldsymbol{I}))) \tag{5-1}$$

$$L_{\text{trans}}=-\sum_{r=1}^{R}(q(r \mid \boldsymbol{I}')\log(p(r \mid \boldsymbol{I}'))) \tag{5-2}$$

其中，$\boldsymbol{I}'$ 作为变换网络的输入，表示已经完成校正的结果，可以通过对齐评估模块，由原始输入图像 $\boldsymbol{I}$ 学习而来；$q(\cdot \mid \boldsymbol{I})$ 表示输入图像 $\boldsymbol{I}$ 属于正确类别的概率真实值。若 r 为 $\boldsymbol{I}$ 的真实标签值，则 $q(r \mid \boldsymbol{I})=1$，否则 $q(r \mid \boldsymbol{I})=0$。

为了将不准确的目标检测结果进行校正，主要通过空间变换对预测的行人目标位置作出调整。一方面，对于目标检测结果中存在的冗余背景，需要进行裁切；另一方面，对于目标检测结果中目标缺失的部分，需要进行补零操作。图 5-5 展示了通过变换网络后目标检测结果的校正示例。

(a)

(b)

图 5-5　一些不准确检测的代表性示例及其对应的对齐后的特征可视化结果(第一行和第二行分别为检测到的图像和对齐的特征图)

(a)检测到的行人图像缺少行人的某些部分,并通过向边界填充零来对齐特征图;
(b)检测到的具有冗余背景的图像,通过深度对齐网络删除冗余背景后得到特征图

在提出的对齐估计模块中,前面提到的空间变换可以利用仿射变换来实现,其数学公式表达如下:

$$\begin{pmatrix} x_i^s \\ y_i^s \end{pmatrix} = \boldsymbol{A}_\theta \begin{pmatrix} x_i^t \\ y_i^t \\ 1 \end{pmatrix} = \begin{bmatrix} q_{11} & q_{12} & q_{13} \\ q_{21} & q_{22} & q_{23} \end{bmatrix} \begin{pmatrix} x_i^t \\ y_i^t \\ 1 \end{pmatrix} \tag{5-3}$$

其中,(x_i^s, y_i^s)表示特征图或原图像上像素点的坐标位置;(x_i^t, y_i^t)表示目标图像或特征图上像素点的坐标位置;$\boldsymbol{A}_\theta$ 表示仿射变换矩阵,通过 $\boldsymbol{A}_\theta$ 来对目标实现放大、缩小、平移、旋转等空间上的变换。针对平面图像上的空间变换,只需要 2D 的空间变换,因此将平面图像的像素点表示为$(x_i^t, y_i^t, 1)$的形式。需要说明的是,仿射变换矩阵 $\boldsymbol{A}_\theta$ 中的六个参数$\{\theta_{11}, \theta_{12}, \theta_{13}, \theta_{21}, \theta_{22}, \theta_{23}\}$是通过对齐估计模块学习到的。在本节中,对齐估计模块是由一个残差网络块和一个均值池化层构成的,仿射变换矩阵的六个参数中,θ_{11}、θ_{12}、θ_{21}、θ_{22}控制着空间变换中的尺度和旋转变换,而 θ_{13}、θ_{23} 控制着空间变换中的平移变换。借助仿射变换矩阵,图像上的栅格由栅格生成器生成。然后利用图像上栅格的双线性采样过程将空间变换的过程作用到输入特征图(第二个残差网络块输出的特征图)上。需要注意的是,对图像的栅格上的每一个源坐标点都采用双线性采样器来获得输出特征图上相对应的值,公式表示如下:

$$V_i^c = \sum_m^H \sum_n^W U_{mn}^c \max(0, 1 - | x_i^s - m |) \max(0, 1 - | y_i^s - n |) \tag{5-4}$$

其中，U_{mn}^c 表示输入特征图上位于 c 通道中的 (n, m) 位置上的值；V_i^c 表示像素点 i 位于 c 通道中的 (x_i^s, y_i^s) 位置上的值。在本节中，受 Jaderberg 等在论文“空间变换网络”（“*Spatial Transformer Networks*”）中提出的空间变换网络的启发，采用空间变换网络来学习仿射变换矩阵的六个参数，相对于空间变换网络中利用空间变换来学习较大变化的不变性，本节提出的算法是利用空间变换来对不准确的目标检测结果进行调整。

5.2.4 关联损失矩阵的构建

对于一个设计良好的多行人跟踪系统来说，构建关联损失矩阵是其中一个重要的环节。在构建关联损失矩阵的过程中，涉及两个重要的部分：①对于现有轨迹段和新检测到的对象之间的关联，采用的说明类型特征；②如何通过关联损失矩阵有效地解决现有轨迹段与新检测到的对象之间的损失权重分配问题。在本节中，为了进一步增强提出的多行人跟踪器的鲁棒性，首先，通过由粗粒度到细粒度的方式将多种类型的互补特征（如空间信息、运动信息和表观信息）进行融合，从而构造出更具有优势的关联损失矩阵；其次，根据所得到的关联损失矩阵，逐帧地利用匈牙利算法来高效求得最终的分配结果。目前，为了降低跟踪框架的复杂度并提高计算效率，多采用启发式的方法来构造关联损失矩阵，但在不考虑复杂度与计算效率的情况下，可以通过对所提出的多行人跟踪框架作小部分的调整，使数据关联部分由粗粒度转换到细粒度，即向更优秀的方式进行转换。

需要说明的是，令 $\{T^i\}_{i=1}^N$ 表示所有目标的轨迹，其中 N 为目标数量的最大值，则对于第 k 帧的第 i 个目标，可以将其连续的状态序列表示为 $T^i = \{t_k^i\}_{k=l}^M$，其中 l 和 M 分别表示第 i 个目标整个生命周期的起始帧与结束帧位置。$t_k^i = \{x_k^i, y_k^i, w_k^i, h_k^i, o_k^i, f_k^i, v_k^i\}$ 包含了七个参数。其中，(x_k^i, y_k^i) 表示第 k 帧的第 i 个目标的中心位置，w_k^i、h_k^i 分别表示目标的宽度和长度，o_k^i 表示目标从最后一次成功关联目标检测的结果帧开始持续被遮挡的帧数，f_k^i 与 v_k^i 分别表示目标的深度表观特征以及速度。

在第 k 帧时，给定自动目标检测器获得的结果，并利用目标检测器获得的每个候选目标的置信度分数来过滤掉分数过低的结果。在具体的实现中，从粗粒度的角度出发，利用阈值 σ 将目标检测器获得的候选目标进行粗过滤，即当候选目标的置信度分数低于 σ 时，认为该候选目标不可信并从候选目标序列中删除。因此，可以在第 k 帧获得经过过滤的更加可靠的候选目标序列 $D_K = \{d_k^j\}_{j=1}^M$。下一步，从细粒度的角度出发，在第 k 帧利用空间信息、运动信息以及表观信息来有效构建过滤后候选目标序列的损失矩阵。损失矩阵中的关联损失用于衡量第 $k-1$ 帧的第 i 个目标与第 k 帧中候选目标序列的第

j 个目标之间的关联程度，公式化的结果定义如下：

$$C(t_{k-1}^{i},d_{k}^{j})=\begin{cases}\alpha F_{k}^{ij}+(1-\alpha)\varepsilon_{k}^{ij},F_{k}^{ij}\geqslant\delta\\ \beta F_{k}^{ij}+(1-\beta)\varepsilon_{k}^{ij},F_{k}^{ij}<\delta\end{cases} \tag{5-5}$$

其中，δ 表示交并比的阈值；F_{k}^{ij} 表示第 i 个目标的预测状态$\hat{t}_{k}^{i}$ 与第 k 帧的第 j 个目标检测候选结果 d_{k}^{j} 的交并比(IoU)，即 $F_{k}^{ij}=are(\hat{t}_{k}^{i}Id_{k}^{j})/(\hat{t}_{k}^{i}Ud_{k}^{j})$，第 k 帧中预测的第 i 个目标的状态$\hat{t}_{k}^{i}$ 是根据常速度由卡尔曼滤波预测的结果；ε_{k}^{ij} 表示第 $k-1$ 帧的第 i 个目标 t_{k-1}^{i}与第 k 帧的第 j 个目标检测候选结果 d_{k}^{j} 的表观特征之间的余弦距离，具体计算过程为

$$\varepsilon_{k}^{ij}(t_{k-1}^{i},d_{k}^{j})=\cos(f_{k-1}^{i},f_{k}^{j}) \tag{5-6}$$

权重参数 α 与 β 用于控制交并比与表观特征的余弦距离之间的平衡。在本节提出的多行人目标跟踪框架中 α 与 β 的值分别定义为 0.2 与 0.6。式(5-6)的主要作用是以由粗粒度转换到细粒度的方式来自适应地融合空间信息、运动信息以及表观信息。

当预测的目标状态$\hat{t}_{k}^{i}$ 与检测候选结果 d_{k}^{j} 的交并比 F_{k}^{ij} 大于阈值 δ 时，将基于深度对齐网络建立的表观模型作为目标 t_{k-1}^{i}与检测候选结果d_{k}^{j} 关联的主要依据。这是因为：一方面，当多个预测的目标状态与检测候选目标d_{k}^{j} 出现高重叠率时，交并比的区分度减小，从而变得不再可靠；另一方面，由本节提出的深度对齐网络得到的目标特征具有强大的表征能力，因此能够在存在多个待关联相似目标的情况下进行成功的关联。在具体的实现过程中，将表观特征之间的余弦距离赋予一个较大的权重 0.8，而交并比的权重则相应地设置为 0.2。

当预测的目标状态$\hat{t}_{k}^{i}$ 与检测候选结果 d_{k}^{j} 的交并比 F_{k}^{ij} 小于阈值 δ 时，可以认为基于深度对齐网络建立的表观模型与交并比的度量结果对目标 t_{k-1}^{i}与检测候选结果 d_{k}^{j} 的关联过程比较可靠。在具体的实现过程中，赋予交并比较大的权重 0.6，这是由于交并比能够更有效地抑制不相关的候选关联目标，并且能够在一定的程度上降低计算的复杂度。

5.2.5 遮挡及运动估计

本部分将详细阐述设计简单且有效的处理遮挡的方法，并对运动的估计和重识别的过程进行说明。主要思路：首先，利用基于卡尔曼滤波的运动估计模型来对发生遮挡的目标的位置进行估计；其次，利用基于本节提出的深度对齐网络的表观模型将发生遮挡后又再次出现的日标进行重识别。因此，采用的处理遮挡的方法不仅允许多行人跟踪算法分析可能发生遮挡的目标的状态，并且能够有效地适应基于深度对齐网络建立的表观

模型。

具体来说，当目标发生遮挡后，采用一个匀速运动的卡尔曼滤波来建立目标的运动模型。为了方便分析，这里将符号简化，只考虑一个目标 i，令 $\hat{\boldsymbol{X}}_k=(x_k^i, y_k^i)$ 表示在第 k 帧得到的目标位置，即卡尔曼滤波计算过程中得到的估计值。则卡尔曼滤波的预测过程可以表示为

$$\hat{\boldsymbol{X}}'_k=\boldsymbol{A}\hat{\boldsymbol{X}}_{k-1}+\boldsymbol{B}u_k \tag{5-7}$$

$$\boldsymbol{U}'_k=\boldsymbol{A}\boldsymbol{U}_{k-1}\boldsymbol{A}^{\mathrm{T}}+\boldsymbol{Q} \tag{5-8}$$

其中，$\hat{\boldsymbol{X}}'_k$ 表示卡尔曼滤波根据上一帧的估计值预测出的目标在当前帧中的位置；$\boldsymbol{A}$ 和 $\boldsymbol{B}$ 表示系统参数并且都为矩阵的形式；u_k 表示现在状态的控制量（如果没有控制量，则它可以为 0）；$\boldsymbol{U}_{k-1}$ 表示 $\hat{\boldsymbol{X}}'_{k-1}$ 对应的协方差；$\boldsymbol{A}^{\mathrm{T}}$ 表示 $\boldsymbol{A}$ 的转置矩阵；$\boldsymbol{Q}$ 表示系统过程噪声矩阵。

经过预测过程后，需要进一步对预测的结果做校正，具体的校正过程可以表示如下：

$$\hat{\boldsymbol{z}}_k=\boldsymbol{z}_k-\boldsymbol{H}\hat{\boldsymbol{X}}'_k \tag{5-9}$$

$$\boldsymbol{K}_k=\boldsymbol{U}'_k\boldsymbol{H}^{\mathrm{T}}(\boldsymbol{H}\boldsymbol{U}'_k\boldsymbol{H}^{\mathrm{T}}+\boldsymbol{R})^{-1} \tag{5-10}$$

$$\hat{\boldsymbol{X}}_k=\hat{\boldsymbol{X}}'_k+\boldsymbol{K}_k\hat{\boldsymbol{z}}_k \tag{5-11}$$

其中，$\boldsymbol{z}_k$ 表示观测值；$\boldsymbol{H}$ 是预测过程中的参数；$\boldsymbol{H}$ 表示矩阵；$\boldsymbol{K}_k$ 表示第 k 时刻的卡尔曼增益。

最后是卡尔曼滤波的协方差估计的更新过程：

$$\boldsymbol{U}_k=(\boldsymbol{I}-\boldsymbol{K}_k\boldsymbol{H})\boldsymbol{U}'_k \tag{5-12}$$

其中，$\boldsymbol{I}$ 表示全 1 矩阵。

以上是原始卡尔曼滤波的主要计算过程。对于线性的目标运动状态来说，卡尔曼滤波可以很好地对其进行估计。然而，这也是卡尔曼滤波的一个局限性。在非线性的场景中，卡尔曼滤波并不能达到最优的估计效果。多行人目标跟踪场景中的目标运动状态往往是非线性的，并且遮挡使得目标的运动状态变得更加难以估计。因此，为了适应多行人目标跟踪场景中目标的移动状态，考虑利用目标在历史帧中的位置信息为目标的运动位置做简单的粗预测，然后结合卡尔曼滤波做出更准确的估计。

目标被长时间遮挡后，其表观和运动信息变得不再可靠。因此，利用目标发生遮挡前检测到的 s 个帧中的位置信息来估计目标在 X 轴与 Y 轴上的平均速度。具体的计算过程如下：

$$v_k^i=\frac{1}{s}[t_k^i(1,2)-t_{k-s}^i(1,2)] \tag{5-13}$$

其中，s 表示估计目标平均速度所用的帧数；$\boldsymbol{t}_{k-s}^i(1,2)$ 表示第 k 帧时的目标在 X 轴和 Y

轴方向上的位置。下面利用通过式(5-13)获得的目标的平均速度来构造基于卡尔曼滤波的运动模型,从而对目标的位置进行微调。若第 k 帧的第 i 个目标 $\boldsymbol{t}_k^i$ 未与目标检测的候选目标序列成功关联,则暂时认为目标发生了遮挡,采用o_k^i 来记录目标重新关联或离开场景前认为该目标为活跃目标的帧数。在目标发生遮挡期间,目标的表观信息不再可靠,因此保留目标发生遮挡前的表观信息,并利用此表观信息来对再次出现的目标进行重识别。在此期间,利用提出的运动估计模型得到的目标位置信息能够估计出发生遮挡的目标的搜索区域。而在具体的关联损失的计算过程中,仅采用目标发生遮挡前的表观信息与目标检测中候选目标的余弦距离作为关联损失矩阵中相应的损失值,这是因为目标在遮挡期间获得与其他候选检测目标的交并比不可靠。综上,可以将式(5-5)重写为

$$C(\boldsymbol{t}_{k-1}^i,\boldsymbol{d}_k^j)=\begin{cases}\alpha F_k^{ij}+(1-\alpha)\varepsilon_k^{ij}, & F_k^{ij}\geqslant\delta \text{ 且 } o_k^i=0\\ \beta F_k^{ij}+(1-\beta)\varepsilon_k^{ij}, & F_k^{ij}<\delta \text{ 且 } o_k^i=0\\ \varepsilon_k^{ij}, & 0<o_k^i<Z_{\max}\end{cases} \tag{5-14}$$

最后,若目标被遮挡帧数o_k^i 超过阈值$Z_{\max}$,则认为该目标已离开跟踪场景,随即停止对该目标的跟踪。需要说明的是,当目标处于遮挡期间时,其表观模型不进行更新。

5.3 交叉口实现稳健快速的多车辆目标跟踪算法研究

5.3.1 引言

通过道路(特别是十字路口)交通监测,可以获得通过路口的车流量的统计模型。交通监控系统经常使用计算机视觉技术,因为视频的信息内容质量很高,比传统的现场传感器更智能。例如,通过计算机视觉技术,可以同时提供流量、速度、车辆分类和异常检测等信息。

目前,即使有处理和改进能力的视觉技术,也很少能解决十字路口的转弯计数问题。转弯计数在交叉路口分析(包括交通操作分析、交叉路口设计和交通规划应用)中起着重要的作用。此外,需要进行交通信号计时的优化,从而减少车辆油耗、空气污染、出行时间和车辆事故等。

本节选取了多个十字路口的车辆转弯计数任务。如图 5-6 所示,受各种因素(如车辆之间咬合频繁、天气恶劣、背景杂乱、照明变化以及移动物体变化)的影响,该场景对车辆转弯计数的研究具有极大的挑战性。为了使研究工作顺利展开,本节将检测、背景建模、多目标跟踪、轨迹建模和匹配按顺序集成,同时设计了几个不同视觉组件之间的相互作用,以便有效集成。结合运动跟踪与早期车辆轨迹预测方法,使用一个单一的浮动摄

像机来精确地计算一个十字路口的转弯次数。这种设置很有意思，可以通过跟踪车辆得知有多少车辆从某一入口行驶到某一出口。然而，如果摄像机的视角发生了遮挡，那么将造成车辆的检测和跟踪效率低下。为了解决这一问题，本节构建了轨迹建模模块和轨迹匹配模块，通过两个模块的协同作用，专门处理断裂轨迹，提高转弯计数精度。当噪声或遮挡导致跟踪失败时，不完整的轨迹可以借助轨迹匹配模块与最有可能的转弯运动进行匹配。这项研究的主要贡献有三方面。

(1)是在多个十字路口分类车辆转弯的开创性研究之一。

(2)设计了一种检测、背景建模、多目标跟踪、轨迹建模和顺序匹配相结合的集成解决方案，可以有效地完成车辆转弯计数任务。

(3)不仅获得了稳健的计数结果，而且还在 AI 城市跟踪 1 号(AI City Track 1)数据集 A 上以 13 fps 的速度运行。

(a) 雨天

(b) 复杂的交通场景

(c) 物体遮挡

图 5-6　车辆计数场景示例

5.3.2 算法概述

本节提出的算法，有效地结合了检测、背景建模、多目标跟踪、轨迹建模和顺序匹配。首先，为了提高检测性能，算法设计了一种类似 GMM 的背景建模方法来检测运动对象。其次，提出的 GMM 背景建模方法与有效的基于深度学习的检测器相结合，可实现高质量的车辆检测。最后，基于检测结果，本节提出了一种简单而有效的多目标跟踪方法来生成各车辆的运动轨迹。同时，针对每个车辆的轨迹，本节提出了一种轨迹建模和匹配模式，利用局部车辆轨迹的方向和速度来提高车辆转弯计数的鲁棒性和准确性。

5.3.3 基于检测、跟踪和轨迹建模的集成解决方案

为了实现稳健和快速的车辆周转，本节设计了一个包含五个模块的综合解决方案。方案的框架如图 5-7 所示。在车辆感知模块中，结合目标检测和背景建模对车辆进行检测和分类，然后基于检测的目标跟踪模型通过整个视频生成不同目标的轨迹。在将这些轨迹与车道级别的图库轨迹相匹配后，考虑其寿命和时空一致性，将所有符合条件的轨

迹计入相应的运动中。下面详细介绍每个模块。

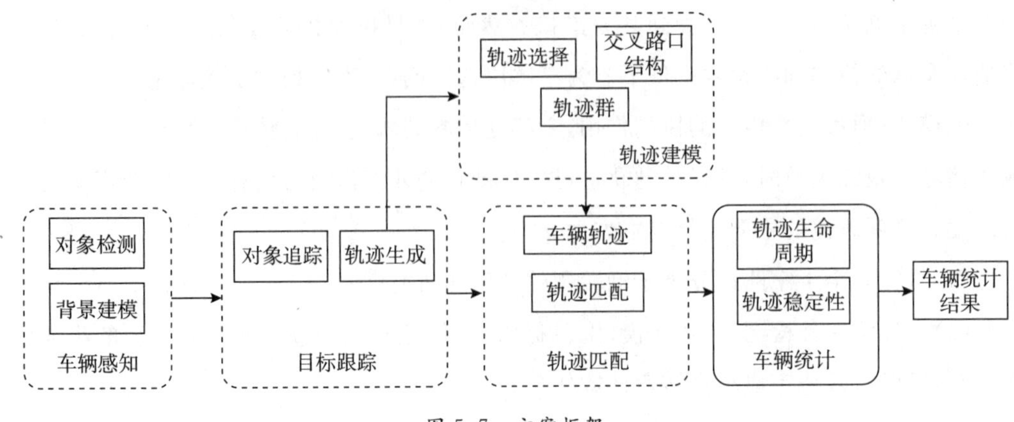

图 5-7　方案框架

1.目标检测

本节从效果和效率两个方面评估四种高效检测算法，即 SSD、YOLOv3、EfficientDet 和 NAS-FPN，在比较四种算法的效率时考虑后处理时间。最终比较的结果见表 5-2。考虑到有效性和效率，使用 NAS-FPN 作为车辆检测的深度检测模型，该模型基于 RetinaNet。RetinaNet 由主干和 PN 模块组成。FPN 采用自顶向下的跨层连接，融合高层语义特征和低层细节特征，提高了小尺度目标的检测效果。NAS-FPN 在 FPN 的基础上进一步优化，借鉴了分类网络架构搜索方法 NAS-Net。NAS-FPN 使用 C3、C4、C5、C6、C7 五种尺度的特征作为输入，对应的特征跨度分别为 8 像素、16 像素、32 像素、64 像素、128 像素。NAS-FPN 还提出了合并单元，将来自不同层的任何两个输入特征图合并成一个具有期望比例的输出特征图。与 NAS-Net 类似，一个 RNN 控制器可以决定使用哪两个候选特征图和二进制操作来生成一个新的特征图。在框架中，选择基于 MMDet 团队的目标检测工具（MMDetection）的 NAS-FPN 算法，它使用 Res-Net50作为主干模型，640 作为输入分辨率。

表 5-2　COCO2017 测试集上不同检测算法的有效性和效率比较

算法	平均精度均值/%	推理时间/s
SSD-300	29.3	0.08
YOLOv3-960	33.0	0.40
EfficientDet	32.4	0.20
NAS-FPN-640	37.0	0.09

注：推理时间是指前向传播和后处理的全部过程所用的时间。

2.类似 GMM 的背景建模

基于深度学习的检测模型可以感知正常场景中的大多数车辆对象。但在极端场景(如下雨或光照变化)下,由于物体的外观信息有限,漏检率较高。因此,引入一种基于混合高斯的背景建模模型算法来提取运动车辆目标。为了进一步减少动态背景(如雨滴和亮度)的影响,算法借鉴了 Zhong et al.(2010)的论文"基于标准方差特征的鲁棒背景建模"("*Robust Background Modeling Via Standard Variance Feature*"),引入了粒子背景建模。假设输入图像的大小为 $N \times N$。进行核大小为 $k=10$ 的平均池化操作,并产生一个小的池化图像。然后执行混合高斯建模,对多帧(近 5 s 的图像)的背景建模,以生成鲁棒的背景模型。对于第 t 帧的输入图像,t' 是进行平均池化操作后的合并图像。完成背景差分后得到特征图 t'_b,之后 t'_b 将被缩放到原始图像大小。在完成一系列形态学操作(如腐蚀和膨胀)之后,将最终的特征图用于执行运动对象的轮廓检测。背景差分的例子如图 5-8 所示。

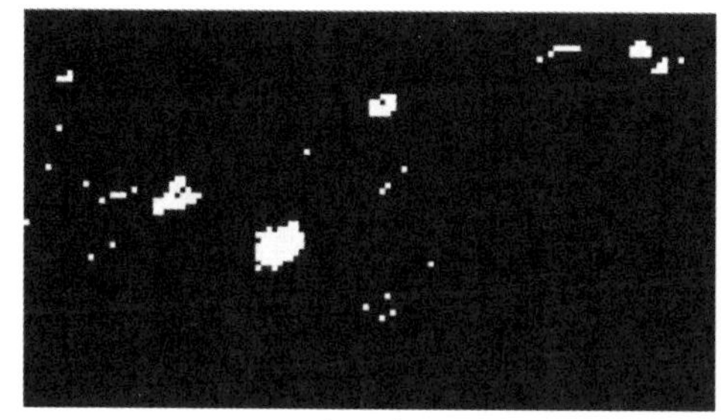

(a) 与 t'_b 相关

(b) 基于背景建模的最终运动目标检测结果

图 5-8　背景差分的例子

3.目标跟踪

按照检测跟踪的范例,使用 DeepSort 算法对目标进行数据关联。该算法主要由运动预测、数据关联和轨迹管理三部分组成。同时,采用后处理技术提高轨迹质量。

(1)运动预测。将卡尔曼滤波器用于运动预测和状态更新。当初始化一个新的目标时,卡尔曼滤波器使用未匹配的检测结果来初始化目标状态,并应用匹配的检测结果来更新目标状态。

(2)数据关联。对于相邻帧之间的相同目标,通过计算距离来衡量相似度。采用一种贪婪的匹配算法,根据运动和位置信息将预测的目标和当前帧上的检测联系起来。首先,使用马氏距离来计算检测结果和卡尔曼滤波的预测位置之间的运动相似度。其次,使用交并比(IoU)距离将其余的检测结果分配给未匹配的目标,这样可以减少第(1)步中具有相似运动的目标的身份转换。此外,遵循 DeepSort 中的级联匹配思想,将匹配优先权分配给更频繁出现的目标。最后,用匈牙利算法求解成本矩阵的最优解。

(3)轨迹管理。当运动目标进入或离开视频序列中的 RoI 区域时,需要对目标进行相应的初始化和终止操作。如果该检测目标与当前帧上所有现有目标的 IoU 小于 IoU_{min},则被初始化为一个新目标。为了避免误检测导致的假目标,新目标只有在累积匹配了 n_{init} 帧后才被视为初始化成功。如果目标与累积 max_{age} 帧的检测结果不匹配,则终止目标的轨迹,以防止长期跟踪后预测误差和消失目标数量增长。

(4)后处理。由于虚假检测和跟踪器的不稳定性,目标的轨迹可能是离散的,目标之间的身份切换问题可能比较严重。因此,对跟踪轨迹进行后处理,以优化轨迹信息并获得清晰一致的目标轨迹,从而获得更好的计数结果。轨迹的后处理主要包括两个部分,即轨迹优化和轨迹关联。该过程如下,结果的比较如图 5-9 所示。

轨迹优化和轨迹关联的伪代码

输入:每个目标的所有轨迹 T_{target} 和当前 T_{frame} 中所有目标的所有轨迹

输出:经过后处理操作之后的轨迹 T_{new}

初始化:无

对 T_{target} 中的每个轨迹,循环:

　　判断:如果轨迹长度(track_length)<2 或者轨迹是静态的,则删除该轨迹;否则对轨迹进行平滑处理

对当前帧 T_{frame} 中的每个轨迹(记为 new_{track}),循环:

　　对上一帧 $T_{prevframe}$ 中的每个轨迹(记为 old_{track}),循环:

　　判断:如果 old_{track} 是下一帧 $T_{next\ frame}$ 中的轨迹,则跳过该轨迹;否则:

　　①约束运动 old_{track} 和 new_{track} 之间的角度;

　　②约束运动 old_{track} 和 new_{track} 之间的时间;

　　③计算 old_{track} 和 new_{track} 之间的距离;

　　④选择关联 old_{track} 最小的距离对应的轨迹;

　　⑤将该轨迹(即 new_{track})加入结果轨迹 T_{new} 中

结束

(a) 后处理前的结果

(b) 后处理后的积分轨迹

图 5-9　跟踪后处理前后的跟踪结果比较

4.轨迹建模

在完成目标检测和跟踪之后,算法可以生成每个目标的运动轨迹,并将所有方向的交叉连接进行组合。有了大量可用于聚合的运动轨迹后,就可以在车道级别上对车辆的运动进行建模。本节开发了一种轨迹匹配算法,通过计算查询轨迹和建模轨迹在位置和方向维度上的相似性,可以精确验证每条轨迹的行驶方向,这将为车辆计数提供稳定的特征。

轨迹建模可以分为三个步骤:轨迹选择、轨迹聚合和轨迹模板拟合。

1)轨迹选择

受光照变化或遮挡的影响,在轨迹选择过程中可能会发生身份转换和轨迹突变,从而导致一些低置信度或较短的跟踪轨迹产生。为了生成高质量的轨迹模型,通过考虑完整性、连续性和置信度来选择轨迹。

(1)完整性。完整性是基于特定驾驶运动的入口和出口区域来定义的。如果起点和终点落在相应的区域,而且整个轨迹贯穿了 RoI 区域,那么这就是一个完整的轨迹。完整性判断可以有效过滤掉分散的轨迹。

(2)连续性。如果每一帧的轨迹都有相应的检测结果,则将该轨迹定义为连续轨迹。通常情况下,没有检测结果的被遮挡目标具有很高的身份转换风险。通过检查连续性,可以有效地去除不可靠的轨迹。

(3)置信度。在目标跟踪中,当前帧中的每个检测目标将匹配相应的跟踪轨迹。通过定义匹配分数的阈值,将不匹配的轨迹剔除,保证了轨迹的可靠性。

通过上面三个维度可以过滤掉大量分散或者低质量的轨迹。最终,为了确保有足够且平衡的轨迹用于建模,每个场景中连接两个交叉点的轨迹数量保证为[n,m]。选择结果如图 5-10(a)所示。

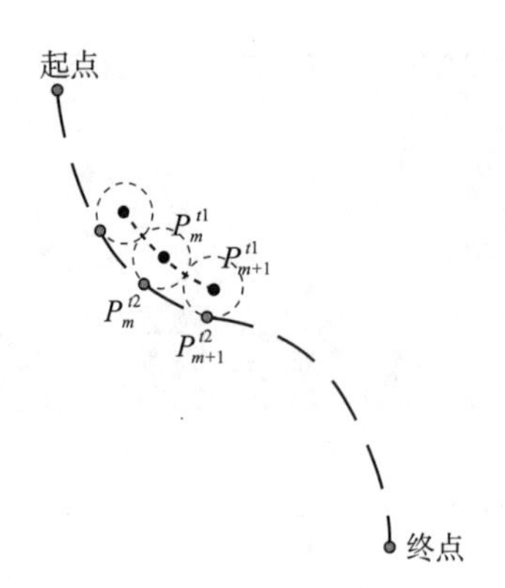

（a）为轨迹匹配方案，根据查询轨迹与建模轨迹的匹配位置，预测查询轨迹的寿命

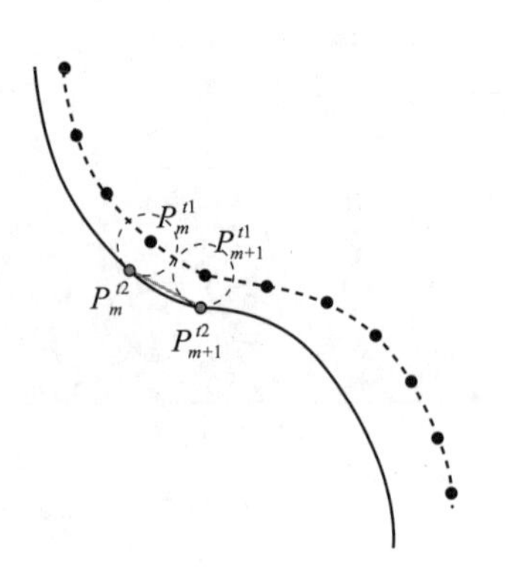

（b）为轨迹分割，根据查询轨迹对建模轨迹进行自适应分割

图 5-10 轨迹分割与匹配

2)轨迹聚合

经过轨迹选择，得到了足够数量的高质量轨迹。使用聚类算法，可以将相同行驶方向上的轨迹聚集在一起。当一个行驶方向有多条车道时，仍然可以获得车道级的轨迹信息。设完整的轨迹集 $\boldsymbol{Traj}_M=[Traj_{m_1}, Traj_{m_2}, \cdots]$，以及 $\boldsymbol{m}_i=[P_m^{t_1}, P_m^{t_2}, \cdots, P_m^{t_n}]$，其中 $\boldsymbol{P}_m^{t_i}=(x_m^{t_i}, y_m^{t_i})$，即 m_i 在 t_1 帧进入 RoI 区域，在 t_n 帧离开 RoI 区域，并且在 t_i 时刻的目标位置是$(x_m^{t_i}, y_m^{t_i})$。通过计算任意两个轨迹之间的欧几里得距离，可以获得轨迹之间的相似度。本节使用 K-means 对轨迹进行聚类，K 表示车道级运动的次数。

3)轨迹模板拟合

轨迹聚合后，可以得到车道级的轨迹聚类结果。基于上述三个维度的评估，可以从每个车道级驾驶轨迹中选择前 N 个轨迹来执行模板拟合。车道级轨迹的最终模型可以表示为通过轨迹拟合从曲线方程中提取的离散序列。

受地图匹配的启发，通过将 GPS 位置转换为路网坐标，将有序的 GPS 位置关联到电子地图，使用图像坐标系中目标车辆的中心点坐标作为当前车辆的 GPS 位置，并将其与图像坐标系关联起来。因此，对于跟踪结果中的每一条轨迹，无论其是否完整，最近邻匹配算法都能找出当前目标车辆的最佳运动，并去除非目标轨迹的影响。

4)轨迹分割

由于目标的起点和终点之间的距离很远，仅使用完整的轨迹信息进行匹配会产生很大的误差。因此，将轨迹分成几段，并逐段计算相似度。最后，整个轨迹的相似度等于各段相似度的总和，并按段数归一化。

对于每个轨迹，测试两种不同的分割方法，即时间分割法和空间分割法。在时间维度上，根据目标出现的帧数来分割轨迹。在空间维度上，根据目标位置在图像坐标系中的距离来划分轨迹。

由于等待红绿灯等原因导致车辆长时间停留，使用时间分割法会引入较多无用的轨迹段，对最终结果产生负面影响。因此，需要对轨迹位置进行一定的平滑处理，消除长时间停车和轨迹抖动带来的负面影响。所以，最后选择用空间分割法。轨迹分割的例子如图5-10(b)所示。

本节中特定场景的图库轨迹集合为：$\boldsymbol{Traj}_G=[Traj_{g_1},Traj_{g_2},\cdots]$，其中$\boldsymbol{Traj}_{g_i}$指的是场景中的第$i$个建模轨迹，表示为一组离散点$\boldsymbol{Traj}_{g_i}=[P_m^1,P_m^2,\cdots]$，其中$\boldsymbol{P}_m^i=(x_m^i,y_m^i)$。对于查询轨迹$\boldsymbol{Traj}_{g_i}$，分为$k$小段，即$\boldsymbol{Traj}_{g_i}=[P_q^1,P_q^2,\cdots]$。在随后的轨迹匹配中，以段为单位计算加权平均值，以计算整体匹配度。

5)轨迹相似度测量

为了确定每个查询轨迹的确切行驶方向，有必要将查询轨迹与车道级别的廊道轨迹进行匹配。对于查询轨迹中轨迹段的每个端点P_i，可以基于最小欧氏距离度量在图库轨迹中找到最佳匹配点P_i。然后，基于这些匹配点，图库轨迹被自适应地分成k段[图5-10(b)]，并进一步计算每个线段对的轨迹相似度。轨迹相似度包括两部分：距离相似度和角度相似度。一个线段对的距离相似度是对应端点之间的距离之和，然后用查询轨迹线段的长度归一化，而一个线段对的角度相似度是由线段端点定义的两个向量的交角。最终的距离相似度是两个轨迹之间所有轨迹段的平均距离得分，角度相似度也如此。详细方程式如下：

$$D_{\text{segmentation}}=\frac{D(p_g^i,p_q^i)+D(p_g^{i+1},p_q^{i+1})}{D(p_g^i,p_q^{i+1})} \tag{5-15}$$

$$D_{\text{trajectory}}=\frac{\sum_{n=1}^{N}D_{\text{segmentation}}}{n} \tag{5-16}$$

6)基于统计的学习

在获得查询轨迹$\boldsymbol{Traj}_{q_1}$和$\boldsymbol{Traj}_G$中所有图库轨迹之间的相似性度量之后，通过设置距离和角度阈值来决定匹配的轨迹。在本节中，通过统计学习来设置参数，即统计同一运动轨迹之间的距离和角度分布，取轨迹距离和角度的平均值作为阈值。但经过分析，场景中存在一些轨迹轮廓，如部分车辆在直线车道左转弯，导致平均距离和角度无法适应轨迹，如图5-11中的虚线所示。因此，以分析结果为初始值，进一步优化不同距离度量下的参数，以找出合适的距离和角度阈值。

5.数字计算

基于跟踪和轨迹匹配算法，每个轨迹可以匹配到一个精确的图库轨迹。由于不完善的检测结果或跟踪结果，整个轨迹可能被分成几个短轨迹。为了得到准确的车辆计数结果，针对完整轨迹和不完整轨迹设计不同的计数方法。如前所述，完整的轨迹由完整性

图 5-11　统计学习的案例分析

标准定义。基于每个道路交叉道口的入口和出口区域以及轨迹匹配结果，可以很容易地确定这些轨迹属于的图库。

对于不完整的轨迹，需要知道它们属于哪些唯一的车辆，这对进行车辆的准确计数很重要。如图 5-10(a)所示，对于每个短轨迹，可以根据其匹配的查询轨迹来确认车程还剩多长时间或已经过去多长时间，还可以根据短轨迹长度及其时间间隔来计算近似速度，然后确定车辆大概的出现时间和消失时间。本书把一辆车从出现到消失的时间称为存活时间。如果两条短轨迹存活时间相同，且位置和行驶速度没有出现冲突，则将其视为一辆车的两个轨迹碎片。

重复上述操作，直到所有短轨迹与相应的车辆匹配为止。

5.4 本章小结

本章对多目标跟踪中多行人目标和多车辆目标的跟踪算法进行了全面的描述以及深入的分析，并对两个实例进行了详细讲解，除了遮挡处理、ID 切换等一些主要问题之外，就提高算法的精度而言，还面临着许多挑战。未来，多目标跟踪仍是一个研究热点，这一领域无论是在研究实现方面还是在应用方面，都有很大的拓展空间，是一个比较有前景的研究领域。

第6章

行人重识别

行人重识别(Re-ID)也称为跨镜头追踪技术，是现在计算机视觉研究的热门方向之一。其核心目标是判断图像或者视频序列中是否存在特定行人，主要解决跨摄像头和跨场景下行人的识别与检索问题。该技术能够根据行人的穿着、发型、体态等特征对行人进行智能认知，与人脸识别结合后能够适用于更多的应用场景[如安防和刑侦(张敏等，2022)]，从而将人们对人工智能的认知提高到一个新水平。本章的主要内容是简述行人重识别的研究现状以及面临的主要问题；详细介绍基于局部辨析深度卷积神经网络(local-refining based deep neural network，LRDNN)的行人重识别算法，并通过实验来验证算法的有效性；介绍基于注意力机制的神经网络结构搜索行人重识别算法，并通过实验表明算法的领先性。最后是本章的小结和展望。

6.1 行人重识别研究概述

6.1.1 研究背景与相关概念

行人重识别作为人脸识别技术的重要补充，可对无法获取清晰人脸的行人进行跨摄像头连续跟踪，其应用场景主要包括智能安防、智能寻人系统、智能大型商场、智能无人超市、与人脸识别结合的应用、相册聚类、家庭机器人等。随着深度学习的发展，深度卷积神经网络开始在多个计算机视觉任务中得到应用，并取得了有目共睹的成果。行人重识别与多行人目标跟踪作为计算机视觉中具有代表性的两大研究方向，在视频监控、自动驾驶、智能机器人等系统中有着重要的应用价值。行人重识别与多行人目标跟踪的研究对象都是行人。随着深度卷积神经网络的发展，行人重识别与多行人目标跟踪领域纷纷引入深度卷积神经网络特征用于构建行人目标的表观模型。深度卷积神经网络的加入，使得行人重识别与多行人目标跟踪的研究有了新的进展。

行人重识别主要是指对跨摄像头或视频帧当中的行人进行有效的识别。更具体地说，就是给定一张包含待识别行人的图像。行人重识别的目的是在跨摄像头时或在视频帧中识别出相同的行人。因为行人重识别具有重要的学科研究价值以及实际应用价值，行人重识别技术的研究逐渐受到了广泛的关注。当前，监控摄像头已经广泛地被使用在许多不同的场景中，以这些监控摄像头拍摄到的大量监控视频数据为基础建立起来的安防系统单纯依靠人力处理不切实际，而行人重识别技术的出现使这一问题有了新的解决方案。行人重识别技术在提高处理视频数据的高效性、降低人工成本方面提供了技术支持，并且在行人目标跟踪、可疑人员查找等方面有着不可替代的优势。张敏等(2022)在文献中统计了 2013～2021 年，发表在计算机视觉顶级会议 CVPR、ICCV/ECCV 的行人重识别研究方面的论文情况(图 6-1)，可以看出，2018～2021 年在各种国际顶级会议中 Re-ID 的相关研究论文收录数量比较多。

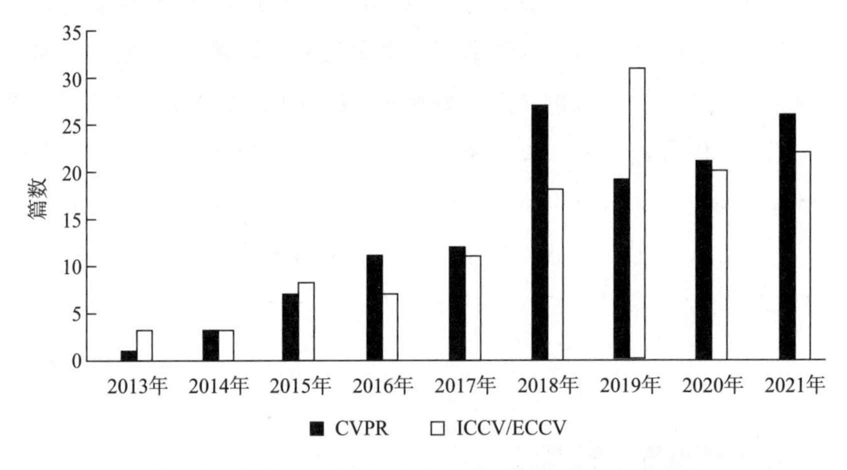

图 6-1　计算机视觉顶级会议中的 Re-ID 论文收录篇数

作为计算机视觉领域的一个基本任务，行人重识别同样面临着计算机视觉领域中普遍存在的几个难题(如光照条件变化、背景复杂、形变以及遮挡)，并且新的大型行人重识别数据集的陆续提出也给行人重识别带来了新的挑战。在解决上述难题的同时，实现能对现实生活中的多种复杂场景进行高效处理的行人重识别技术，还需要付出更多的努力。总的来说，行人重识别与多行人目标跟踪在很多方面有着联系。借助深度卷积神经网络的优势，研究深度卷积神经网络在多行人目标跟踪与行人重识别中的应用具有重要意义，一方面，为多行人目标跟踪技术与行人重识别技术的改进提供了技术支持；另一方面，推动了新的深度卷积神经网络模型的发展。

此外，国内外一些研究机构和高校也构建了行人重识别常用的数据集，并提出了Re-ID相关性能评价指标，推动了 Re-ID 研究的进一步发展。表 6-1 列举了 Re-ID 研究最常用的三个公开数据集和两个常用的性能评价指标。

从表 6-1 中可看出在 Re-ID 研究里，尽管图片的数量超万张，但 ID 数量基本都小于 2000，摄像头数量在 10 个以内，且这些照片大部分都来自学校，所以行人的身份大部分是学生。与人脸识别数据集相比，Re-ID 的数据集则显得很少，这对于复杂的行人跨镜头跟踪是一个难题。

Re-ID 研究的评价指标，用得比较多的有两个：①首位命中率（rank-1 accuracy，Rank1 ）；②平均精度均值（mean average precision，mAP）。Re-ID 本质上还是排序问题，Rank 是排序命中率核心指标，而 Rank1 是首位命中率，即第一张图有没有命中特定的行人。同理，Rank5 表示 5 张图中至少有一张命中行人。能全面评价 Re-ID 技术的指标则是 mAP，mAP 要求被检索人在底库中的所有图片都排在最前面，这时候 mAP 指标才会高。

表 6-1　Re-ID 研究常用的数据集和评价指标

	行人再识别数据集 1501	杜克大学多目标多摄像头行人再识别数据集	香港中文大学行人检测数据集 03
拍摄地点	清华大学	杜克大学	香港中文大学
图片数量/张	32217	36441	13164
行人数量/人	1501	1812	1467
摄像头数量/个	6	8	10
评价指标	mAP		
	Rank1		

6.1.2 国内外研究现状

多行人目标跟踪与行人重识别作为计算机视觉领域中具有代表性的两大研究方向，都以行人为主要研究对象。在这两个研究方向上，众多的学者在深入地研究不同的解决方案。当前，对行人重识别的研究是计算机视觉领域中的一大热点。近年来，越来越多的基于深度卷积神经网络的行人重识别算法涌现。借助深度卷积神经网络的强大表征能力，行人重识别技术水平在短时间内有了很大的提升。由于跨摄像头以及目标姿态的剧烈变化,相同目标多张图像局部之间出现的不能完全对应的问题(即不对齐的问题)仍旧是行人重识别领域有待解决的核心问题。

随着深度学习在目标检测和目标跟踪等多个计算机视觉任务中取得了巨大的进展,行人重识别作为纯粹的计算机视觉任务开始利用深度卷积神经网络来获取不同的行人图片的深度特征。许多基于深度卷积神经网络的行人重识别算法相继被提出,并且借助行人属性信息及行人姿态信息的加入,在多个行人重识别数据集上取得了优秀的成果。下面,本书将结合行人属性信息和行人姿态信息在行人重识别中的应用来详细阐述行人重识别在国内外的发展动态。

1.行人重识别

根据对以往提出的行人重识别算法的归纳总结,大多数行人重识别算法关注于行人的全局特征,并未对行人的局部特征进行区分。由于人体具有非刚性的特点,因此当行人的姿态产生剧烈的变化时,容易出现同一个行人的相同局部区域无法一一对应,即不对齐的现象。早前的研究工作为解决不对齐的问题提出了几种可行的方案,如 Johnson 等使用传统的姿态估计算法来检测行人身体的关键部位(包含头部、身体以及腿部),然后利用这些检测到的关键部位来构建新的深度特征,最后融合手工特征来对不对齐的情况进行调整。Lei 等在"基于语义区域表示和拓扑约束的人物再识别"("*Person Re-Identification by Semantic Region Representation and Topology Constraint*")中,提出一种被称为语义区域表示(semantic region representation,SRR)的模型来对人体的多个部位进行解析,然后采用语义表示来比较相应部位的相似度。同时,深度卷积神经网络已经被引入行人重识别领域中作为基础结构来生成具有更强分辨能力的特征,如 Zheng et al.(2016)以深度卷积神经网络为基础,使训练出的深度模型对不稳定的光照条件以及背景遮挡等具有一定的鲁棒性。此外,在行人重识别领域还存在着另一种类型的方法,这种类型的方法主要致力于针对行人重识别问题来设计更合适的损失函数。例如,Hermans 等针对行人重识别过程中输入样本、正样本和负样本的情况,提出利用三元损失函数(triplet loss)对这三个样本之间的度量距离进行调整,使得输入样本与正样本之间的距离减小,而与负样本之间的距离增大;Chen 等提出了一个新的损失函数——四元损失函数(quadrulet loss),用于对行人重识别算法从训练集合到测试集合的泛化能力进行改进,相比三元损失函数具有更大的类内方差以及更小的类间方差。受 Cao 等在"开放姿态模型:使用部分亲和域的实时多人 2D 姿势估计"("*OpenPose:Realtime Multi-Person 2D Pose Estimation using Part Affinity Fields*")中提出的姿态估计算法的启发,本节提出了一个基于局部辨析深度卷积神经网络的行人重识别算法,主要利用由姿态估计算法得到的行人姿态信息,将图像中行人身体的局部区域以及行人的属性信息融入行人的全局特征中，以提高算法的性能。

2.基于属性识别的行人重识别

随着行人重识别的部分数据集[如 DukeMTMC－ReID（Zheng et al.，2017）和 Market1501（Zheng et al.，2015）]开始增加属性标签，近期的一些新的研究工作开始将行人属性信息融入行人重识别中。人在识别物体时，会将注意力集中在物体具有的特点和属性上以更准确地识别物体，因此行人的属性信息在行人重识别过程中具有重要的应用价值，如图 6-2 所示。Feng 等设计了一个基于属性学习的深度模型，其在对行人进行重识别的过程中，进行属性信息的学习，在 Market1501 以及 DukeMTMC-ReID 数据集上取得了不错的效果。由于基于一个简单的网络模型来学习行人的属性还存在一定的不足，因此应将注意力更多地放在行人属性对应的局部区域上，通过融合属性信息来重识别行人。与 Su 等在“用于人再识别的姿势驱动深度卷积模型”（“*Pose-driven Deep Convolutional Model for Person Re-identification*”）中提出的方法不同，本节提出的方法包含了一个主分支和一个姿态分支，其中姿态分支主要的任务是生成行人的姿态信息，然后再与主分支融合来识别行人的属性以及标签信息。此外，由姿态分支与主分支融合后输出的特征图对有利于识别行人属性以及标签的细粒度的语义信息进行了编码。

图 6-2　属性在行人重识别场景中的具体表现

3.基于姿态解析的行人重识别

由于行人重识别的主要研究对象为行人，因此有许多的研究工作将行人非刚性的特点考虑在内，并且提出不同的策略来对行人的姿态信息加以利用。如图 6-3 所示，人体姿态变化和出现冗余背景是行人重识别场景中常见的情况，而行人姿态信息对处理这些情况很有帮助。Kalayeh 等提出用基于分割方式的策略来对人体不同的部位进行识别，然后再按照一定的规则重新将这些部位组合成一个新的整体，这样的方式对解决跨摄像头带来的不对齐问题有一定的作用，但在分割的过程中会不可避免地受到人为因素的影响。Zheng 等设计了一个多分支的深度模型来捕捉人体不同部位的深度特征，并利用人体区域建议网络来生成 10 个人体区域。这些方法利用的人体姿态信息，依然包含了部分冗余的背景信息，而本书提出的方法包含了对像素级的行人姿态信息以及行人属性信息的融合，在更细粒度的层面上进行行人的重识别。

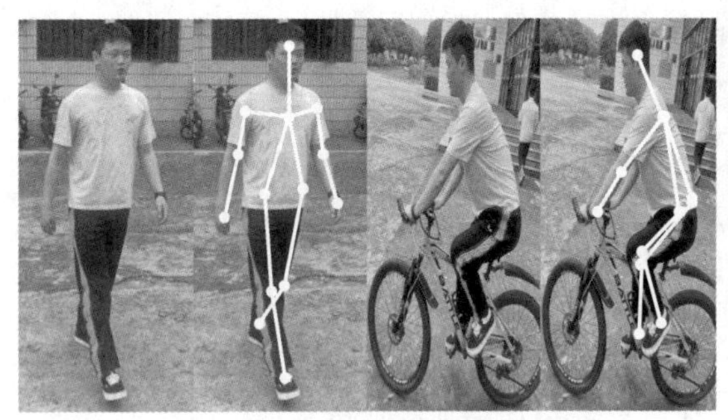

（a）行人姿态的剧烈变化

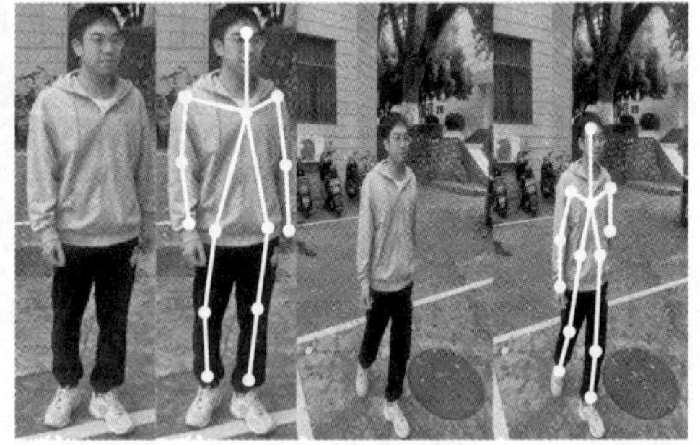

（b）冗余背景

图 6-3　行人重识别场景中行人姿态变化和冗余背景的示例

6.1.3 行人重识别领域面临的难题

在众多学者不懈努力下，行人重识别取得了许多优秀的研究成果，在一些特定的生活场景中得到了一定的应用，但距离实现大规模、大范围的应用还有一段差距。对于实际生活中存在的多种多样的场景，依然有许多难题并未得到完全的解决，行人重识别技术还有待检验。从行人重识别的实际应用场景看，室内外场景的变化、摄像头采集的图像分辨率低等严重制约着行人重识别算法的性能；从行人重识别的研究对象看，行人被遮挡以及行人姿态变化等为进一步提升行人重识别算法的性能带来了挑战。以下是综合上述两方面的因素总结出的行人重识别领域中存在的几个主要难题。

1.遮挡

与大多数计算机视觉任务一样，遮挡是行人重识别场景中常见的问题之一。不同于多行人目标跟踪场景，行人重识别主要考虑的是行人发生部分遮挡的情况。行人重识别中主要存在的遮挡是行人被自身的某部分遮挡以及被场景中其他的行人或物体遮挡。当行人被遮挡时，其部分表观信息会缺失，并且被遮挡的部分容易引入干扰信息，这加大了行人重识别的难度。因此，增强遮挡处理的鲁棒性是提升行人重识别算法性能的关键之一。

2.图像分辨率低

目前公开的行人重识别数据集中图片的分辨率还处于较低的水平，一方面是为了更加接近现实生活当中监控摄像头拍摄到的画面；另一方面，增加了构建行人重识别系统的难度。在低分辨率的情况下，图像包含的行人的有效表观信息有限，如何利用这些有限的表观信息来构建表征能力强的表观模型是行人重识别研究的难点所在。

3.室内外场景变化

行人重识别不仅需要考虑时间跨度上的场景变化，还需要考虑多个摄像头跨度上的场景变化。室内外场景的变化在行人重识别的应用场景中普遍存在。由于室内外光照条件的影响，行人的表观会改变，而场景的变化也会带来拍摄角度以及背景的差异，这些问题增加了行人重识别的难度。若无法适应场景变化带来的影响，则会导致行人重识别失败。

4.行人姿态变化

行人重识别以行人作为研究对象。行人作为典型的非刚性目标，涵盖了许多以其他物体作为研究对象时所存在的问题。由于行人的非刚性以及行人运动的复杂性(被遮挡和自遮挡)等，行人重识别问题极具挑战性。行人在姿态上的变化是造成行人重识别困难的关键，因此，只有对行人复杂的姿态进行有效识别，才能避免姿态变化带来的负面影响。

6.2 基于深度卷积神经网络的行人重识别算法研究

本节通过作者团队提出的一个深度卷积神经网络模型来统一结合行人姿态信息、属性信息以及身份信息。由于人体为非刚性的，行人姿态的经常性变化往往导致对行人的重识别失败，因此需要利用行人局部的信息作为辅助信息来区分多个相似的行人。一方面，传统的方法利用的行人局部信息仍然存在着一定的限制，如分区策略中采用行人局部区域作为深度卷积神经网络的输入，导致局部区域之间的关联信息未被充分地利用。另一方面，在早先的行人重识别算法中，行人姿态信息的引入并未考虑姿态估计输出的行人姿态信息存在检测失败的情况。主要的改进思路是模型不仅需要学习特征图上的对齐，还需要学习特征图与特征图之间的对齐。为此，本书设计了基于局部辨析深度网络的行人重识别算法，其包括主分支和姿态分支，通过两个分支的联合来学习特征图上以及特征图之间的对齐。同时设计了一种被称为通道解析块的简单结构，利用它来自动学习对姿态分支输出的特征图的通道进行加权，并通过使用紧密型的双线性池化将加权特征图融合到主分支中。在 Market1501 数据集和 DukeMTMC-ReID 数据集上的实验充分验证了所提出的算法的有效性。

6.2.1 引言

作为计算机视觉领域中的一个基本任务，行人重识别同样面临着计算机视觉领域中普遍存在的几个难题，如光照条件变化、背景复杂、形变以及遮挡。现在，许多行人重识别研究工作将研究的重心放在处理光照条件变化、跨摄像头以及不对齐问题上。然而，这些研究工作中很大一部分所利用的特征来自整张图像，这往往导致引入许多不相关信息(如冗余背景以及由不同摄像头视角与行人姿态变化产生的不对齐现象)。为了降低这些不相关信息的影响，Liu 等提出在行人重识别技术中增加注意力机制，从而使有利于识别行人的区域得到重视。此外，Li et al.(2014)通过将人体粗略分为不同的子区域来细化行人之间的识别过程，而 Zhao et al.(2017)利用姿态估计算法来获取更具体的人体局部区域，并提出了主轴网(spindle net)，其包含了多阶段 RoI 池化框架用于提取不同局部的特征，再通过特征融合网络对不同部位的特征进行融合。但是这些方法在引入局部信息的同时，也引入了过多人为定义的超参数，如人体区域的个数以及每个局部区域的大小，并且冗余背景的影响仍然存在。在本节中，本书提出了一种简单有效的深度卷积神经网络来融合行人姿态信息以及属性信息。更具体地说，本书通过提出的局部辨析深度卷积神经网络，将像素级的行人姿态信息与行人属性信息进行统一结合，从而有效地降低冗余背景、遮挡以及不对齐现象对行人重识别的影响。此外，考虑到深度卷积神经网络中特征图的不同通道具有不同的特点，且对行人重识别的作用也不同，因此本书设计了一个通道解析模块(channel parse block，CPB)来自动学习，并对重要的特征图通道赋予较大的权重，而通道解析模块的设计受到 Hu 等提出的“挤压和激励网络(squeeze-and-excitation networks)”的启发。在新的方法不断被提出的同时，行人重识别领域中的几个大型数据集被公开，为训练及测试行人重识别算法提供了有利的条件。基于这些大型数据集，行人重识别算法的性能不断得到突破，但距离行人重识别问题被完全解决还有一段距离。严重的遮挡、复杂的行人姿态、不稳定的光照条件以及复杂背景的存在，依然限制着行人重识别技术的进一步提升。

传统行人重识别方法采用简单的手工特征，与基于用深度卷积神经网络生成的深度特征的行人重识别方法在性能表现上有较大的差距。由于深度卷积神经网络具有强大的表征能力，许多行人重识别算法采用深度卷积神经网络来建立行人重识别模型。根据前人提出的行人重识别算法，可以将行人重识别算法分为基于局部信息的行人重识别算法、基于损失函数的行人重识别算法以及基于数据强化的行人重识别算法。而本节提出的算法属于基于局部信息的行人重识别算法，并且引入行人属性信息来加强算法对行人的重识别能力。同时，本节借助通道解析模块进一步抑制姿态分支中存在的干扰信息的影响，从而使融入主分支的信息更加稳定。与其他基于局部信息的行人重识别算法不同，本节提出的算法既考虑了特征图上局部区域之间的联系，也考虑了不同特征图之间的联系。早期的基于局部信息的行人重识别算法缺乏对细粒度局部信息的利用，并且未对错误的局部信息采取有效的处理措施。在提出的基于局部辨析深度网络的行人重识别算法中，通过一个在 MSCOCO 数据集（Lin et al.，2014）上预训练的姿态分支来获取有效的行人姿态信息，这些行人姿态信息涉及人体的每个局部区域，同时通过利用在主分支上添加的多个对行人属性信息进行识别的损失函数来将行人属性信息引入提出的深度模型当中。实验表明，提出的基于局部辨析深度卷积神经网络的行人重识别算法能够很好地利用行人姿态信息以及属性信息来对行人的身份进行识别。此外，通道解析模块也有助于对姿态分支中特征的不同通道进行有区别的利用。

综上，本节的主要贡献包括以下几点。

（1）提出了一个基于局部辨析深度卷积神经网络的行人重识别算法，其中局部辨析深度卷积神经网络模型包含主分支和姿态分支。该算法不仅关注由目标检测获取的行人图像的全局特征，而且将细粒度的人体局部区域包含的信息考虑在内，从而能对行人目标的特点进行准确描述。对于行人目标检测中存在的检测不准确情况（如冗余背景以及目标部分缺失），该算法具有一定的鲁棒性。

（2）除了加入行人姿态信息，还将行人属性信息融合进深度卷积神经网络模型中，行人属性信息对于定位人体的局部区域起到了一定的帮助作用。

（3）为了更充分地利用行人姿态信息，设计了一个鲁棒的结构来自动对不同的人体区域赋予不同的权重。

6.2.2 算法概述

本节提出了一个基于局部辨析深度卷积神经网络的行人重识别算法（LRDNN），该算法以深度卷积神经网络为基础，不仅关注语义信息，还关注细化的局部信息。如图6-4所示，提出的行人重识别算法包括两个分支，即主分支和姿态分支。主分支利用属性信息来编码深度语义特征，姿态分支编码来自人体的局部信息。为了减少由不稳定的姿态估计以及遮挡造成的影响，本书提出了一个通道解析模块（CPB）。在姿态分支中加入通道解析模块后，由姿态分支生成的行人姿态信息表现为多通道的特征图。通道解析模块的主要作用是为更有效的特征通道赋予更大的权重，使得由错误或不准确的姿态信息造成的负面影响得到有效抑制。借助姿态分支生成的行人姿态信息、行人重识别和属性识别任务可以将更多的注意力放在行人身上，从而将冗余背景的影响降到最低。对于行人重识别任务来说，行人属性识别任务中学习到的行人属性信息有助于行人重识别，而行人重识别也在一定程度上对行人属性识别任务有积极的影响。在本节中，首先详细介绍提出的基于局部辨析深度卷积神经网络的行人重识别算法；其次，对算法中利用的行人属性信息以及姿态信息进行进一步分析；再次，对提出的通道解析模块如何学习对不同的特征通道赋予不同的权重进行讲解；最后，通过实验来验证算法的有效性。

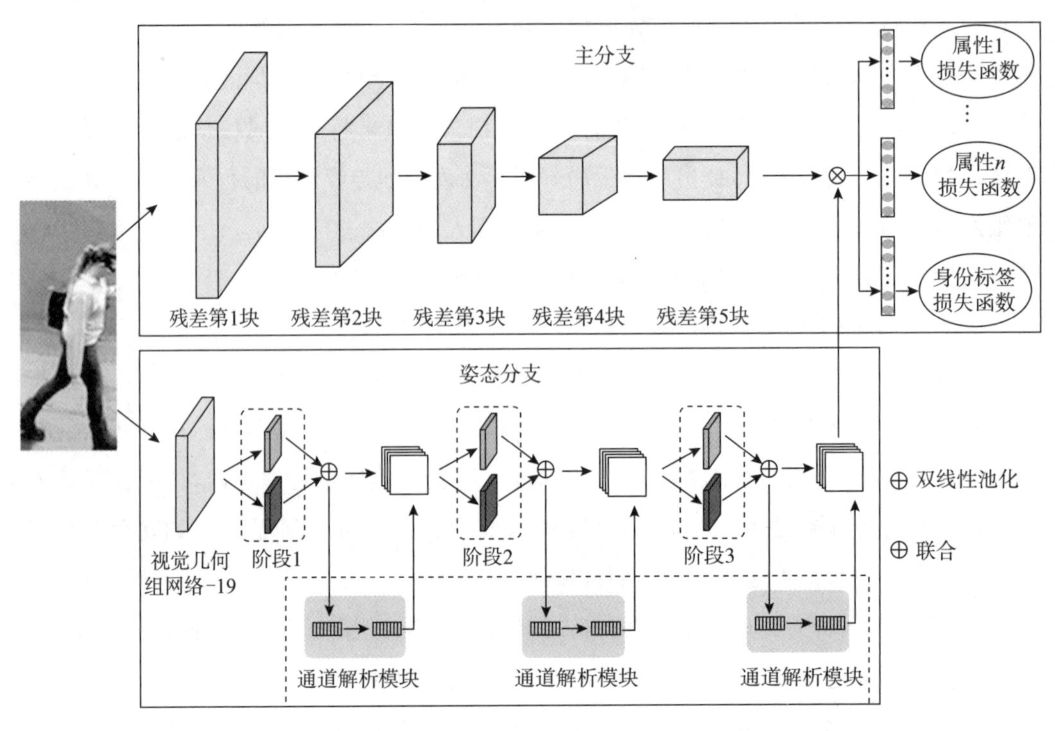

图 6-4　基于局部辨析深度卷积神经网络的行人重识别算法的框架结构

6.2.3 局部细化深度网络模型

自从深度卷积神经网络被引入行人重识别领域后，有许多方法取得了优秀的成果。简单地利用深度卷积神经网络可以提高行人重识别算法的性能，但离行人重识别问题被完全解决还有一段距离。与此同时，细粒度的信息（如行人属性信息和行人姿态信息）引起了许多学者的关注，最近许多研究工作已经证明了这些细粒度信息的有效性。由于冗余背景和遮挡的影响，图像的整体视觉信息被污染，将行人属性信息和行人姿态信息融入行人重识别框架中可以有效地抑制由跨摄像头引起的行人未对齐带来的不良影响。行人的属性在具有高相似度的行人之间具有一定的区别，并且受跨摄像头引起的不对齐情况的影响较小。行人的姿态信息关注行人身体的多个局部区域，不仅提供了用于识别行人属性的有效局部信息，而且提供了用于分析复杂姿态的有效方法。本节提出的深度模型包含两个分支，结合深度语义信息对行人属性以及姿态信息进行描述。

如图 6-4 所示，主分支以及姿态分支为提出的深度模型的主要组成部分，姿态分支还包含了通道解析模块。在这个深度模型中，同时进行行人的重识别以及属性的识别。考虑主分支和姿态分支拥有一个共同的输入图像 I，主分支对图像的深度语义信息以及行人的属性信息进行编码 $\boldsymbol{F}$ 的过程可以表达为

$$\boldsymbol{F}=\mathbb{M}(I) \tag{6-1}$$

相应地，姿态分支学习行人身体上局部区域的局部置信图和局部区域关联图，这些信息包含在姿态分支的第三个阶段的输出中，可以将其表示为

$$(\boldsymbol{H}^3,\boldsymbol{C}^3)=\mathbb{M}(I) \tag{6-2}$$

其中，$\boldsymbol{H}^3$、$\boldsymbol{C}^3$ 分别表示姿态分支的第三个阶段的局部置信图和局部区域关联图。之后利用紧密型的双线性池化将主分支以及姿态分支的输出特征进行融合，从而在达到突出行人身体区域的同时，抑制不相关的冗余背景信息。双线性池化利用计算不同空间位置的外积来融合两个不同深度网络分支的特征，并对根据不同空间位置计算的结果利用平均汇合来得到双线性特征。外积捕获了特征通道之间成对的相关性，并且这是平移不变的。而双线性汇合提供了比线性模型更强的特征表示，并可以通过端到端的方式进行优化。利用由姿态分支最后获得的特征($\boldsymbol{F}$)以及主分支获得的特征($\boldsymbol{H}^3,\boldsymbol{C}^3$)，将相应的双线性池化的过程表示如下：

$$Bilinear\{\eta,\boldsymbol{F},[\boldsymbol{H}^3,\boldsymbol{C}^3]\}=\boldsymbol{F}_{\eta}^{T[\boldsymbol{H}^3,\boldsymbol{C}^3]_\eta} \tag{6-3}$$

其中，η 包含了位置和尺度信息，用来确定特征图上的位置范围；特征图$[\boldsymbol{H}^3,\boldsymbol{C}^3]$为姿态分支中双流结构输出的两个特征图的串联结果，与 $\boldsymbol{F}$ 具有相同的尺度大小。接着使用求和池化函数对不同位置的特征进行融合，最终得到融合后的全局特征：

$$\Psi\{\eta,\boldsymbol{F},[\boldsymbol{H}^3,\boldsymbol{C}^3]\}=\sum_{\eta}Bilinear\{\eta,\boldsymbol{F},[\boldsymbol{H}^3,\boldsymbol{C}^3]\}=\sum_{\eta}^{\Sigma}\boldsymbol{F}_{\eta}^{T[\boldsymbol{H}^3,\boldsymbol{C}^3]_\eta} \tag{6-4}$$

外积的计算方式使原始的双线性池化的结果维度为输入特征的平方，这造成了计算量的急剧增长，而对多目标跟踪来说需要减少计算量，因此在原双线性池化的基础上，可以从核相关方法的角度出发设计相应算法。

首先，为了方便推导，将原始的双线性池化过程重新表示如下：

$$B(\boldsymbol{F})=\sum_{\eta}^{\Sigma}\boldsymbol{F}_{\eta}^{T_\eta} \tag{6-5}$$

对于线性核分类问题，有如下的推导过程：

$$\langle B(\boldsymbol{W}),B(\boldsymbol{V})\rangle=\langle \sum_{\eta}\omega_{\eta}^{T}\omega_{\eta}=\sum_{\eta}\sum_{\gamma}(\omega_{\eta},\upsilon_{\gamma})^{2}\rangle \tag{6-6}$$

从最后的结果中可以看到,原始的双线性池化最终得到的结果相当于一个二阶多项式核,利用 $\kappa(\boldsymbol{\omega},\boldsymbol{\upsilon})$ 来表示这个二阶多项式核函数,为了降低维度,考虑 $\kappa(\boldsymbol{\omega},\boldsymbol{\upsilon})$ 的一个映射:

$$\langle \Phi(\boldsymbol{\omega}),\Phi(\boldsymbol{\upsilon})\rangle\approx\kappa(\boldsymbol{\omega},\boldsymbol{\upsilon}) \tag{6-7}$$

其中,$\langle \Phi(\boldsymbol{\omega}),\Phi(\boldsymbol{\upsilon})\rangle$ 的维度远小于 $\kappa(\boldsymbol{\omega},\boldsymbol{\upsilon})$,若存在 $\langle \Phi(\boldsymbol{\omega}),\Phi(\boldsymbol{\upsilon})\rangle$,则有

$$\begin{aligned}\langle B(\boldsymbol{W}),B(\boldsymbol{V})\rangle=\sum_{\eta}\sum_{\gamma}(\boldsymbol{\omega}_{\eta},\boldsymbol{\upsilon}_{\gamma})^{2}\approx\sum_{\eta}\sum_{\gamma}\langle \Phi(\boldsymbol{\omega}),\Phi(\boldsymbol{\upsilon})\rangle\\ \equiv\langle \mathbb{C}(\boldsymbol{\omega}),\mathbb{C}(\boldsymbol{\upsilon})\rangle\end{aligned} \tag{6-8}$$

其中,$\mathbb{C}(*)=\sum_{\eta}\Phi(*_{\eta})$,即紧密型的双线性池化的表示。从以上分析可以看出,多项式核的任何低维逼近都可用于实现紧密型双线性池化。

为了进一步缓解姿态分支输出的姿态信息的不稳定性,引入通道解析模块来对姿态分支输出特征的通道进行解析,为比较有效的通道赋予更大的权重。

1.行人姿态信息的融合

在以行人为研究对象的计算机视觉任务(如行人重识别、动作风格转换以及异常行为检测等)中,行人的姿态信息起到了重要的作用。在近几年的行人重识别研究中,研究人员开始将行人的姿态信息考虑进行人重识别问题中,从而使行人重识别算法的性能得到巨大的提升。但目前提出的算法更多的是关注细粒度的行人姿态信息,如连接人体每个部分的关节点。受 Cao 等在 2017 年发表的“开放姿态模型:使用部分亲和域的实时多人 2D 姿势估计”(“*OpenPose: Realtime Multi-Person 2D Pose Estimation using Part Affinity Field*”)提出的姿态估计算法的启发,本节采用双流多阶段的深度卷积神经网络模型来检测行人身体的关键部位,同时对每个部位相应的置信度图进行评估。另外,本节利用 OpenPose 提出的 CMU 模型的修改版本作为姿态分支的基础结构,重新训练了一个具有三个阶段的 CMU 模型来对行人的姿态信息进行学习。姿态分支的结构如图 6-4 所示。

在本节提出的算法框架中,姿态分支的主要任务是捕捉人体的局部关键部位,然后借助通道解析模块来学习对姿态特征通道的解析。具体地说,姿态分支中的两个网络流和通道解析模块分别提供了人体具特点部位的局部置信图和局部关联区域图,对于 19 个关节点会生成相应的 19 张局部置信图以及 38 张局部关联区域图。与 OpenPose 中的 CMU 模型类似,算法的姿态分支由四个阶段组成,其中包含了在 MSCOCO 数据集上预训练好的一个 VGG-Net 以及三个双流网络结构。需要说明的是,姿态分支中双流结构的初始权重是在 MSCOCO 数据集上得到的。在姿态分支模型单独训练的过程中,双

流网络利用的损失函数为均方误差损失函数。给定真实值$G_1^u(p)$和$G_2^v(p)$，以及由姿态分支输出的对局部置信图与局部关联区域图的预测结果$H_u^t(p)$和$C_v^t(p)$，双流网络的两个均方误差损失函数分别表示为

$$\boldsymbol{L}_{S_1}^t=\sum_{u=1}^{U}\sum_{p}W(p)\cdot\|H_u^t(p)-G_1^u(p)\|_2^2 \tag{6-9}$$

$$\boldsymbol{L}_{S_2}^t=\sum_{v=1}^{V}\sum_{p}W(p)\cdot\|C_v^t(p)-G_2^v(p)\|_2^2 \tag{6-10}$$

为了进一步利用由姿态分支获得的行人姿态信息，将由姿态分支输出的局部置信图与局部关联区域图通过双线性池化方式与主分支输出特征进行融合。考虑到两个分支输出的特征图上数据分布存在差异，并且模型的加深会导致训练的过程中出现过拟合的情况，因此在姿态分支后面添加批正则化层(batch normalization layer，BNL)。如图6-4所示，将姿态分支融合进提出的算法框架中后，冗余的背景被抑制并且主要的权重都集中在行人的身体上。此外，由于行人重识别的数据集中存在大量不准确的行人检测结果，导致在进行行人姿态估计时会出现相应的错误结果。为了抑制这些错误姿态估计结果对行人重识别的影响，本节设计了一个通道解析模块来对姿态分支输出特征图的通道进行有区别的筛选。通道解析模块的细节将在6.2.4节中详细介绍。

2.行人属性信息的融合

行人身上具有的不同属性对行人重识别来说是一个重要的辅助信息。近期有研究工作将行人的属性信息作为一个用于增加特征丰富度的描述子来对不同的行人进行重识别。由于缺乏数据集的支持以及更深入的研究分析，Wang等的“基于上下文和相关性联合递归学习的属性识别”(“*Attribute Recognition by Joint Recurrent Learning of Context and Correlation*”)仅仅关注了简单的行人属性检测，并未考虑更高层次的视觉任务，如行人重识别。而近几年借助深度卷积神经网络的发展，行人重识别领域开始广泛利用深度卷积神经网络技术，并且随着带有属性标签的大型行人重识别数据集(如Market1501、DukeMTMC-ReID)的公布，训练更深、更复杂的深度卷积神经网络模型成为可能。这也启发作者团队可利用行人属性信息来改进行人重识别算法的性能。

在本节提出的算法框架中，选取ResNet-50作为模型中的主分支。为了使模型具有更好的收敛性，采用在ImageNet上预训练好的权重来初始化提出的模型。为进一步加强深度语义特征的表征能力，在模型的主分支上添加行人属性识别任务，通过将ResNet-50模型中的最后一层全连接层替换为多个全连接层来实现对行人属性以及身份标签的识别。在算法利用的Market1501和DukeMTMC-ReID数据集上，已公开的行人属性标签见表6-2。

表 6-2　不同的数据集中标注的不同属性

数据集	gender	hair	L.slv	L.low	L.up	T.low	hat	B.pack	bag	H.bag	age	C.up	C.low	C.shoes	boots
Market 1501	√	√	√	√		√	√	√	√	√	√	√	√		
Duke MTMC-ReID	√				√		√	√		√	√	√	√	√	√

注：gender、hair、L.slv、L.low、L.up、T.low、hat、B.pack、bag、H.bag、age、C.up、C.low、C.shoes、boots 分别表示性别、头发、袖长、下身衣长、上身衣长、下衣类型、帽子、背包、袋子、手提包、年龄、上身衣服的颜色、下身衣服的颜色，鞋子的颜色、靴子。

在本节提出的算法的具体实现过程中，将行人的算法标签识别任务以及属性识别任务视为分类任务。给定一张输入图像，主分支将对行人的深度语义信息进行学习。为了使来自主分支的一个输出以及来自姿态分支的两个输出遵循相同的分布，利用批正则化处理来自主分支以及姿态分支的原始输出：

$$F=\frac{f^{(k)}-\mu_f}{\sqrt{\sigma_f^2+\varepsilon}} \tag{6-11}$$

$$H^3=\frac{h^{(k)}-\mu_h}{\sqrt{\sigma_h^2+\varepsilon}} \tag{6-12}$$

$$C^3=\frac{c^{(k)}-\mu_c}{\sqrt{\sigma_c^2+\varepsilon}} \tag{6-13}$$

其中，μ_* 和 σ_* 分别表示一个相应的小批次原始输出的均值和方差；ε 是为了防止分母为 0 而设置的参数。经过批正则化之后，三个原始输出可以被约束在相同的分布中。

之后利用双线性池化层来对两个分支正则化后的输出进行融合。如图 6-5 所示，经过双线性池化后的输出可以以更小的计算代价使两个分支获得更好的表征能力。对于第 i 个行人属性，使用交叉熵损失函数来训练网络对行人身份标签以及属性的识别。将主分支的第 i 个全连接层的输出向量表示为 $\boldsymbol{Z}_i=[z_1,z_2,\cdots,z_n]$，则对应的行人身份标签以及属性的交叉熵损失的计算过程表示如下：

$$L_M^i=-\sum_{n=1}^{N}\sum_{p}\log(p(n))q(n) \tag{6-14}$$

其中，$p(n)=\frac{\exp(z_n)}{\sum_{i=1}^{N}\exp(z_i)}$ 表示对行人身份标签以及每一个属性的预测概率，当预测结果与真实值相同时，有 $q(n)=1$。

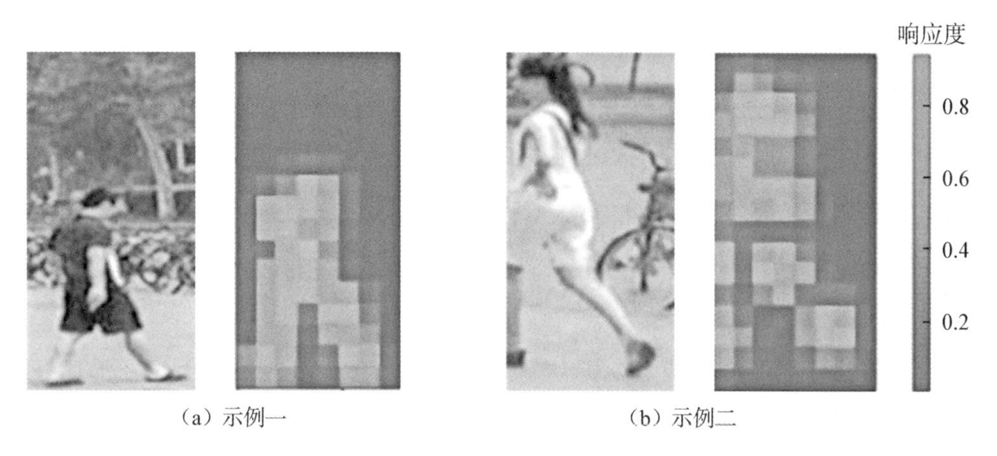

图 6-5　加入行人姿态信息后的可视化结果

6.2.4 通道解析模块

由于行人姿态变化引起的不对齐问题限制了行人重识别算法性能的进一步提升，许多研究工作采用对行人图像包含人体部位的区域进行分割的方式来进行行人重识别。然而，这种方法具有的泛化能力较弱，并且将注意力放在分割区域中不同人体部位的空间关系上，从而忽略了人体部位识别有可能不准确的情况。不同于这种方法，本节提出的算法不仅考虑了人体不同部位的空间关系，还对人体部位识别结果采取了不同通道赋予不同权重的方式，以避免错误或不准确识别结果对算法整体性能的影响。

受图像识别领域中提出的 SE-Net 的启发，采用 SE-Net 模块在不损失效率的情况下学习特征通道之间的相互依赖性，然后对不同的特征通道赋予不同的权重。基于 SE-Net模块，本节提出了通道解析模块用于对特征的不同通道进行解析。为了进一步将通道解析模块统一在一个学习框架下，本节将 SE-Net 中的全连接层替换为完成 1×1 卷积后的模型作为算法的通道解析模块。将通道解析模块嵌入姿态分支，通过联合主分支训练的方式来学习对姿态分支生成的深度特征的不同通道进行解析。具体地说，在姿态分支的输出特征上有多个不同的通道，而这些通道用于对人体不同局部区域进行描述。通道解析模块的加入可以使模型学习将更大的权重赋给对行人身份标签以及属性识别任务更有利的通道，由此可以将姿态分支输出的不准确的人体局部区域检测信息的影响降低。通道解析模块的具体结构如图 6-6 所示。

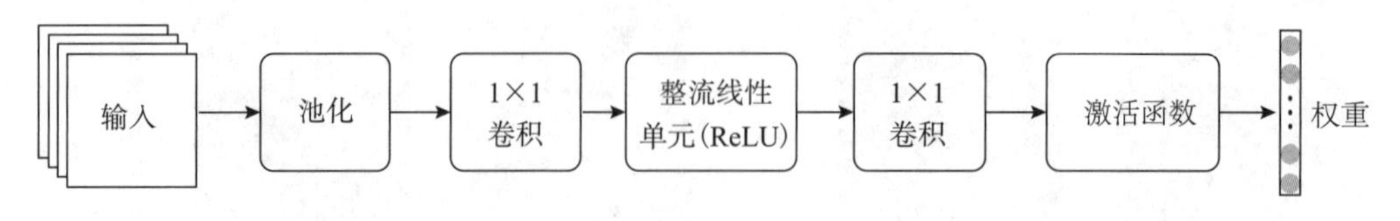

图 6-6　通道解析模块的具体结构

6.2.5 算法性能评价及消融分析

1.算法性能评价

正如本节中的分析，提出的 LRDNN 可以很好地处理人体姿态变化、背景冗余等。将 LRDNN 与 Market1501 和 DukeMTMC-ReID 上的最新算法进行比较，参与比较的算法包括 PIE、AttIDNet、ResNet+OIM、ACRN、SVDNet、PartAligned、PSE、MGCAM 和 AACN。见表 6-3，本节提出的算法在 Rank-1 和准确度方面取得了更好的结果。与 PIE 相比，本节提出的算法在 Market1501 数据集上的 Rank1 值高出 10%以上，并且准确性优于其他任何算法。

在参与比较的各种算法中，PSE 采用属性线索引导深层网络学习属性识别，帮助重新识别不同的人，MGCAM 使用姿态线索来学习人体的局部特征。与这两种算法不同，本节提出的算法将人体属性和姿态线索有效地聚合到一个框架中，并提出了通道解析模块，使深层网络能够自动为不同的局部通道分配不同的权重。

表 6-3　算法在 Market1501 和 DukeMTMC-ReID 上的定量比较结果

算法	Market1501		DukeMTMC-ReID	
	Rank1	mAP	Rank1	mAP
PIE	79.3	56.0	—	—
AttIDNet	—	—	70.7	51.9
ResNet+OIM	82.1	—	—	68.1
ACRN	83.6	62.6	72.6	56.8
SVDNet	82.3	62.1	76.7	56.8
PartAligned	81.1	63.4	—	—
PSE	87.7	69.0	79.8	62.0
MGCAM	83.8	74.3	—	—
AACN	85.9	66.9	76.8	59.3
LRDNN	**90.4**	**82.8**	**85.3**	**73.2**

2.消融分析

为了进一步验证算法的有效性，通过消融分析比较各种算法中不同部分的贡献。针对行人属性和姿态信息，本节在 Market1501 和 DukeMTMC-ReID 上进行消融分析实验。为了更清晰地比较，通道解析模块的消融研究在 Market1501 上进行。

首先，研究融合到主分支中的属性线索的效果，结果列在表 6-4 中。在这部分中，从整个帧中删除姿态分支。见表 6-4，属性线索(B+A)使提出的算法较仅使用 B 线索在 Rank1 上提高了 6.9%。这与前面的分析结果一致，即属性线索可以帮助重新识别人。

其次，在姿态分支中使用不同类型的输出来找出姿态线索如何影响最终的准确性。在表 6-4 中，将部分置信度图合并到主分支得到的(B+A+H)模型的 Rank1 结果，相对于合并部分亲和性字段得到的(B+A+C)模型的 Rank1 结果，具有更高的准确性。但是当合并两个特征时，Rank1 精度达到 90.4%。

最后，分析通道解析模块(CPB)模型对 Market1501 数据集的影响。见表 6-5，Rank1 和 mAP 分别有 0.7%和 1.3%的改善，表明 CPB 模型对算法有积极的影响。

表 6-4　消融分析结果

算法	Market1501		DukeMTMC-ReID	
	Rank1	mAP	Rank1	mAP
B	80.3	69.8	74.1	65.5
B+A	87.2	78.4	82.0	70.6
B+A+H	88.7	80.1	81.4	71.2
B+A+C	87.4	79.6	79.7	70.9
B+A+H+C	**90.4**	**82.8**	**85.3**	**73.2**

注："B""A""H"和"C"分别表示基础模型、含属性信息的模型、含姿态分支的局部置信度图的模型和含姿态分支的局部关联区域图的模型。

表 6-5　针对通道解析模块(CPB)的消融分析结果

Market1501	Rank1	mAP
我们的算法(不使用 CPB 模型)	89.7	81.5
我们的算法	**90.4**	**82.8**

6.3 基于注意力机制的神经网络结构搜索行人重识别算法研究

6.3.1 引言

行人重识别(Re-ID)是一种从多个不重叠的摄像头中提取相同行人的过程,它面临着不同视角、遮挡、光照条件变化等挑战。有许多 Re-ID 模型(Guo et at.,2019)遵循图6-7所示的流程。在流程中,深度模型主干网络提取图像的全局特征,插入模块进一步提高了不同特征的可表征性。虽然该流程已被大多数前沿 Re-ID 模型(Zhou et al.,2019)采用,但它仍然面临一些挑战。

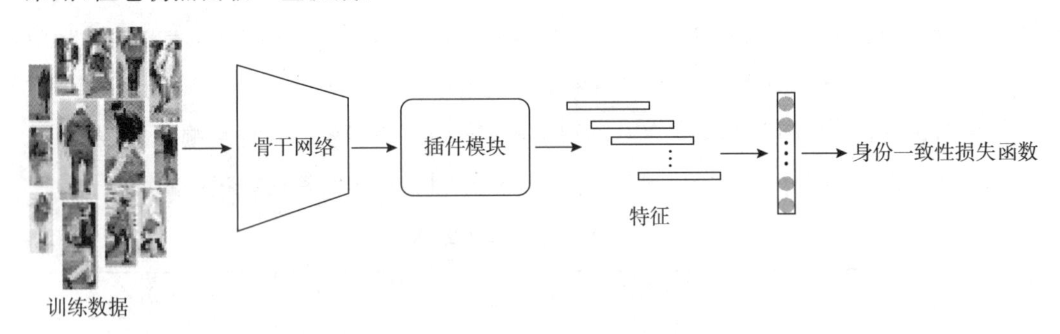

图 6-7 常用的 Re-ID 流程模型

一方面,这些模型采用的深度模型骨干网络大多来源于图像分类,而行人重识别任务不仅要分类,还要将具体的行人检测出来,即 Re-ID 是一个检索任务,不同于图像分类任务,因此这样的分类主干网络的输出可能是次优的,并且在 Re-ID 场景中训练数据和测试数据的类别之间没有重叠,有必要设计一个基于检索的 Re-ID 模型。然而,耗时的设计过程和对专家知识的依赖是人工设计基于检索的 Re-ID 模型面临的障碍。本节在神经网络结构搜索(NAS)的基础上自动搜索基于检索的 Re-ID 模型,以解决这些障碍。

另一方面,这些模型中引入的大部分模块是注意力模块。与普通的卷积层和池化层相比,注意力机制在处理行人特征图之间来自不良背景特征和错位部分的干扰方面更有效。但是,前面的一些研究工作[如 Zhou 等提出的 LRDNN 模型和 Guo et al.(2019)提出的 DPB 模型]人为地确定了插入模块在主干网络中的位置,使得插入模块在主干网络中的尺寸过大。例如,Guo 等设计了一个双部分对齐块,在 ResNet-50 上组合获得了人体的部分信息(He et al.,2016);Tay 等提出了全局特征网络、局部特征网络和属性特征网络,并在 ResNet-50 上进行组合,以增强其对模型特征的表达能力。这种复杂的手工设计缺乏灵活性,但适用于各种现实应用。这是因为当遇到特定的应用时,大多数

Re-ID模型都需要重新设计。与此同时，与自动地为新任务重新设计新模型相比，转换或适应模型的效率要低得多。本节的自动搜索注意力模块在 Re-ID 模型中的位置，避免了人工设置带来的不确定性和冗余。

针对各种应用场景的 Re-ID 模型的全自动设计，NAS 是一个很有前景的解决方案(Elsken et al.,2019)，最近应用在图像分类任务上预训练结果证明了这一点。作为自动机器学习(AutoML)的一个热门子领域，计算机视觉中现有的大多数 NAS 方法都被指定为图像分类，随后扩展到其他任务，如语义分割和目标检测。然而，由于基于图像分类的搜索空间和目标与 Re-ID 任务不兼容，直接将 NAS 扩展到 Re-ID 任务中并非易事。一般来说，这是由两个关键挑战引起的。首先，Re-ID 专注于学习鉴别特征表示，在图像之间提供精确的度量测量，这极大地挑战了 NAS 现有的搜索空间和目标。与注意力机制相比，现有搜索空间中不同的卷积和池化层对局部信息不够敏感，不能很好地抑制不良背景特征的干扰。这些因素会极大地影响 Re-ID 模型在区分相似行人方面的性能。其次，对于现有的 NAS 搜索目标，通常采用基于图像分类的搜索目标，这并不适合Re-ID任务。虽然属性信息对 Re-ID 是有益的，但属性识别在 Re-ID 中被视为一个分类问题，属性识别和人物识别一般应该在一个 Re-ID 模型的不同分支中进行。因此，基于分类的 NAS 方法对 Re-ID 来说是不够的。本节提出了一种用于 Re-ID 的特定 NAS 方法，称为 ReID-NAS，它是由最先进的可微体系结构搜索(DARTS)(Liu et al.,2019)驱动的。基于注意力机制对局部关键信息的敏感性，本节在 ReID-NAS 的搜索空间中引入了一个注意力模块，并利用检索目标对 Re-ID 模型进行从零开始的搜索和训练。本节的 ReID-NAS 是第一次尝试自动学习在 Re-ID 体系结构的适当位置添加注意力模块，因此，注意力模块添加的位置不再依赖人工设置。

受 DARTS 的启发，本节在搜索和训练过程的基础上提出了一种新的 NAS 方法用于 Re-ID。在搜索过程中，一种可微分的神经网络架构搜索算法[DARTS+和小米实验室的可微分搜索(Fair-DARTS)]指出了影响搜索稳定性的崩溃问题(Chu et al.,2020)。直接来说，用更少的数据训练的结果相应地更不稳定。在此基础上，本节将崩溃归咎于双层优化中训练数据的不足，并提出了一种混合优化策略来提高 ReID-NAS 的搜索稳定性。混合优化策略加强了搜索过程中对不同数据的使用，以简单高效的方式平衡了运行参数与模型参数之间的优化。此外，混合优化策略搜索过程的计算效率与单级优化相似。

在搜索过程结束后，利用搜索到的基本体系结构对模型进行扩展，并在目标数据集上进行训练。随之而来的是训练过程中的预训练问题。在双注意力匹配网络(DuATM)中，Quan 等率先提出在 Re-ID 中使用 NAS。与大多数以前的 Re-ID 模型一样,DuATM 在训练过程中采用 ImageNet 预训练来提高分类性能。本书认为 DuATM 存在两个缺陷:①耗时。ImageNet 是一个大型数据集,需要大量的训练时间。②难以优化。NAS 需要目标任务在一定间隔内的奖励信息,而 ImageNet 的预训练不适合 NAS。为了平衡准确性和效率,本节提出了一个检索目标,该目标放弃了基于 ImageNet 的预训练。同时与使用的交叉熵损失不同,所提出的检索目标结合了局部和全局的视角来约束类间和类内距离,这定量显示了神经网络结构搜索和训练方面的卓越效率和有效性。

综上,本节的主要贡献包括以下几点。

(1)提出了第一个基于注意力的用于 Re-ID 的 NAS,即 ReID-NAS。通过引入注意力模块,在搜索过程中可以自动学习将注意力模块添加到 Re-ID 架构的适当位置。本节还提出了一个检索目标,以适应 Re-ID 从头开始的体系结构搜索和训练。

(2)针对基于梯度的 NAS 算法的双层优化,本节提出了一种混合优化策略,避免了搜索的崩溃。通过充分挖掘训练数据,在搜索过程中更新两层优化的上层近似,混合优化策略可以获得更可靠的结果。

(3)在三个广泛使用的 Re-ID 数据集上进行了大量的实验,实验结果证明了 ReID-NAS 方法的优越性。此外,该方法可以在不进行预训练的情况下,搜索和训练基于注意力的体系结构用于 Re-ID,通过轻量级的体系结构实现了精确度的提升。

6.3.2 算法概述

如图 6-8 所示,通过两个步骤建立 ReID-NAS。在搜索过程中,采用混合优化策略,在一个基于注意力的搜索空间中用检索目标来搜索单元格。在训练过程中,ReID-NAS 根据搜索的单元来构建最终的体系结构,这些体系结构由检索目标从头开始训练。为了便于更好地理解,本节首先简要介绍 DARTS,这是一种可微的 NAS 方法,可以作为基线,然后分别给出系统、检索目标和混合优化策略。

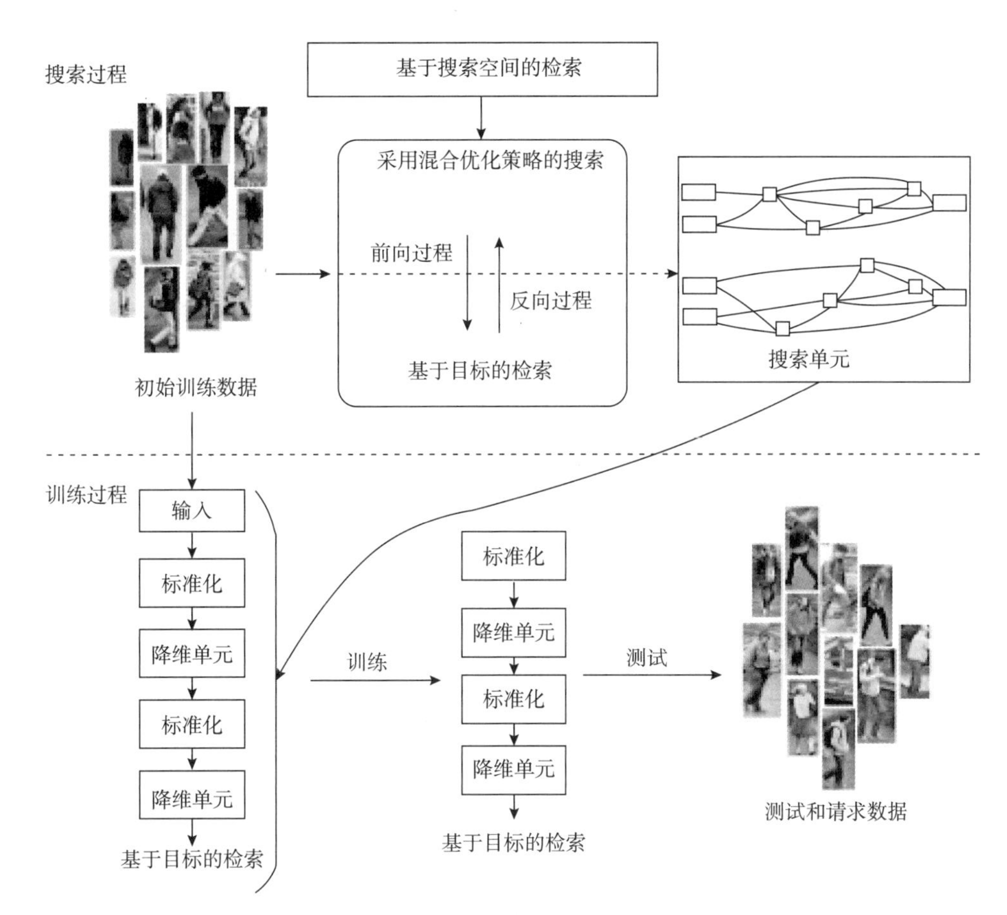

图 6-8　基于注意力机制的神经网络结构搜索行人重识别算法的架构图

1.可微架构搜索

NAS 是一种自动设计神经网络结构的技术。在这里，本书关注的是 DARTS。DARTS 可以很容易地扩展到其他领域，而不用考虑领域的特殊性。并且与基于进化算法的 NAS 和基于强化学习的 NAS 相比，DARTS 在设计深度模型方面也相对高效。

DARTS 的主要搜索单元包括正常单元和还原单元。最终搜索的体系结构与一定数量的单元堆叠在一起。如图 6-9 所示，一个单元可以表示为有 N 个结点 $\{x_i\}_{i=1}^{N}$ 的有向无环图(DAG)，这些节点表示候选操作输出的中间特征映射。在搜索过程中，可以将搜索空间记为 $\boldsymbol{O}$，它包含了搜索过程中考虑的所有候选操作，从节点 i 到结点 j 的第 k 条边用 e 表示由操作参数 $P_o^{(i,j)}$ 加权的一个操作。对 $\boldsymbol{O}$ 中 M 个候选点对应的节点 i 到结点 j 的所有边及其权值进行 softmax 处理，如式(6-15)所示：

$$P_o^{(i,j)}=\frac{\exp(a_o^{(i,j)})}{\sum\limits_{o\in\boldsymbol{O}}\exp(a_{o'}^{(i,j)})}\tag{6-15}$$

其中，$a_o^{(i,j)}\in\{a\}$ 表示自上次迭代以来更新的节点 i 到结点 j 的边上的操作 o 的权值。

用 α 表示运算参数。对于中间节点 j，所有输入边的集合 $x_j=\sum_{i<j}o_{i,j}(x_i)$ 。然后，DARTS 在从节点 i 到结点 j 的所有边上，使用混合权重来训练架构，如式(6-16)所示：

$$\bar{o}^{i,j}(x_i)=\sum_{o\in \boldsymbol{O}}p_o^{(i,j)}o(x_i) \tag{6-16}$$

为了进一步提高搜索过程的效率，DARTS 使用单个训练步骤，通过 $\boldsymbol{\omega}$ 逼近架构梯度。于是，学习操作参数就变成一个双层优化问题：

$$\min_{\alpha} L_{\mathrm{val}}(\boldsymbol{\omega}^*(\alpha),\alpha) \tag{6-17}$$

$$\boldsymbol{\omega}^*(\alpha)=\arg\min_{\omega}(L_{\mathrm{train}}(\boldsymbol{\omega},\alpha)+L_{\mathrm{val}}(\boldsymbol{\omega},\alpha)) \tag{6-18}$$

其中，$\boldsymbol{\omega}$ 和 $\boldsymbol{\omega}^*$ 分别表示训练阶段和验证阶段的模型权重；L_{train} 和 L_{val} 分别表示训练集和验证集上的损失。

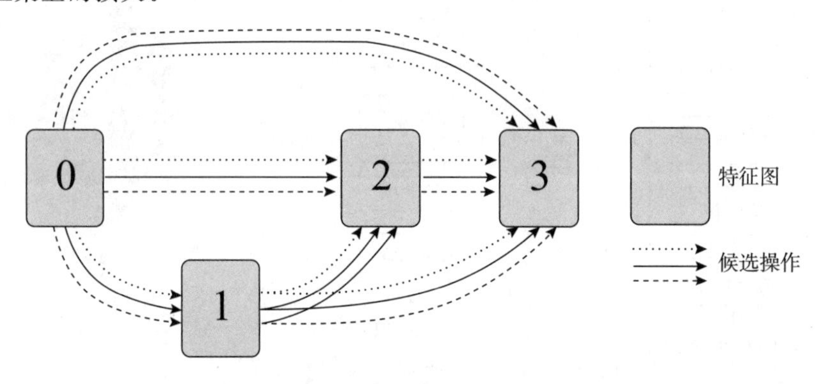

图 6-9　DARTS 的主要搜索单元

在搜索过程结束后，DARTS 对冗余操作和边缘进行修剪，构建一个紧凑的体系结构。对于每个中间节点，有两个重要的前节点，它们最终的搜索操作权重为 α，其中一个操作的重要性记为 $\max_{o\in O,o\neq 0} a_0^{(i,j)}$ 。最后搜索单元格中的边被替换为重要性最高的运算：$\overline{O}^{(i,j)}=\arg\max_{o\in O} a_0^{(i,j)}$ 。

2.基于注意力机制的神经网络结构搜索

如图 6-7 所示，基于注意力的 NAS，即 ReID-NAS 包括两个过程：①搜索过程，其目的是找到不同层的最佳组合并生成单元；②模型参数训练过程，即将搜索到的单元堆叠成一个体系结构，再训练最终的模型。本节将介绍 ReID-NAS 的搜索空间、目标和混合优化。定量地说，ReID-NAS 可以从零开始执行 Re-ID 的快速架构搜索，也就是说，不需要预训练过程或任何代理任务。

(1)搜索空间

NAS 中的搜索空间决定了所有可能要搜索的候选架构。Zoph 等在遵循基于图像分类网络结构的基础上，设计了一个用于图像分类的标准搜索空间，该搜索空间被对齐

Re-ID(AlignedReID)、基于语义区域表示和拓扑约束的 Re-ID 和 DARTS 等方法所采用。尽管这些工作在图像分类方面取得了一定的进展,但在行人重识别任务方面还需要一些改进。Quan 等在搜索空间中提出了一个部位感知模块来处理身体部位信息。在假设每个图像中的行人相对完整的情况下,部位感知模块表现良好。但对于背景存在冗余的不完整行人图像,部位感知模块可能会给识别系统引入不必要的干扰。本节在搜索空间中引入一个注意力模块来自动学习 Re-ID 的空间和通道注意力。引入注意力模块的一个好处是,可以从所有输入中进一步提取相对关键的不同局部的信息。与部位感知模块相比,注意力模块不需要将输入特征张量分成几个块,可以避免块之间的错误。此外,部位感知模块关注的是输入张量的结构线索,对不良背景特征的干扰不够稳健。全面的实验表明,注意力模块可以很好地抑制来自不良背景特征的干扰,并且很容易部署到不同的方法中。ReID-NAS 的搜索空间见表 6-6,除了注意力模块,其他的候选操作都来自 DARTS 的搜索空间,记为 BSS。有 8 个非零运算,即 $\prod_{k=1}^{4}[(k+1)k/2]\times 8^2\approx 3\times 10^8$ 个正常或还原单元的候选架构。

表 6-6　ReID-NAS 的搜索空间

搜索空间中的 8 个非零运算和 1 个零化运算		
3×3 深度可分离卷积	5×5 深度可分离卷积	3×3 深度可分离卷积
5×5 空洞可分离卷积	3×3 最大池化	3×3 平均池化
注意力模块	识别标记	零化

注意力模块是由主轴网的双层注意力机制驱动的,它专注于场景分割。与主轴网不同,注意力模块通过更轻便的矩阵乘法来学习空间和通道注意力,即双注意力数量的一半。基于提出的注意力模块,ReID-NAS 是第一个在 Re-ID 模型中自动搜索注意力机制位置的方法。如图 6-10 所示,注意力模块包括两个分支,分别学习基于空间和通道的注意力特征图,然后将它们合并为最终结果。空间注意力由三部分组成,即一个全局跨通道平均池化层、一个卷积层和一个 Sigmoid 运算。给定输入 I 的大小($C\times H\times W$),全局跨通道平均池化层沿通道逐个激活,输出一个特征图。卷积层学习空间注意力的特征,通过 Sigmoid 运算对空间注意力进行缩放。Sigmoid 运算的输出作用于输入的相应位置。

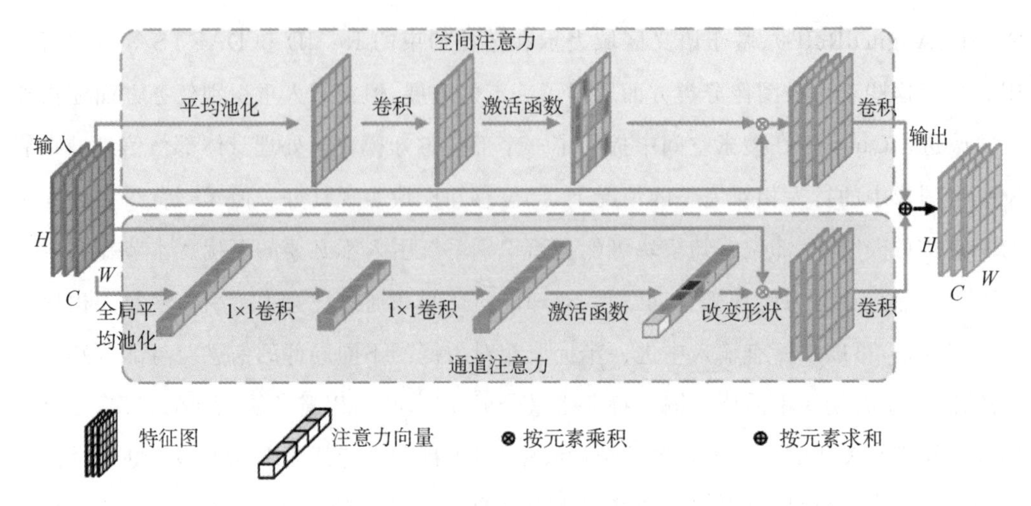

图 6-10　注意力模块的流程

通道注意力包含一个全局平均池化层、两个 1×1 卷积层和一个 Sigmoid 运算。给定相同大小的输入 I，尺寸为 $C\times H\times W$，全局平均池化层将每个通道上的特征映射压缩为具有全局接受域的响应值。第一个 1×1 卷积层将响应值向量减小到原长度的 1/16，第二个 1×1 卷积层将响应值向量恢复到原长度。设计这两个 1×1 卷积层是为了了解不同通道之间的关系。然后，通过 Sigmoid 运算将不同通道之间的关系量化为通道注意力。Sigmoid 运算的输出被重塑为输入的大小，以便注意力向量可以作用于输入的相应通道。

通过在原始输入和相应的注意力映射之间进行矩阵乘法运算，可以得到基于空间的注意力映射和基于通道的注意力映射。用卷积层对这两个特征图进行处理，学习自适应融合比例尺，最后结合元素和。注意力模块作为 ReID-NAS 中搜索空间的候选者之一，需要大约 $2\times C^2$ 的参数（C 表示通道数），它是轻量级的，可以很容易聚合到其他 NAS 方法的搜索空间中。此外，该方法只增加了有限的计算量，并加强了特征表示。

(2)搜索目标

NAS 的大多数搜索目标都基于图像分类，这可能不是 Re-ID 的最佳选择。与图像分类不同，Re-ID 中训练集和测试集的类别没有重叠。因此，基于分类的目标学习特征不能保证得到一个好的检索体系结构。为了解决这个问题，本节提出了一个检索目标，它更关注于学习一个有利于对未见实例执行检索的嵌入式空间。本书认为检索目标更有可能找到能为 Re-ID 输出健壮和具鉴别性特征的体系结构。三元损失通常用于训练许多 Re-ID 模型。由于三元组样本构造的不稳定性，三元损失往往与交叉熵损失结合在一起。此外，三元损失缺乏能平衡类间距离和类内距离的全局约束。三元组包括锚点、正样本和负样本。由于锚点是随机选择的，所以有时类间距离小于类内距离。为了弥补这一缺陷，借用中心损失的思想来直接约束数据与其相应簇的中心之间的欧氏距离的平方，重新制定一个新的三元损失用于搜索和训练目标。给定大小为 N 的小批量样本中的一个样本 i，定义的检索目标如下：

$$L=\sum_{i=1}^{N}\max(D(\boldsymbol{f}_i,c_{y^i})-\min_{i\neq j}D(\boldsymbol{f}_i,c_{y^j})+m,0) \tag{6-19}$$

其中，N 表示小批量样品总数；m 表示不同样品与不同簇中心之间的距离；$\boldsymbol{f}_i$ 表示样本 i 的特征向量；$D(\cdot)$表示对应两个输入的欧氏距离的平方，即对于样本 $\boldsymbol{f}_i$ 及其对应簇 C_{y^i} 的中心，有 $D(\boldsymbol{f}_i,c_{y^i})=\|\boldsymbol{f}_i-c_{y^i}\|_2^2$。具体来说，$C_{y^i}$ 是通过对一批样本中属于第 i 个簇的特征取平均值来计算的。为了减小每个聚类中心的偏差，在每个小批量样本中从不同的聚类中至少抽取 5 个样本(对于少于 5 个样本的聚类，其所有样本将在一个小批量样本中)。从全局的角度来看，每个集群只有一个中心。集群中心的加入使得类间距离和类内距离的优化相对稳定。有了检索目标，可以在没有交叉熵损失监督的情况下为 Re-ID 搜索和训练体系结构。He 等提出了三元中心损失(TCL)，将三元损失和中心损失结合起来。与 TCL 不同，本节的检索目标仅使用当前样本的类中心进行距离约束，而 TCL 需要附加交叉熵损失函数以达到更好的效果。具体来说，在 TCL 中通过控制相应的类中心来约束类间距离，而本节的方法对当前类中心和其他类的样本进行类间距离约束。

(3)混合优化

如前所述，随着迭代次数的增加，DARTS 的搜索过程可能会崩溃，导致搜索结果中出现大量的跳跃式连接。这主要是由于在双层优化中近似不可靠，即用只迭代训练一次的权值近似模型权值。双层优化可表示为式(6-17)和式(6-18)。双层优化的上层可参考论文“一种基于扩展交叉邻域重排序的人身份识别的姿态敏感嵌入”(“*A Pose-Sensitive Embedding for Person Re-Identification with Expanded Cross Neighborhood Re-Ranking*”)，即优化验证集上的操作权值 α。下层的双层优化可参考文献“具有精细零件池的人员检索(以及强大的卷积基线)”[“*Beyond Pant Models: Person Retrieval with Refined Part Pooling (and A Strong Convolutional Baseline)*”]，即优化训练集上的训练权值 $\boldsymbol{\omega}$。此外，DARTS 在搜索过程中将数据集的原始训练集重新划分为训练集和验证集，使得一次迭代的结果更加不稳定。本书认为 DARTS 出现崩溃问题主要是由于搜索过程中训练数据不足，影响了模型权值的逼近。为了提高近似的可靠性，本节提出了一种混合优化策略，在保持上层优化不变的情况下，使用所有原始训练集更新底层优化中的模型权值。利用混合优化策略，将双层优化问题重新定义如下：

$$\min_{\alpha} L_{\text{val}}(\boldsymbol{\omega}^*(\alpha),\alpha) \tag{6-20}$$

$$\boldsymbol{\omega}^*(\alpha)=\arg\min_{\omega}(L_{\text{train}}(\boldsymbol{\omega},\alpha)+L_{\text{val}}(\boldsymbol{\omega},\alpha)) \tag{6-21}$$

其中，模型权重 $\boldsymbol{\omega}^*(\alpha)$是根据搜索过程中的训练和验证数据确定的。根据经验，底层优化中模型权值的逼近与上层优化相对独立。因此，通过混合来自原始训练集的两个子集来提高 $\boldsymbol{\omega}^*(\alpha)$近似的可靠性，从而在一次迭代中更新模型权重，而上一级仍然使用验证数据来验证训练过程的收敛性。

6.4 本章小结

在以行人为主要研究对象的行人重识别领域中需要对行人的表观进行建模，深度卷积神经网络可以很好地刻画行人的全局深度语义特征。但是对于具有非刚性特点的行人来说，由于行人姿态变化与背景干扰等问题的存在，导致仅仅利用全局特征并不能在多个相似个体之间进行正确的识别。本章在深度卷积神经网络的基础上，针对行人重识别中存在的上述问题进行深入分析，提出了以下算法和架构。

(1)基于局部辨析深度卷积神经网络的行人重识别算法。基于局部辨析深度卷积神经网络的模型利用了行人的姿态与属性信息，通过对行人图像全局特征的学习，结合细粒度的人体局部区域包含的信息，从而生成更有表征能力的特征算子。对于行人检测中存在的检测不准确的情况(如冗余背景以及部分缺失)，提出的算法具有一定的鲁棒性。同时为了进一步对行人姿态信息进行辨析，设计了通道解析模块自动地学习对不同的人体区域赋予不同的权重。

(2)提出了基于注意力的从头开始搜索的自动搜索架构，用于行人重识别(Re-ID)。ReID-NAS 在搜索空间中包含了一个注意力模块，用于学习空间注意力和通道注意力。被搜索的体系结构自动决定注意力应该放在哪里，这在数量上已经被证明是有效和高效的。基于注意力机制的优势，可以进一步提取人体局部相对关键的信息，并很好地嵌入模型中，该方法比使用部位感知模块效率更高。此外，本章设计了一个针对 Re-ID 任务的检索目标，并采用混合优化策略从零开始搜索最优模型架构，这意味着由 ReID-NAS 搜索到的体系结构不依赖于预训练过程。在 Market1501、DukeMTMC 和 MSMT17 上的大量实验表明，RcID-NAS 以基于 NAS 的完全自动化的方式取得了最先进的性能。

本章提出的行人重识别算法是在行人身体的某些部分发生遮挡，引起属性信息的缺失，进而影响对行人的识别的情况下，进一步研究如何对行人属性信息进行有区别的融合，可以避免由属性缺失造成的影响。此外，可以通过利用三元损失对提出的深度模型进行训练，以提高对正负样本之间关联信息的利用。

全书总结

视觉运动目标理解与分析属于计算机视觉领域研究范畴，主要由目标分割、目标检测和目标跟踪等任务组成。这几个基础视觉任务存在相似性极高的设定，并且都需要对感兴趣目标的位置进行识别和定位。在计算机视觉领域的研究和发展中，诞生了许多共享的技术与领域知识，能够提供给研究人员更宽广的研究空间，并启发研究人员产生具有广度和深度的思想。

本书从理论、技术和实验上对视觉运动目标理解与分析领域的最新学术研究成果进行归纳整理，主要内容如下。

(1)研究如何利用动态场景中相邻像素之间的共生关系来实现鲁棒有效的背景建模和运动目标检测，提出了采用背景剪除方法提供种子的自动运动目标分割算法，实现了自动精确的运动目标分割。

(2)介绍在基于相关滤波器的目标跟踪算法方面的研究工作，包括基于似物性采样和核化相关滤波器的目标跟踪算法研究、基于核相关滤波器和深度强化学习的目标跟踪算法研究以及基于相关滤波器和深度模型压缩的目标跟踪算法研究。

(3)介绍在基于深度学习的目标跟踪算法方面的研究工作，包括基于卷积神经网络和嵌套网络的目标跟踪算法研究、基于孪生网络的边框自适应及特征对齐目标跟踪算法研究、基于元学习和遮挡处理的目标跟踪算法研究以及基于 Transformer 的目标跟踪算法研究。

(4)介绍在多目标跟踪算法方面的研究工作，包括基于深度卷积神经网络的多行人目标跟踪算法研究和交叉口实现稳健快速的多车辆目标跟踪算法研究。

(5)介绍在行人重识别方面的研究工作，包括基于局部辨析深度卷积神经网络的行人重识别算法和基于注意力机制的神经网络结构搜索行人重识别算法。

研究视觉运动目标理解与分析，有助于提高现有视频监控系统的监控能力和智能化水平，更好地保障公共安全、维护社会和谐稳定发展，具有较强的现实意义。人工智能及大数据应用技术的蓬勃发展必将极大地促进视觉运动目标理解与分析的发展，并使其具有更强的识别、定位和感知能力。

参考文献

韩瑞泽，冯伟，郭青，等，2022. 视频单目标跟踪研究进展综述[J]. 计算机学报，45(9)：1877-1907.

李玺，查宇飞，张天柱，等，2019. 深度学习的目标跟踪算法综述[J]. 中国图象图形学报，24(12)：2057-2080.

张开华，樊佳庆，刘青山，2021. 视觉目标跟踪十年研究进展[J]. 计算机科学，48(3)：40-49.

张敏，余增，韩云星，等，2022. 面向复杂场景的行人重识别综述[J]. 计算机科学，49(10)：138-150.

ASHISH V，NOAM S，NIKI P，et al.，2017. Attention is all you need[EB/OL]. https://arxiv.org/abs/1706.03762.

BHAT G，DANELLJAN M，GOOL L V，et al.，2019. Learning discriminative model prediction for tracking [C]. Proceedings of the IEEE/CVF International Conference on Computer Vision，6181-6190.

BOLME D S，BEVERIDGE J R，DRAPER B A，et al.，2010. Visual object tracking using adaptive correlation filters [C]. In 2010 IEEE Computer Society Conference on Computer Vision and Pattern Recognition，2544-2550.

CARION N，MASSA F，SYNNAEVE G，et al.，2020. End-to-end object detection with transformers [C]. Computer Vision-ECCV 2020：16th European Conference，Glasgow，UK，August 23-28，2020，Proceedings，Part I 16. Springer International Publishing，213-229.

CHEN T，KORNBLITH S，NOROUZI M，et al.，2020. A simple framework for contrastive learning of visual representations[C]. International Conference on Machine Learning，PMLR，1597-1607.

CHEN X，YAN B，ZHU J，et al.，2021. Transformer tracking[C]. Proceedings of the IEEE/CVF Conference on Computer Vision and Pattern Recognition，8126-8135.

CHEN Z, ZHONG B, LI G, et al., 2020. Siamese box adaptive network for visual tracking[C]. Proceedings of the IEEE/CVF Conference on Computer Vision and Pattern Recognition, 6668-6677.

CHU X, ZHOU T, ZHANG B, et al., 2020. Fair darts: Eliminating unfair advantages in differentiable architecture search[C]. Computer Vision-ECCV 2020: 16th European Conference, Glasgow, UK, August 23-28, 2020, Proceedings, Part XV. Springer International Publishing, 465-480.

CHOI S, LEE S, KIM Y, et al., 2020. Hi-CMD: Hierarchical cross-modality disentanglement for visible-infrared person re-identification[C]. Proceedings of the IEEE/CVF Conference on Computer Vision and Pattern Recognition, 10257-10266.

DAI K, ZHANG Y, WANG D, et al., 2020. High-performance longterm tracking with meta-updater[C]. Proceedings of the IEEE/CVF Conference on Computer Vision and Pattern Recognition, 6298-6307.

DALAL N, TRIGGS B, 2005. Histograms of oriented gradients for human detection[C]. 2005 IEEE Computer Society Conference on Computer Vision and Pattern Recognition 2005 CVPR, 886-893.

DANELLJAN M, BHAT G, KHAN F S, et al., 2019. ATOM: Accurate tracking by overlap maximization[C]. Proceedings of the IEEE/CVF Conference on Computer Vision and Pattern Recognition, 4660-4669.

ELSKEN T, METZEN J H, HUTTER F, 2019. Neural architecture search: A survey[J]. The Journal of Machine Learning Research, 20(1): 1997-2017.

FAN H, LIN L, YANG F, et al., 2019. LaSOT: A high-quality benchmark for large-scale single object tracking[C]. Proceedings of the IEEE/CVF Conference on Computer Vision and Pattern Recognition, 5374-5383.

GUO J, YUAN Y, HUANG L, et al., 2019. Beyond human parts: Dual part-aligned representations for person re-identification[C]. Proceedings of the IEEE/CVF International Conference on Computer Vision, 3642-3651.

HE K, FAN H, WU Y, et al., 2020. Momentum contrast for unsupervised visual representation learning[C]. Proceedings of the IEEE/CVF Conference on Computer Vision and Pattern Recognition, 9729-9738.

HE K, ZHANG X, REN S, et al., 2016. Deep residual learning for image recognition[C]. Proceedings of the IEEE Conference on Computer Vision and Pattern Recognition, 770-778.

HELD D, THRUN S, SAVARESE S, 2016. Learning to track at 100fps with deep regression networks [C]. Computer Vision-ECCV 2016: 14th European Conference, Amsterdam, The Netherlands, October 11-14, 2016, Proceedings, Part I 14. Springer International Publishing, 749-765.

HENRIQUES J F, CASEIRO R, MARTINS P, et al., 2014. High-speed tracking with kernelized correlation filters[J]. IEEE Transactions on Pattern analysis and Machine Intelligence, 37(3):583-596.

HINTON G, VINYALS O, DEAN J, 2015.Distilling the knowledge in a neural network[EB/OL].https://arxiv.org/abs/1503.02531.

HUANG L, ZHAO X, HUANG K, 2019. GOT-10k: A large high-diversity benchmark for generic object tracking in the wild[J]. IEEE Transactions on Pattern Analysis and Machine Intelligence, 43(5): 1562-1577.

HUANG L, ZHAO X, HUANG K, 2020. Globaltrack: A simple and strong baseline for long-term tracking[J]. Proceedings of the AAAI Conference on Artificial Intelligence, 34(7): 11037-11044.

JAISWAL A, BABU A R, ZADEH M Z, et al., 2020. A survey on contrastive self-supervised learning[J]. Machine Learning, 12: 4182-4192.

KRIZHEVSKY A, SUTSKEVER I, HINTON G E, 2017. ImageNet classification with deep convolutional neural networks[J]. Communications of the ACM, 60(6):84-90.

LI B, YAN J, WU W, et al., 2018. High performance visual tracking with siamese region proposal network[C]. Proceedings of the IEEE Conference on Computer Vision and Pattern Recognition, 8971-8980.

LI W, ZHAO R, XIAO T, et al., 2014. DeepReID: Deep filter pairing neural network for person re-identification[C]. Proceedings of the IEEE Conference on Computer Vision and Pattern Recognition, 152-159.

LI Y J, LIN C S, LIN Y B, et al., 2019.Cross-dataset person re-identification via unsupervised pose disentanglement and adaptation[C]. Proceedings of the IEEE/CVF International Conference on Computer Vision, 7919-7929.

LIN T Y, MAIRE M, BELONGIE S, et al., 2014. Microsoft COCO: Common objects in context[C]. In Computer Vision-ECCV 2014: 13th European Conference, Zurich, Switzerland, September 6-12, 740-755.

LIU H, SIMONYAN K, YANG Y, 2019. DARTS: Differentiable architecture search[C]. Proceedings of the International Conference on Learning Representations, 1-13.

LIU X, ZHANG F, HOU Z, et al., 2021. Self-supervised learning: Generative or contrastive[J]. IEEE Transactions on Knowledge and Data Engineering, 35(1): 857-876.

LUKEZIC A, ZAJC L C, VOJIR T, et al., 2020. Performance evaluation methodology for long-term single-object tracking[J].IEEE transactions on cybernetics, 51(12):6305-6318.

MA C, HUANG J B, YANG X, et al., 2015. Hierarchical convolutional features for visual tracking[C]. Proceedings of the IEEE International Conference on Computer Vision, 3074-3082.

MARVASTI-ZADEH S M, CHENG L, GHANEI-YAKHDAN H, et al., 2022. Deep learning for visual tracking: A comprehensive survey. IEEE Transactions on Intelligent Transportation Systems:3943-3968.

MILAN A, LEAL-TAIXE L, REID I, et al., 2016. MOT16: A benchmark for multi-object tracking[EB/OL]. https://arxiv.org/abs/1603.00831.

REDMON J, DIVVALA S, GIRSHICK R, et al., 2016. You only look once: Unified, real-time object detection[C]. Proceedings of the IEEE Conference on Computer Vision and Pattern Recognition, 779-788.

SUN Y, ZHENG L, YANG Y, et al., 2018. Beyond part models: Person retrieval with refined part pooling (and a strong convolutional baseline) [C]. Proceedings of the European conference on computer vision, 480-496.

TIAN Z, SHEN C, CHEN H, et al., 2020. FCOS: A simple and strong anchor-free object detector[J]. IEEE Transactions on Pattern Analysis and Machine Intelligence, 44(4):1922-1933.

WANG N, ZHOU W, WANG J, et al., 2021. Transformer meets tracker: Exploiting temporal context for robust visual tracking[C]. Proceedings of the IEEE/CVF Conference on Computer Vision and Pattern Recognition, 1571-1580.

WANG Y, YAO Q, KWOK J T, et al., 2020. Generalizing from a few examples: A survey on few-shot learning[J]. ACM Computing Surveys, 53(3):1-34.

WU Y, LIM J, YANG M H, 2015. Object tracking benchmark[J]. IEEE Transactions on Pattern Analysis and Machine Intelligence, 37(9):1834-1848.

XU Y, WANG Z, LI Z, et al., 2020. SiamFC++: Towards robust and accurate visual tracking with target estimation guidelines [J]. Proceedings of the AAAI Conference on Artificial Intelligence, 34(7):12549-12556.

YAN B, PENG H, FU J, et al., 2021. Learning spatio-temporal transformer for visual tracking [C]. Proceedings of the IEEE/CVF International Conference on Computer Vision, 10448-10457.

YAN B, ZHAO H, WANG D, et al., 2019. 'Skimming-perusal' tracking: A framework for real-time and robust long-term tracking[C]. Proceedings of the IEEE/CVF International Conference on Computer Vision, 2385-2393.

YE M, SHEN J, LIN G, et al., 2021. Deep learning for person re-identification: A survey and outlook [J]. IEEE Transactions on Pattern Analysis and Machine Intelligence, 44(6):2872-2893.

ZHANG Y, SUN P, JIANG Y, et al., 2022. ByteTrack: Multi-object tracking by associating every detection box[C]. Computer Vision-ECCV 2022: 17th European Conference, Tel Aviv, Israel, October 23-27, 2022, Proceedings, 1-21.

ZHANG Z, PENG H, FU J, et al., 2020. Ocean: Object-aware anchor-free tracking[C]. Computer Vision-ECCV 2020: 16th European Conference, Glasgow, UK, August 23-28, 2020, Proceedings, 771-787.

ZHANG Z, ZHONG B, ZHANG S, et al., 2021. Distractor-aware fast tracking via dynamic convolutions and MOT philosophy[C]. Proceedings of the IEEE/CVF Conference on Computer Vision and Pattern Recognition, 1024-1033.

ZHAO H, TIAN M, SUN S, et al., 2017. Spindle net: Person re-identification with human body region guided feature decomposition and fusion[C]. Proceedings of the IEEE Conference on Computer Vision and Pattern Recognition, 1077-1085.

ZHAO M, OKADA K, INABA M, 2021. Trtr: Visual tracking with transformer [EB/OL]. https://arxiv.org/abs/2105.03817.

ZHENG L, SHEN L, TIAN L, et al., 2015. Scalable person re-identification: A benchmark[C]. Proceedings of the IEEE International Conference on Computer Vision, 1116-1124.

ZHENG L, YANG Y, HAUPTMANN A G, 2016. Person re-identification: Past, present and future[EB/OL]. https://arxiv.org/abs/1610.02984.

ZHENG Z, ZHENG L, YANG Y, 2017. Unlabeled samples generated by GAN improve the person re-identification baseline in vitro[C]. Proceedings of the IEEE International Conference on Computer Vision, 3754-3762.

ZHENG Z, ZHENG L, YANG Y, 2018. Pedestrian alignment network for large-scale person re-identification[J]. IEEE Transactions on Circuits and Systems for Video Technology, 29(10): 3037-3045.

ZHONG B, YAO H, LIU S, 2010. Robust background modeling via standard variance feature[C]. IEEE International Conference on Acoustics, Speech and Signal Processing, 1182-1185.

ZHOU Q, ZHONG B, LAN X, et al., 2019. LRDNN: Local-refining based deep neural network for person re-identification with attribute discerning[C].Proceedings of the 28th International Joint Conference on Artificial Intelligence, 1041-1047.

ZHU Z, WANG Q, LI B, et al., 2018. Distractor-aware siamese networks for visual object tracking[C]. Proceedings of the European Conference on Computer Vision, 101-117.